CAD/CAM/CAE 基础与实践

AutoCAD 2014 中文版机械设计教程

张云杰　郝利剑　编著

清华大学出版社

北京

内 容 简 介

在工程应用中，特别是在机械行业，CAD 得到了广泛的应用。无论是 CAD 的系统用户，还是其他计算机使用者，都可能因 AutoCAD 的诞生与发展而大为受益。AutoCAD 2014 是当前最新版的 AutoCAD 软件。本书从实用的角度介绍了利用 AutoCAD 2014 进行机械设计和绘图的方法。全书共分 13 章，讲解了利用 AutoCAD 2014 软件进行机械设计绘图中的多种方法和实用技巧，并通过综合范例的讲解，使读者能够掌握实际的 AutoCAD 机械设计技能。另外，本书还配备了交互式多媒体教学光盘，将案例制作过程制作为多媒体视频进行讲解，以便于读者学习使用。

本书结构严谨，内容翔实，知识全面，可读性强，设计范例实用性强，专业性强，步骤明确，多媒体教学光盘方便实用，主要针对使用 AutoCAD 2014 进行机械设计和绘图的广大初、中级用户，是广大读者快速掌握 AutoCAD 机械设计的自学实用指导书。

图书在版编目(CIP)数据

AutoCAD 2014 中文版机械设计教程/张云杰，郝利剑编著. --北京：清华大学出版社，2014
(CAD/CAM/CAE 基础与实践)
ISBN 978-7-302-36451-1

Ⅰ. ①A… Ⅱ. ①张… ②郝… Ⅲ. ①机械设计—计算机辅助设计—AutoCAD 软件—教材 Ⅳ. ①TH122

中国版本图书馆 CIP 数据核字(2014)第 095790 号

责任编辑：张彦青
装帧设计：杨玉兰
责任校对：周剑云
责任印制：沈　露

出版发行：清华大学出版社
　　　　网　　　址：http://www.tup.com.cn，http://www.wqbook.com
　　　　地　　　址：北京清华大学学研大厦 A 座　　　　邮　　编：100084
　　　　社 总 机：010-62770175　　　　　　　　　　　邮　　购：010-62786544
　　　　投稿与读者服务：010-62776969，c-service@tup.tsinghua.edu.cn
　　　　质 量 反 馈：010-62772015，zhiliang@tup.tsinghua.edu.cn
　　　　课 件 下 载：http://www.tup.com.cn，010-62791865
印 刷 者：北京鑫丰华彩印有限公司
装 订 者：北京市密云县京文制本装订厂
经　　销：全国新华书店
开　　本：190mm×260mm　　　　印　张：22.5　　　　字　数：542 千字
　　　　　(附 DVD1 张)
版　　次：2014 年 6 月第 1 版　　　　　　　　　印　次：2014 年 6 月第 1 次印刷
印　　数：1～3500
定　　价：48.00 元

产品编号：051109-01

前　言

计算机辅助设计(Computer Aided Design，CAD)是一种通过计算机来辅助人们进行产品或是工程设计的技术，作为计算机的重要应用方面，CAD 可加快产品的开发、提高生产质量与效率、降低成本。因此，在工程应用中，特别是在机械行业，CAD 得到了广泛的应用。无论是 CAD 的系统用户，还是其他计算机使用者，都可能因 AutoCAD 的诞生与发展而大为受益。作为一种图形化的 CAD 软件设计，它的应用程度之广泛已经远远高于其他用途的软件。目前，AutoCAD 推出了最新的版本 AutoCAD 2014 中文版，它更是集图形处理之大成，代表了当今 CAD 软件的最新潮流和技术巅峰，也成为机械设计领域 CAD 绘图方面的一大得力助手。

为了使广大用户能尽快掌握 AutoCAD 2014 进行机械设计和绘图的方法，快速优质地设计绘制机械图纸，笔者编写了本书。本书主要介绍 AutoCAD 2014 软件在机械设计中的应用，讲解了利用 AutoCAD 2014 软件进行机械设计绘图中的多种方法和实用技巧。全书共分 13 章，其中第 1 章主要介绍机械制图标准和 AutoCAD 2014 绘制机械图的基础，第 2 章～11 章循序渐进地讲解了 AutoCAD 2014 绘制机械图的操作方法，分别从绘图设置、层管理、绘制平面图形、编辑平面图形、尺寸和文字标注、表格、块、面域、机械三维绘图和打印输出等诸多方面进行详细讲解和介绍，第 12 章和第 13 章介绍了两个大的综合范例的绘制方法，分别为机械二维制图和机械三维制图，通过将专业设计元素和理念多方位融入设计范例，使全书更加实用和专业。

笔者的 CAX 设计教研室拥有多年使用 AutoCAD 进行建筑设计的经验，在编写本书时，笔者力求遵循“完整、准确、全面”的编写方针，在实例的选择上，注重了实例的实战性和教学性相结合，同时融合多年设计的经验技巧，相信读者能从中学到不少有用的设计知识。总的来说，不论是学习使用 AutoCAD 的制图人员，还是有一定经验的机械设计人员，都能从本书中受益。

本书还配备了交互式多媒体教学光盘，将案例制作过程制作为多媒体进行讲解，讲解形式活泼，方便实用，便于读者学习使用。同时光盘中还提供了所有实例的源文件，按章节排序，以便读者练习使用。关于多媒体教学光盘的使用方法，读者可以参看光盘根目录下的光盘说明。另外，本书还提供了网络的免费技术支持，欢迎大家登录云杰漫步多媒体科技的网上技术论坛进行交流：http://www.yunjiework.com/bbs。

本书由云杰漫步科技 CAX 设计室编著，参加编写工作的主要有张云杰、郝利剑、杨飞、尚蕾、张云静、刁晓永、靳翔、金宏平、贺安、董闯、宋志刚、李海霞、贺秀亭、焦淑娟、彭勇、张媛、孟春玲等。书中的设计实例均由云杰漫步多媒体科技公司 CAX 设计教研室设计制作。这里要感谢云杰漫步多媒体科技公司在多媒体光盘技术上进行的支持，同时要感谢清华大学出版社的编辑和老师们的大力协助。

由于编写人员的水平有限，因此在编写过程中难免有疏漏和不足之处，希望广大用户不吝赐教，对书中的不足之处给予指正。

编　者

目　　录

第 1 章

AutoCAD 2014 机械设计入门

本章导读：

计算机辅助设计是指利用计算机的计算功能和高效的图形处理能力，对产品进行辅助设计分析、修改和优化。它综合了计算机知识和工程设计知识的成果，能够绘制二维图形与三维图形、标注尺寸、渲染图形以及打印输出图纸，并且随着计算机硬件性能和软件功能的不断提高而逐渐完善。

AutoCAD 是由美国 Autodesk 公司开发的通用计算机辅助设计软件包，它具有易于掌握、使用方便和体系结构开放等优点，深受广大工程技术人员的欢迎。

自 Autodesk 公司从 1982 年推出 AutoCAD 的第一个版本——AutoCAD 1.0 起不断升级，使其功能日益增强并日趋完善。如今，AutoCAD 已广泛应用于机械、建筑、电子、航天、造船、石油化工、土木工程、冶金、地质、气象、纺织、轻工和商业等领域。

AutoCAD 2014 是 Autodesk 公司推出的最新系列，代表了当今 CAD 软件的最新潮流和未来发展趋势。为了使读者能够更好地理解和应用 AutoCAD 2014，在本章中主要讲解有关基础知识和基本操作，为深入学习提供支持。

1.1　机械制图标准基础

技术制图和机械制图的标准，是最基本的也是最重要的工程技术语言的组成部分，是发展经济、产品参与国内外竞争和国内外交流的重要工具，是各国家之间、行业之间、相同或不同工作性质的人们之间进行技术交流和经济贸易的统一依据。无论是零部件或元器件，还是设备、系统，乃至整个工程，按照公认的标准进行图纸规范，可以极大地提高人们在产品全寿命周期内的工作效率。

1.1.1　图纸幅面及标题栏

1. 国标规定

1)　图纸幅面尺寸

表 1-1 列出了 GB/T 14689—1993 中规定的各种图纸幅面尺寸，绘图时应优先采用。

单位：mm

表 1-1　图纸幅面及边框尺寸

幅面代号		A0	A1	A2	A3	A4
宽(B)×长(L)		841×1189	594×841	420×594	297×420	210×297
边框	c	10			5	
	a	25				
	e	20		10		

2)　图框表格

无论图样是否装订，均应在图纸幅面内画出图框，图框线用粗实线绘制。留装订边的图框格式如图 1-1 所示；不留装订边的图框格式如图 1-2 所示。

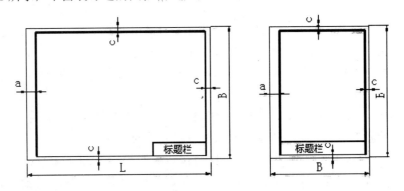

图 1-1　留装订边的图框格式

3)　标题栏的方位

每张图样都必须有标题栏，标题栏的格式和尺寸应符合 GB 10609.1—1989 的规定，如图 1-3 所示。标题栏的外边框是粗实线，其右边和底边与图纸边框线重合，其余是细实线绘制。标题栏中的文字方向为看图的方向。

若标题栏的长边框置于水平方向，并与图纸的长边框平行时，则构成 X 型图纸；若标题栏的长边框与图纸的长边框垂直时，则构成 Y 型图纸。

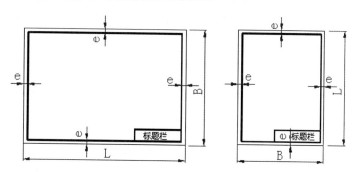

图 1-2　不留装订边的图框格式

2. 设置及调用方法

图纸幅面及标题栏的设置如下。

（1）按照如图 1-1 和图 1-2 所示的图框格式、表 1-1 所列的图纸幅面尺寸，利用绘图工具完成图纸内、外框的绘制。

（2）按照如图 1-3 所示的标题栏的格式，完成标题栏的绘制，并将其创建成块。

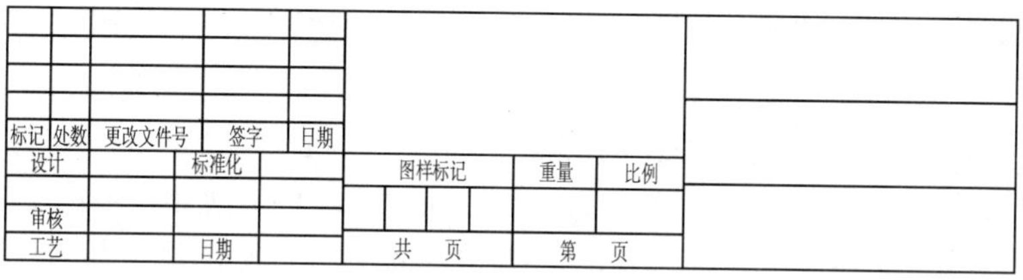

标记	处数	更改文件号	签字	日期				
设计			标准化		图样标记	重量	比例	
审核								
工艺			日期		共　页	第　页		

图 1-3　标题栏的格式

（3）启用块插入工具将标题栏插入到图纸内框的右下角，完成如图 1-4 所示的空白图纸。

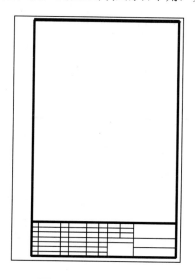

图 1-4　A4 图幅样板图

(4) 选择【文件】|【另存为】菜单命令，系统弹出【另存为】对话框，在【文件类型】列表框中选择【AutoCAD 图形样板 (*.dwt)】选项。在【文件名】下拉列表框中输入"GBA4-Y"，并选择将文件保存到 AutoCAD 2014\R18.0＼chs＼Template，单击【保存】按钮即完成 A4 图纸幅面的设定。重复上述步骤可以将国标中所有的图纸幅面保存为模板文件，供今后创建新的图纸调用。

绘图工具的操作方法以及块创建、块插入的使用方法，将分章节逐步介绍。

模板图的调用：

(1) 利用模板图创建一个图形文件。选择【文件】|【新建】菜单命令，弹出【选择样板】对话框，从显示的样板文件中选择 GBA4-Y 样板，就完成了样板图的调用。

(2) 插入一个样板布局。使用默认设置先在模型空间完成图纸绘制，然后切换到布局空间。在布局的图纸空间中，选择【插入】|【块】菜单命令，将已经创建成块的样板插入。用户在图纸布局时，可以利用插入对话框完成图纸的位置、标题栏的属性等内容的调整。

1.1.2 比例、字体及图线

1. 国标规定

1) 比例

比例是指图纸中图形与其实物相应要素的线性尺寸之比。绘制图样时，一般应采用表 1-2 所示的比例。

绘制同一机件的主要视图应采用相同的比例，并在标题栏的比例框内标明。绘制图样时，应尽可能采用原值比例。对于大而简单的机件可采用缩小比例。而对于小而复杂的机件，宜采用放大比例。但无论采用何种比例画图，标注尺寸时都必须按照机件原有的尺寸大小标注。

表 1-2 绘图的比例

种　类	比　例		
原值比例	$1:1$		
放大比例	$5:1$	$2:1$	$1:1$
	$5\times10^n:1$	$2\times10^n:1$	$1\times10^n:1$
缩小比例	$1:2$	$1:5$	$1:10$
	$1:2\times10^n$	$1:5\times10^n$	$1:10\times10^n$

注：n 为正整数。

2) 字体

图样中使用的字体必须做到：字体工整、笔画清楚、间隔均匀、排列整齐。采用字体高度(用 A 表示)代表字体的号数，其公称尺寸系列为：1.8mm、2.5mm、3.5mm、5mm、7mm、10mm、14mm 和 20mm。如需要使用更大的字，其字体高度应按 $\sqrt{2}$ 比例递增。

汉字应写成长仿宋体字，并应采用国家正式公布推行的简化字。汉字的高度 A 不应小于 3.5mm，其字宽一般为 $h/\sqrt{2}$。

字母和数字分 A 型和 B 型。A 型字体的笔画宽度(d)为字高(A)的 1/14；B 型字体的笔画宽度(d)为字高(A)的 1/10。在同一图样上，只允许选用一种形式的字体。字母和数字可写成斜体或直体，斜体字字头向右倾斜，与水平基准线成 75°。

　　3)　图线

　　国家标准《技术制图》图线(GB/T 17450—1998)规定了工程图样中各种图线的名称、型式及其画法。常用图线的名称、型式、宽度以及在图样上的应用见表 1-3 和图 1-5。

表 1-3　常用图线的名称、型式及应用

图线名称	图线型式	图线宽度	一般应用
粗实线	———————	d	可见轮廓线、可见过渡线
细实线	———————	约 d/3	尺寸线及尺寸界线、剖面线和引出线等
细波浪线	～〰〰〰	约 d/3	断裂处的边界线、视图和剖视的分界线
细双折线	─/\───	约 d/3	断裂处的边界线
虚线	— — — —	约 d/3	不可见轮廓线、不可见过渡线
细点划线	—·—·—·—	约 d/3	轴线及对称线、中心线、轨迹线、节圆和节线
粗点划线	━·━·━·━	d	限定范围的表示线、剖切平面线等
双点划线	—··—··—	约 d/3	相邻零件的轮廓线、移动件的限位线

图线应用举例如下。

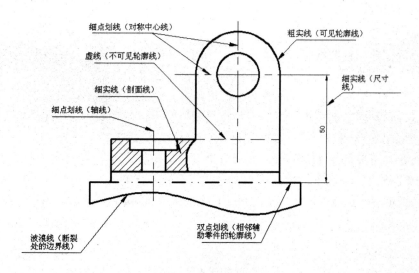

图 1-5　图线应用示例

　　另外，国家标准规定机件与剖切平面接触的部分即截断面应画出剖面符号，各种材料的剖面符号的画法，参见表 1-4。

　　图线的画法规定如下。

　　(1)　粗线的宽度(d)应根据图形的大小和复杂程度的不同，在 0.5～2mm 之间选择，应尽量保证在图样中不出现宽度小于 0.18mm 的图线。细线的宽度约为 d/3。图线宽度的推荐系列为：0.13mm、0.18mm、0.25mm、0.35mm、0.5mm、0.7mm、1mm、1.4mm 和 2mm。

　　(2)　同一图样中，同类图线的宽度应一致。虚线、点划线及双点划线的线段长度和间隔应

各自大致相等。

表 1-4　剖面符号

材料名称	剖面符号	材料名称	剖面符号
金属材料 (已有规定剖面符号者除外)		混凝土	
金属材料 (已有规定剖面符号者除外)		液体	
型沙、填沙、粉末冶金、砂轮 和陶瓷刀片等			

(3) 两条平行线(包括剖面线)之间的距离应不小于粗实线的 2 倍宽度，其最小距离不得小于 0.7mm。

(4) 绘制相交中心线时，应以长划相交，点划线起始与终了应为长划。一般中心线应超出轮廓线 3～5mm 为宜。

(5) 绘制较小图时，允许用细实线代替点划线。

2. AutoCAD 中的设定方法

1) 比例

在模型空间创建工程图纸时，一般不设置比例，用户可以按照 1∶1 的比例进行绘制，即按实物的实际尺寸绘制，不像手工绘图那样受纸张边缘的限制。需要输出时，可在布局的图纸空间中进行输出比例设置。但如果不小心，在想要的比例下，可能会得到与纸张大小不匹配的图形。为了避免这种问题的发生，一般习惯在绘图前先设定一个参考的绘图区域。

例：在 A4 图纸上绘制 1∶10 比例的图形，应设定的绘图范围是 2970mm×2100mm。清楚了绘图区的大小，可以使用【图形界限】命令来设定工作区。

(1) 选择【格式】|【图形界限】菜单命令，或在命令行输入"limits"。

(2) 在"指定左下角点或[开(ON)/关(OFF)]<0.0000,0.0000>："提示下，在命令行输入 ON，接受默认值 0，0。

> **注 意**
>
> 执行 ON 选项后，就可以使所设绘图范围有效，即用户只能在已设坐标范围内绘图。如果所绘图形超出范围，AutoCAD 将拒绝绘图，并给出相应的提示。

(3) 在"指定右上角点<420.0000,297.0000>："提示下，在命令行输入"2970，2100"。

(4) 选择【视图】|【缩放】|【全部】菜单命令，或在命令行输入"Z/A"。虽然没有显示任何变化，但实际上绘图区大小已改变了。

2) 字体

选择【格式】|【文字样式】菜单命令，系统弹出如图 1-6 所示的【文字样式】对话框。下面以创建"W"样式为例，阐述字体的设置操作方法。

图 1-6 　【文字样式】对话框

(1) 单击【新建】按钮，在系统弹出的【新建文字样式】对话框中的【样式名】文本框中输入样式名"W"，单击【确定】按钮关闭对话框。

(2) 在【文字样式】对话框的【字体名】下拉列表框中选择【仿宋_GB2312】选项，【高度】为 0。

(3) 在【效果】选项组中的【宽度因子】文本框中输入"0.7"，其余项目不变。

(4) 单击【应用】按钮，完成 "W" 样式设置。

3) 设置图层

用 AutoCAD 2014 绘图时，实现线型要求的习惯做法是：建立一系列具有不同绘图线型和不同绘图颜色的图层；绘图时，将具有同一线型的图形对象放在同一图层。

图层管理的命令是 LAYER。单击【图层】面板上的【图层特性】按钮，在弹出的【图层特性管理器】对话框中可以进行设置。

剖面符号在 AutoCAD 中的实现用【图案填充】命令，具体操作将在后面的章节介绍。

1.1.3　尺寸标注样式

如图 1-7 所示，在图样上标注尺寸时，必须严格遵守制图标准中的有关规定。

1．基本规则

(1) 机件的真实大小应以图样上所注的尺寸数值为依据；与图形的大小及绘图的准确度无关。

(2) 图样中(包括技术要求和其他说明)的尺寸，以 mm 为单位时，无须标注计量单位的代号或名称，若采用其他单位，则必须注明相应的计量单位的代号或名称。

(3) 图样中所标注的尺寸，为该图样所示机件的最后完工的尺寸，否则应另加说明。

(4) 机件的每一尺寸，一般只标注一次，并应标注在反映该结构最清晰的图形上。

2. 尺寸的组成

尺寸一般由尺寸界线、尺寸线和尺寸数字等组成。

(1) 尺寸界线。尺寸界线用来表示所注尺寸的范围。尺寸界线用细实线绘制,并应自图形轮廓线、轴线或对称中心线处引出;也可利用轮廓线、轴线或对称中心线作尺寸界线。

(2) 尺寸线。尺寸线用来表示所注尺寸的度量方向。尺寸线用细实线绘制,且不得与其他图线重合或在其延长线上,其终端有两种形式,即箭头和斜线。

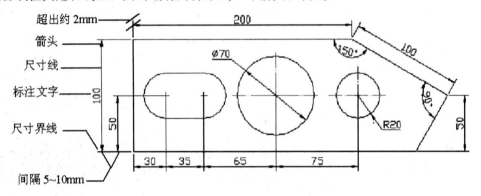

图 1-7 尺寸标注示例

采用箭头时箭头的尖端应画到与尺寸界线接触,不得超过或留有间隙,在一张图样中,箭头的大小应尽可能保持一致。箭头的形式适用于各种类型的图样。

采用斜线时斜线用细实线绘制。当尺寸线的终端采用斜线形式时,尺寸线与尺寸界线必须相互垂直。

(3) 尺寸数字。尺寸数字用来表示所注机件尺寸的实际大小。线性尺寸数字一般应注写在尺寸线的上方,也允许注写在尺寸线的中处。

3. 尺寸标注的基本方法

(1) 合理选择基准。根据基准的作用不同,可把零件的尺寸基准分成以下两类。

● 设计基准。在设计零件时,为保证功能、确定结构形状和相对位置时所选用的基准。用来作为设计基准的,大多是工作时确定零件在机器或机构中位置的面、线或点。

● 工艺基准。在加工零件时,为保证加工精度和方便加工及测量而选用的基准。用来作为工艺基准的,一般是加工时用作零件定位和对刀起点及测量起点的面、线或点。

(2) 功能尺寸应从设计基准直接注出。功能尺寸是指直接影响机器装配精度和工作性能的尺寸。这些尺寸应从设计基准出发直接注出,而不应用其他尺寸推算出来。

(3) 避免出现封闭尺寸链。当几个尺寸构成封闭尺寸链时,应当从链中挑选出一个最次要的尺寸空出不注。若因某种原因必须将其注出时,应将此尺寸数值用圆括号括起,称之为"参考尺寸"。

4. 尺寸标注的简化表示法(GB/T 16675.2—1996)

标注尺寸时,应尽可能使用的符号和缩写词见表 1-5。

表 1-5　标注尺寸使用的符号和缩写词

名　称	直　径	半　径	球直径	球半径	厚　度
符号和缩写词	Φ	R	SΦ	SR	t
名　称	45°倒角	正方形	斜　度	埋头孔	均　布
符号和缩写词	C	□	∠	∨	EQS

(1)　45°倒角按 Cn 的形式标注，n 为倒角的轴向长度，如 C2；非 45°的倒角应按"长度×角度"的形式标注，如 1.5×30°。

(2)　若图样中圆角或倒角的尺寸全部相同或多数相同时，可在图样空白处集中标注。如"全部圆角 R4"、"全部倒角 C1.5"、"其余圆角 R4"和"其余倒角 C1"等。

(3)　一般的退刀槽可按"槽宽×直径"或"槽宽×槽深"的形式标注。

(4)　在同一图形中，对于尺寸相同的孔、槽等成组要素，可仅在一个要素上注出其尺寸和数量。当成组要素的定位和分布情况在图形中已明确时，可不标注其定位尺寸，并省略"均布"字样。

(5)　对不连续的同一表面，可用细实线连接后标注一次尺寸。

(6)　图形具有对称中心线时，分布在对称中心线两边的相同结构，可仅标注其中一边的结构尺寸。

5．标注要点

(1)　重要尺寸，如总体的长、宽、高尺寸，孔的中心位置等应直接注出，而不应由其他尺寸计算求得。

(2)　不能注成封闭尺寸链，应选择允许误差最大处作开环。

(3)　对称结构应将对称中心线两边的结构合起来标注，不可只标注一边。

(4)　尽量避免在虚线处标注尺寸(不清晰，易误解)。

(5)　对斜角、凸台和槽等结构应将尺寸标注在反映其特征的图形上。

(6)　相互平行并列的尺寸应使大尺寸在外、小尺寸在内，不得互相穿插。

(7)　零件上的相贯线、截交线处不标注尺寸(可由投影关系求得)，尽量将尺寸集中标注在主视图上。

1.1.4　基准符号、粗糙度和形位公差标注规定

1．表面粗糙度符号、代号及其注法

表面粗糙度的符号及画法如图 1-8 所示，表面粗糙度参数的注写位置如图 1-9 所示。

表面粗糙度的标注规则如下。

(1)　在同一图样上，每一表面一般只标注一次。

(2)　表面粗糙度符号应标注在可见轮廓线、尺寸线、尺寸界线或其延长线上。若位置不够时，可引出标注。

(3)　符号的尖端必须与所注的表面(或指引线)相接触，并且必须从材料外指向被注表面。表面粗糙度的标注方法见表 1-6。

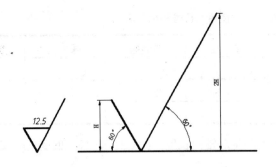

图1-8　表面粗糙度的符号及画法

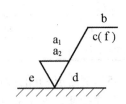

图1-9　表面粗糙度参数的注写位置

表1-6　表面粗糙度的标注方法

标注示例		
规定及说明	(1)符号尖端必须从材料外面指向表面。符号、代号一般注在轮廓线、尺寸界线或其延长线上。如果轮廓线处在右图所示 30°范围内，可应用指引线引出标注 (2)参数数值书写方向与尺寸数字的书写方向一致	当零件的大部分表面具有相同的粗糙度要求时，可将代号统一注写在图样右上角，代号前加"其余"二字，这时的代号及文字高度应是图上代号和文字的 1.4 倍
标注示例		
规定及说明	当零件的所有表面具有相同的粗糙度要求时，其符号、代号可在图样右上角统一注写，如上图(a)或图(b)	为简化标注或注写位置受到限制时可以标注简化代号。必须在标题栏附近表明简化代号的意义
标注示例		
规定及说明	对零件上连续表面及重复要素(如孔、槽、齿等)的表面，以及用细实线连接的不连续的同一表面，其粗糙度代号只标注一次	

2. 形位公差标注规定

1) 形位公差的代号

形位公差应采用代号标注在图样上,当无法用代号标注时,允许在技术要求中用文字说明。框格高度为 1h,用细实线绘制,在图样中的位置应水平或垂直放置。指引线箭头应指向被测要素,并垂直于轮廓线或其延长线。形位公差的各个符号如表 1-7 所示。

表 1-7　形位公差的符号

公　差		特征项目	符　号	有或无基准要求
形状	形状	直线度	——	无
		平面度	▱	无
		圆度	○	无
		圆柱度	⌭	无
形状或位置	轮廓	线轮廓度	⌒	有或无
		面轮廓度	⌓	有或无
位置	定向	平行度	//	有
		垂直度	⊥	有
		倾斜度	∠	有
	定位	位置度	⊕	有或无
		同轴(同心)度	◎	有
		对称度	═	有
	跳动	圆跳动	↗	有
		全跳动	↗↗	有

2) 基准代号

对应于形位公差框格的标注,在图样中应同时标注基准代号。基准代号构成如图 1-10 所示。基准符号应靠近轮廓线或其延长线。基准字母应水平书写。

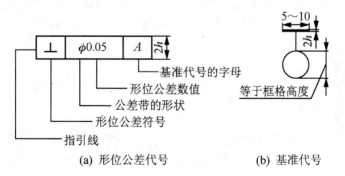

(a) 形位公差代号　　　　　　　(b) 基准代号

图 1-10　形位公差代号和基准代号

3) 标注规定

(1) 当被测要素或基准要素为轮廓线或表面时,应将箭头或基准符号与尺寸线箭头明显错开。

（2）当被测要素或基准要素为轴线、中心平面等中心要素时，应将箭头或基准符号与尺寸线箭头对齐。

（3）当同一被测要素有多个公差项目时，可以共用一条指引线；当同一公差项目有多个被测要素时，可以在同一公差框上画多条指引线。

（4）当基准要素或被测要素为实际表面时，基准符号、箭头可置于带点的参考线上。

在 AutoCAD 中如何实现上述尺寸的标注将在后面的章节中详细介绍。

1.2 启动 AutoCAD 2014

本书以 Windows XP 系统中安装的 AutoCAD 2014 为例，进行课程知识的讲解。当用户安装好软件后，可以通过以下 3 种方法来启动 AutoCAD 2014 应用程序。

（1）通过快捷方式启动。在电脑中安装好的 AutoCAD 2014 应用程序后，桌面上将显示其快捷方式菜单图标，如图 1-11 所示。双击该快捷方式图标，可快速启动 AutoCAD 2014 应用程序。

图 1-11 快捷方式图标

（2）通过开始菜单启动。选择【开始】|【程序】| Autodesk | AutoCAD 2014-简体中文版 | AutoCAD 2014 简单中文版菜单命令，如图 1-12 所示启动 AutoCAD 2014 应用程序。

图 1-12 单击 AutoCAD 2014 命令

（3）通过 DWG 格式文件启动。AutoCAD 的标准文件格式为 DWG，双击文件夹中.dwg 格式的文件，如图 1-13 所示即可启动 AutoCAD 2014 应用文件并打开该图形的文件。

图 1-13　AutoCAD 文件

1.3　AutoCAD 2014 的工作界面

启用 AutoCAD 2014 后，系统默认显示的是 AutoCAD 的经典工作界面。AutoCAD 2014 二维草图与注释操作界面的主要组成元素有：标题栏、菜单栏、工具栏、菜单浏览器、快速访问工具栏、绘图区、选项卡、面板、命令行窗口、空间选项卡、工具选项板和状态栏，如图 1-14 所示。

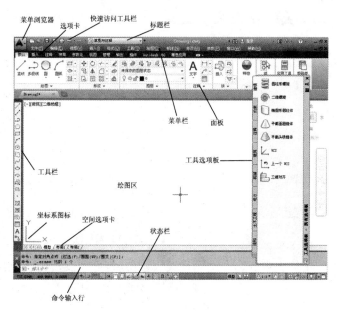

图 1-14　AutoCAD 基本的操作界面

1.3.1 标题栏

标题栏位于应用程序窗口最上方，用于显示当前正在运行的程序和文件的名称等信息。如果是 AutoCAD 默认的图形文件，其名称为 DrawingN.dwg(N 是大于 0 的自然数)。单击标题栏最右边的 3 个按钮，可以将应用程序的窗口最小化、最大化或还原和关闭。右击标题栏，将弹出一个下拉菜单，如图 1-15 所示。利用它可以执行最大化窗口、最小化窗口、还原窗口、移动窗口和关闭应用程序等操作。

图 1-15 下拉菜单

1.3.2 菜单栏

当我们初次打开 AutoCAD 2014 时，菜单栏并不显示在初始界面中，在【快速访问工具栏】上单击 ▼ 按钮，在弹出的下拉菜单中单击【显示菜单栏】命令，则菜单栏显示在操作界面中，如图 1-16 所示。

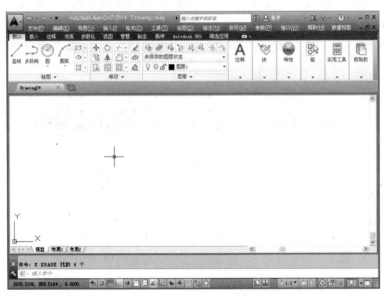

图 1-16 显示菜单栏的操作界面

AutoCAD 2014 使用的大多数命令均可在菜单栏中找到，它包含文件管理菜单、文件编辑菜单、绘图菜单以及信息帮助菜单等。菜单的配置可通过典型的 Windows 方式实现。用户在命令行中输入 menu(菜单)命令，即可打开如图 1-17 所示的【选择自定义文件】对话框，可以从中选择其中的一项作为菜单文件进行设置。

图 1-17 【选择自定义文件】对话框

1.3.3 工具栏

AutoCAD 2014 中在初始界面中不显示工具栏，需要通过下面的方法调出：

用户可以在【菜单栏】中选择【工具】|【工具栏】| AutoCAD 菜单命令，在其菜单中选择需用的工具，如图 1-18 所示。

【标注】工具栏

【绘图】工具栏

【修改】工具栏

图 1-18 调用的工具栏

利用工具栏可以快速直观地执行各种命令。用户可以根据需要拖曳工具栏置于屏幕的任何位置。

用户还可以选择【视图】|【工具栏】菜单命令，打开【自定义用户界面】对话框，双击【工具栏】选项，则展示出显示或隐藏的各种工具栏，如图 1-19 所示。

此外，AutoCAD 2014 中工具提示包括两个级别的内容：基本内容和补充内容。光标最初悬停在命令或控件上时，将显示基本工具提示。其中包含对该命令或控件的概括说明、命令名、快捷键和命令标记。当光标在命令或控件上的悬停时间累积超过一特定数值时，将显示补充工具提示。用户可以在【选项】对话框中设置累积时间。补充工具提示提供了有关命令或控件的附加信息，并且可以显示图示说明，如图 1-20 所示。

图 1-19 【自定义用户界面】对话框

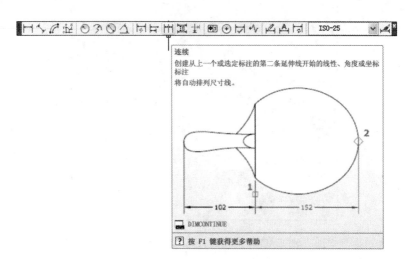

图 1-20　显示基本工具提示和补充工具提示

1.3.4　菜单浏览器

单击【菜单浏览器】按钮，打开菜单浏览器，其中包含"最近使用的文档"和"打开的文档"和"预览文档"，如图 1-21 所示。

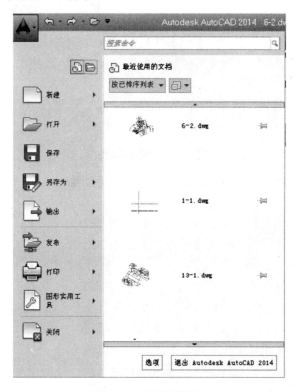

图 1-21　菜单浏览器

● 　【最近使用的文档】：默认情况下，在最近使用的文档列表的顶部显示的文件是最近使用的文件。

- 【打开的文档】：使用打开的文档列表仅查看当前打开的文件。打开的文档列表顶部
显示的文件是最近打开的文件。若要使文件变为当前使用的文件，请单击列表中的
文件。

- 【预览文档】：查看最近使用的文档列表和打开的文档列表中文件的缩略图。

1.3.5　快速访问工具栏

在快速访问工具栏上，如图 1-22 所示，包括【新建】、【打开】、【保存】、【放弃】、
【重做】、【打印】和【特性】命令，还可以存储经常使用的命令。在快速访问工具栏上右击，
然后单击快捷菜单中的【自定义快速访问工具栏】命令，将打开如图 1-23 所示的【自定义用
户界面】对话框，并显示可用命令的列表。将想要添加的命令从【自定义用户界面】对话框中
的【命令列表】选项组拖曳到快速访问工具栏即可。

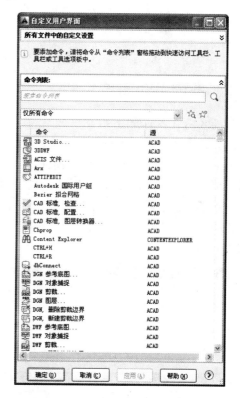

图 1-22　快速访问工具栏

图 1-23　【自定义用户界面】对话框

1.3.6　绘图区

绘图区主要是图形绘制和编制的区域，当光标在这个区域中移动时，便会变成一个十字游
标的形式，用来定位。在某些特定的情况下，光标也会变成方框光标或其他形式的光标。绘图
区如图 1-24 所示。

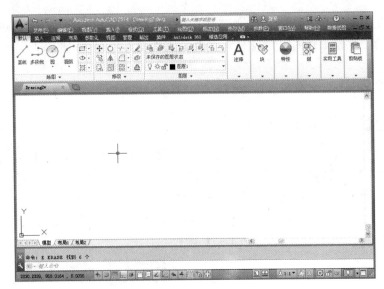

图 1-24　绘图区

1.3.7　选项卡和面板

　　功能区由许多面板组成,这些面板被组织到依任务进行标记的选项卡中。选项卡由【默认】、【插入】、【注释】、【布局】、【参数化】、【视图】、【管理】、【输出】等部分组成。选项卡可控制面板在功能区上的显示和顺序。用户可以在【自定义用户界面】对话框中将选项卡添加至工作空间,以控制在功能区中显示哪些功能区选项卡。

　　单击不同的选项卡可以打开相应的面板。面板中包含的很多工具和控件与工具栏和对话框中的相同。图 1-25～图 1-32 展示了不同选项卡及面板。选项卡和面板的运用将在后面的相关章节中分别进行详尽的讲解,在此不再赘述。

图 1-25　【默认】选项卡

图 1-26　【插入】选项卡

图 1-27　【注释】选项卡

图 1-28 【布局】选项卡

图 1-29 【参数化】选项卡

图 1-30 【视图】选项卡

图 1-31 【管理】选项卡

图 1-32 【输出】选项卡

1.3.8 命令行

命令行用来接收用户输入的命令或数据,同时显示命令、系统变量、选项、信息,以引导用户进行下一步操作,如更正或重复命令等。初学者往往忽略命令行中的提示。实际上只有时刻关注命令行中的提示,才能真正实现灵活快速的使用。命令行可以拖曳放为浮动窗口,如图 1-33 所示。

图 1-33 【命令行】窗口

1.3.9 状态栏

主要显示当前 AutoCAD 2014 所处的状态,状态栏中显示当前光标的三维坐标值,可以通过单击相关选项打开或关闭绘图状态,包括【应用程序状态栏】和【图形状态栏】。

(1) 【应用程序状态栏】显示光标的坐标值、绘图工具、导航工具以及用于快速查看和注释缩放的工具，如图1-34所示。

图1-34　应用程序状态栏

● 绘图工具：用户可以以图标或文字的形式查看图形工具按钮。通过捕捉工具、极轴工具、对象捕捉工具和对象追踪工具的快捷菜单，轻松更改这些绘图工具的设置，如图1-35所示。

图1-35　查看设置绘图工具

● 快速查看工具：用户可以通过快速查看工具预览打开的图形和图形中的布局，并在其间进行切换。
● 导航工具：用户可以使用导航工具在打开的图形之间进行切换和查看图形中的模型。
● 注释工具：可以显示用于注释缩放的工具。
● 用户可以通过【工作空间】按钮切换工作空间。通过【锁定】按钮锁定工具栏和窗口的当前位置，防止它们意外地移动。单击【全屏显示】按钮可以展开图形显示区域。

另外，还可以通过状态栏的快捷菜单向【应用程序状态栏】添加按钮或从中删除按钮。

注　意

【应用程序状态栏】关闭后，屏幕上将不显示【全屏显示】按钮。

(2) 【图形状态栏】显示缩放注释的若干工具，如图1-36所示。

图1-36　【图形状态栏】上的工具

【图形状态栏】打开后，将显示在绘图区域的底部。【图形状态栏】关闭时，【图形状态栏】上的工具移至【应用程序状态栏】。

【图形状态栏】打开后,可以使用【图形状态栏】菜单选择要显示在状态栏上的工具。

1.3.10 空间选项卡

【模型】和【布局】选项卡位于绘图区的左下方,通过单击这两个选项卡,可以使绘制的图形文字在模型空间和图纸空间之间进行切换。单击【布局】选项卡,进入图纸空间,此空间用于打印图形文件;单击【模型】选项卡,返回模型空间,在此空间进行图形设计。

在绘图区中,可以通过坐标系的显示来确认当前图形的工作空间。模型空间中的坐标系是两个互相垂直的箭头,而图纸空间中的坐标系则是一个直角三角形。

1.3.11 三维建模工作界面

AutoCAD 2014 可以通过单击状态栏中的【切换工作空间】按钮 ,进行切换,如图 1-37 所示切换至三维建模界面。

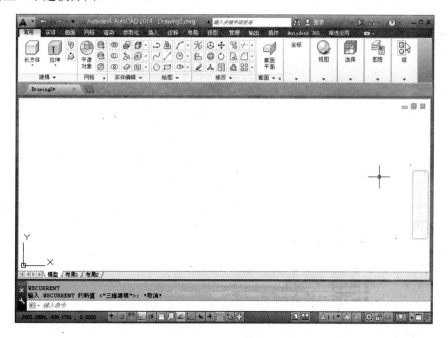

图 1-37 三维建模界面

切换至三维建模工作界面,还可以方便用户在三维空间中绘制图形。在功能区上有【常用】、【网格建模】、【渲染】等选项卡,为绘制三维对象操作提供了非常便利的环境。

1.3.12 AutoCAD 经典界面

AutoCAD 2014 可以通过单击状态栏中的【切换工作空间】按钮 ,进行切换,如图 1-38 所示切换至 AutoCAD 经典界面。

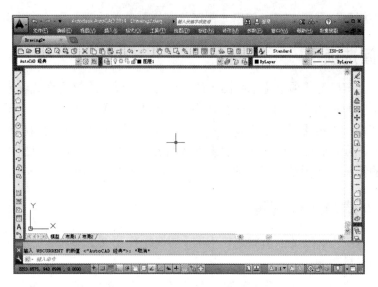

图 1-38　AutoCAD 经典界面

1.4　图形文件管理

在 AutoCAD 2014 中，对图形文件的管理一般包括创建新文件、打开已有的图形文件、保存文件、加密文件及关闭图形文件等操作。

1.4.1　创建新文件

打开 AutoCAD 2014 后，系统自动新建一个名为 Drawing.dwg 的图形文件。另外，用户还可以根据需要选择模板来新建图形文件。

在 AutoCAD 2014 中创建新文件，可以用以下几种方法。

(1)　在快速访问工具栏或菜单浏览器中单击【新建】按钮 。

(2)　在菜单栏中选择【文件】|【新建】菜单命令。

(3)　在命令行中直接输入"new"命令后按 Enter 键。

(4)　按 Ctrl+N 键。

(5)　调出【标准】工具栏，单击其中的【新建】按钮 。

通过使用以上的任意一种方式，系统会打开如图 1-39 所示的【选择样板】对话框，从其列表中选择一个样板后单击【打开】按钮或直接双击选中的样板，即可建立一个新文件，如图 1-40 所示为新建立的文件"Drawing2.dwg"。

另外，如果不想使用样板文件创建新图形文件，可以单击【打开】按钮旁边的下三角按钮，选择其下拉列表框中的【无样板打开-公制】选项或【无样板打开-英制】选项。

> **注意**
>
> 　要打开【选择样板】对话框，须在进行上述操作前将 STARTUP 系统变量设置为 0(关)，将 FILEDIA 系统变量设置为 1(开)。

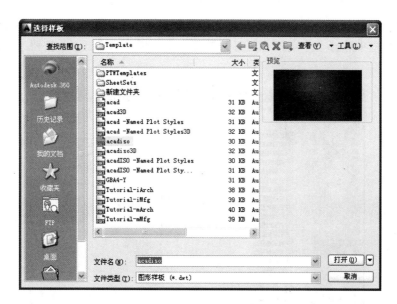

图 1-39　【选择样板】对话框

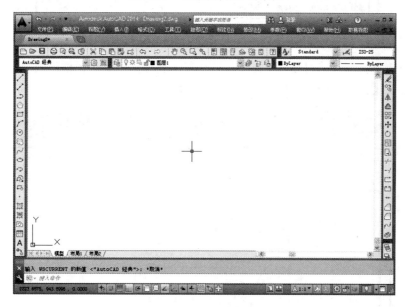

图 1-40　新建文件"Drawing2.dwg"

1.4.2　打开文件

在 AutoCAD 2014 中打开现有文件，可以用以下几种方法。

(1)　单击快速访问工具栏或菜单浏览器中的【打开】按钮 📂。

(2)　在菜单栏中选择【文件】│【打开】菜单命令。

(3)　在命令行中直接输入"open"命令后按 Enter 键。

(4)　按 Ctrl+O 键。

(5)　调出【标准】工具栏，单击其中的【打开】按钮 📂。

通过使用以上的任意一种方式进行操作后，系统会打开如图 1-41 所示的【选择文件】对话框，从其列表框中选择一个用户想要打开的现有文件后单击【打开】按钮或直接双击想要打开的文件。

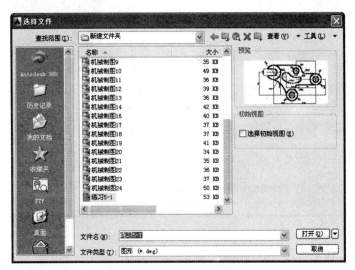

图 1-41　【选择文件】对话框

例如用户想要打开"练习 5-1"文件，只要在【选择文件】对话框列表中双击该文件或选择该文件后单击【打开】按钮，即可打开"练习 5-1"文件，如图 1-42 所示。

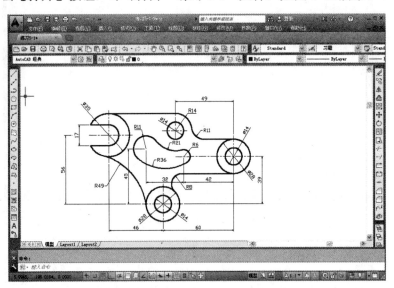

图 1-42　打开的"练习 5-1"文件

有时在单个任务中打开多个图形，可以方便地在它们之间传输信息。这时可以通过水平平铺或垂直平铺的方式来排列图形窗口，以便于操作。

(1) 水平平铺：以水平、不重叠的方式排列窗口。选择【窗口】|【水平平铺】菜单命令，或者在【视图】选项卡的【窗口】面板中单击【水平平铺】按钮 ，排列的窗口如图 1-43 所示。

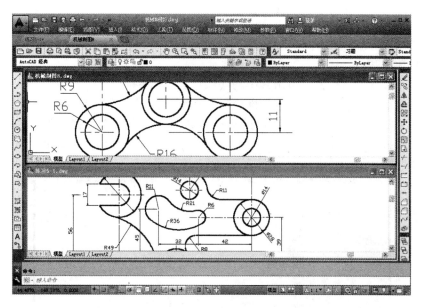

图 1-43　水平平铺的窗口

(2)　垂直平铺：以垂直、不重叠的方式排列窗口。选择【窗口】|【垂直平铺】菜单命令，或者在【视图】选项卡的【窗口】面板中单击【垂直平铺】按钮，排列的窗口如图 1-44 所示。

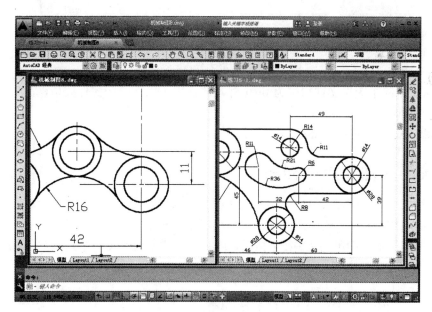

图 1-44　垂直平铺的窗口

1.4.3　保存文件

在 AutoCAD 2014 中保存现有文件，可以用以下几种方法。

(1)　单击快速访问工具栏或菜单浏览器中的【保存】按钮。

(2) 在菜单栏中选择【文件】|【保存】菜单命令。

(3) 在命令行中直接输入"save"命令后按 Enter 键。

(4) 按 Ctrl+S 键。

(5) 调出【标准工具栏】，单击其中的【保存】按钮 。

通过使用以上的任意一种方式进行操作后，系统会打开如图 1-45 所示的【图形另存为】对话框，从其【保存于】下拉列表框选择保存位置后单击【保存】按钮，即可完成保存文件的操作。如此例是将"Drawing1.dwg"文件保存至"新建文件夹"的文件夹下。

图 1-45　【图形另存为】对话框

AutoCAD 中除了图形文件后缀为 dwg 外，还使用了以下一些文件类型，其后缀分别对应如下：

图形标准 dws、图形样板 dwt、dxf 等。

1.4.4　关闭文件和退出程序

本节介绍文件的关闭以及 AutoCAD 2014 程序的退出。

在 AutoCAD 2014 中关闭图形文件，可以用以下几种方法。

(1) 在菜单浏览器中单击【关闭】按钮，或在菜单栏中选择【文件】|【关闭】菜单命令。

(2) 在命令行中直接输入"close"命令后按 Enter 键。

(3) 按 Ctrl+C 键。

(4) 单击工作窗口右上角的【关闭】按钮 。

退出 AutoCAD 2014 有以下几种方法：要退出 AutoCAD 2014 系统，直接单击 AutoCAD 2014 系统窗口标题栏上的【关闭】按钮 即可。如果图形文件没有被保存，系统退出时将提示用户进行保存。如果此时还有命令未执行完毕，系统会要求用户先结束命令。

(1) 选择【文件】|【退出】菜单命令。

(2) 在命令行中直接输入"quit"命令后按 Enter 键。

(3) 单击 Auto CAD 2014 系统窗口右上角的【关闭】按钮。

(4) 按 Ctrl+Q 键。

执行以上任意一种操作后，会退出 AutoCAD 2014。若当前文件未保存，则系统会自动弹出如图 1-46 所示的提示。

图 1-46   AutoCAD 2014 退出时的提示

1.5   设计案例——文件操作

本范例完成文件：\01\1-1.dwg

多媒体教学路径：光盘→多媒体教学→第 1 章

1.5.1   实例介绍与展示

本节通过创建并保存文件的范例，进一步讲解 AutoCAD 2014 的基本操作。

1.5.2   实例操作

步骤01 启动程序

双击桌面上的 AutoCAD 2014 图标，打开 AutoCAD 2014。打开的程序界面如图 1-47 所示。

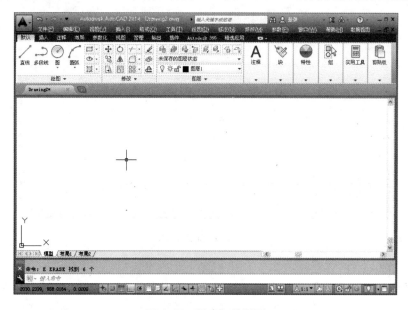

图 1-47   程序初始界面

步骤02 新建文件

选择【文件】|【新建】菜单命令。打开【选择样板】对话框，如图 1-48 所示，选择默认设置，单击【打开】按钮。进入 AutoCAD 2014 绘图环境，文档默认名称为"Drawing2.dwg"，如图 1-49 所示。

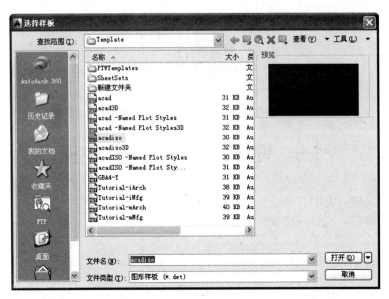

图 1-48 【选择样板】对话框

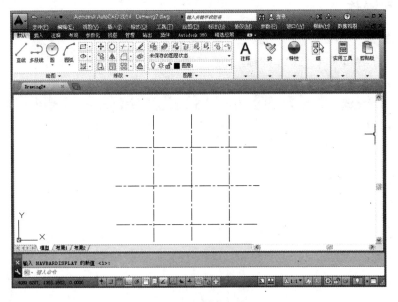

图 1-49 新建文件

步骤03 保存文件

选择【文件】|【另存为】菜单命令，打开【图形另存为】对话框，在【文件名】下拉列表框中输入"1-1"，同时我们可以选择保存文件的类型，如图 1-50 所示。然后单击【保存】按钮。

图 1-50　另存为"1-1.dwg"

步骤04　关闭并退出程序

单击工作窗口右上角的【关闭】按钮 ✕ ，关闭并退出程序。

1.6　本　章　小　结

本章主要介绍了启动 AutoCAD 2014 的方法、AutoCAD 工作界面的组成以及图形文件管理等知识。通过本章实例的学习，读者应该可以熟练掌握 AutoCAD 中有关系统设置的方法。

第 2 章

AutoCAD 绘图基础设置

本章导读：

我们在绘图之前，首先要设置绘制图形的环境。绘图环境包括参数选项、鼠标、线型和线宽、图形单位、图形界限等。在绘制图形的过程中，经常需要对视图进行操作，如放大、缩小、平移，或者将视图调整为某一特定模式下显示等。这些是绘制图形的基础，本章将对此进行详尽讲解。

2.1 设置绘图环境

应用 AutoCAD 绘制图形时，需要先定义符合要求的绘图环境，如设置绘图测量单位、绘图区域大小、图形界限、图层、尺寸和文本标注方式以及设置坐标系统、设置对象捕捉、极轴跟踪等。这样不仅可以方便修改，而且可以实现与团队的沟通和协调。本节将对设置绘图环境进行具体的介绍。

2.1.1 设置参数选项

要想提高绘图的速度和质量，必须有一个合理的、适合自己绘图习惯的参数配置。

在菜单栏中选择【工具】|【选项】菜单命令，或在命令行中输入"options"后按 Enter 键。打开【选项】对话框，在该对话框中包括【文件】、【显示】、【打开和保存】、【打印和发布】、【系统】、【用户系统配置】、【绘图】、【三维建模】、【选择集】、【配置】和【联机】11 个选项卡，如图 2-1 所示。

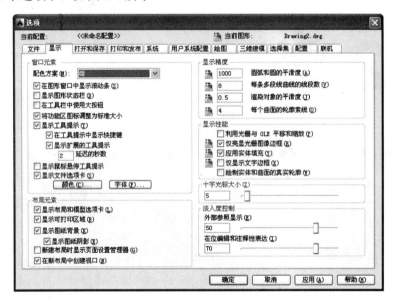

图 2-1 【选项】对话框中的【显示】选项卡

2.1.2 鼠标的设置

在绘制图形时，灵活使用鼠标的右键将会使操作方便快捷，在【选项】对话框中可以自定义鼠标右键的功能。

在【选项】对话框中切换到【用户系统配置】选项卡，如图 2-2 所示。

单击【Windows 标准操作】选项组中的【自定义右键单击】按钮，弹出【自定义右键单击】对话框，如图 2-3 所示。用户可以在对话框中根据需要进行设置。

(1) 【打开计时右键单击】复选框：控制右键单击操作。快速单击与按 Enter 键的作用相同。缓慢单击将显示快捷菜单。可以用毫秒来设置慢速单击的持续时间。

图 2-2　【选项】对话框中的【用户系统配置】选项卡

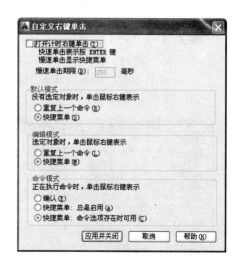

图 2-3　【自定义右键单击】对话框

(2)　【默认模式】选项组：确定未选中对象且没有命令在运行时，在绘图区域中单击右键所产生的结果。

● 【重复上一个命令】：禁用"默认"快捷菜单。当没有选择任何对象并且没有任何命令运行时，在绘图区域中单击鼠标右键与按 Enter 键的作用相同，即重复上一次使用的命令。

● 【快捷菜单】：启用"默认"快捷菜单。

(3)　【编辑模式】选项组：确定当选中了一个或多个对象且没有命令在运行时，在绘图区域中单击鼠标右键所产生的结果。

(4)　【命令模式】选项组：确定当命令正在运行时，在绘图区域中单击鼠标右键所产生的结果。

● 【确认】：禁用"命令"快捷菜单。当某个命令正在运行时，在绘图区域中单击鼠标右键与按 Enter 键的作用相同。

● 【快捷菜单：总是启用】：启用"命令"快捷菜单。

● 【快捷菜单：命令选项存在时可用】：仅当在命令提示下选项当前可用时，启用"命令"快捷菜单。在命令提示下，选项用方括号括起来。如果没有可用的选项，则单击鼠标右键与按 Enter 键作用相同。

2.1.3　更改图形窗口的颜色

在【选项】对话框中切换到【显示】选项卡，单击【颜色】按钮，打开【图形窗口颜色】对话框，如图 2-4 所示。

通过【图形窗口颜色】对话框可以方便地更改各种操作环境下各要素的显示颜色，下面分别介绍其各选项。

● 【上下文】列表框：显示程序中所有上下文的列表。上下文是指一种操作环境，例如模型空间。可以根据上下文为界面元素指定不同的颜色。

● 【界面元素】列表框：显示选定的上下文中所有界面元素的列表。界面元素是指一个

上下文中的可见项，例如背景色。

- 【颜色】下拉列表框：列出应用于选定界面元素的可用颜色设置。可以从其下拉列表框中选择一种颜色，或选择【选择颜色】选项，打开【选择颜色】对话框，如图 2-5 所示。用户可以从【索引颜色】、【真彩色】和【配色系统】选项卡中进行选择来定义界面元素的颜色。

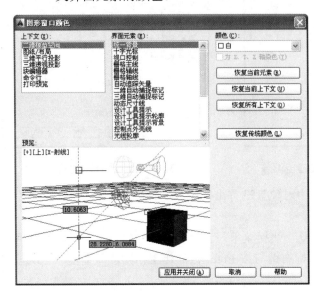

图 2-4 【图形窗口颜色】对话框　　　　　　图 2-5 【选择颜色】对话框

如果为界面元素选择了新颜色，新的设置将显示在【预览】区域中。在图 2-4 中，就将【颜色】设置成了"白色"，改变了绘图区的背景颜色，以便进行绘制。

- 【为 X、Y、Z 轴染色】复选框：控制是否将 X 轴、Y 轴和 Z 轴的染色应用于以下界面元素：十字光标指针、自动追踪矢量、地平面栅格线和设计工具提示。将颜色饱和度增加 50% 时，色彩将使用用户指定的颜色亮度应用纯红色、纯蓝色和纯绿色色调。
- 【恢复当前元素】按钮：将当前选定的界面元素恢复为其默认颜色。
- 【恢复当前上下文】按钮：将当前选定的上下文中的所有界面元素恢复为其默认颜色。
- 【恢复所有上下文】按钮：将所有界面元素恢复为其默认颜色设置。
- 【恢复传统颜色】按钮：将所有界面元素恢复为 AutoCAD 2014 经典颜色设置。

2.1.4　设置绘图单位

在新建文档时，需要进行相应的绘图单位设置，以满足使用的要求。设置绘图单位有两种方法，下面分别进行介绍。

方法一：在 AutoCAD 2014 中，提供了【高级设置】和【快速设置】两个向导，用户可以根据向导的提示轻松完成绘图单位的设置。

1)　使用【高级设置】向导

运用【高级设置】向导，可以设置测量单位、显示单位精度、创建角度设置等。其具体操作如下。

(1) 在菜单栏中选择【文件】|【新建】菜单命令，或在命令行中输入"new"后按 Enter 键，或在快速访问工具栏中单击【新建】按钮 □。打开【创建新图形】对话框，单击对话框中的【使用向导】标签，切换到【使用向导】选项卡，如图 2-6 所示。

> **注　意**
>
> 　要打开【创建新图形】对话框，须在进行上述操作前将 STARTUP 系统变量设置为 1(开)，将 FILEDIA 系统变量设置为 1(开)。

(2) 在【使用向导】选项卡中选择【高级设置】选项，单击【确定】按钮。打开【高级设置】对话框，如图 2-7 所示。

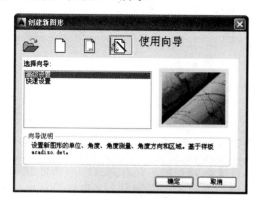
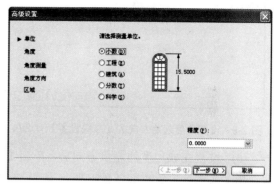

图 2-6　【创建新图形】对话框中的【使用向导】选项卡　图 2-7　设置长度单位的【高级设置】对话框

这时，在对话框中可以设置绘图的长度单位，即【小数】、【工程】、【建筑】、【分数】、【科学】5 种长度测量单位，在【精度】下拉列表框中可以设置单位的精确程度。

(3) 测量单位设置完成后，单击【下一步】按钮，打开设置角度测量单位和精度的对话框，如图 2-8 所示。

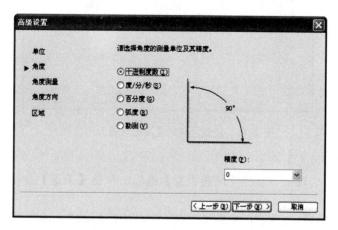

图 2-8　设置角度的【高级设置】对话框

在此，用户可以根据需要选择设置绘图的角度单位，即【十进制度数】、【度/分/秒】、【百分度】、【弧度】、【勘测】5 种角度测量单位，AutoCAD 默认的测量单位为十进制度数。在【精度】下拉列表框中可以设置角度的精确程度。

（4） 完成角度设置后，单击【下一步】按钮，打开设置角度起始方向的对话框，如图 2-9 所示。

在此，AutoCAD 默认的测量起始方向为【东】，用户可从中选择【北】、【西】、【南】、【其他】选项，然后在文本框中输入精确的数值。

（5） 设置完成角度的起始方向后，单击【下一步】按钮，打开设置角度测量方向的对话框，如图 2-10 所示。用户可以选择【逆时针】、【顺时针】两种角度的测量方向。

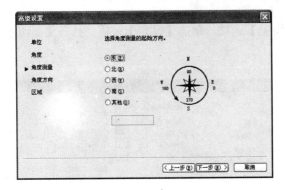 

图 2-9　设置角度起始方向的【高级设置】对话框　　图 2-10　设置角度测量方向的【高级设置】对话框

（6） 设置完成角度的测量方向后，单击【下一步】按钮，最后打开设置的对话框可以设置要使用全比例单位表示的区域，如图 2-11 所示。用户在此设置完宽度和长度后，从对话框的右侧可以预览纸张的大致形状。

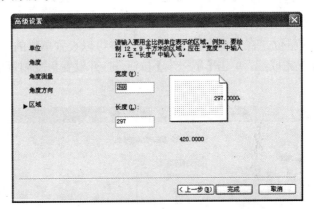

图 2-11　设置区域的【高级设置】对话框

2） 使用【快速设置】向导

在【使用向导】选项卡中选择【快速设置】选项，单击【确定】按钮。打开【快速设置】对话框，如图 2-12 所示。

【快速设置】向导包含【单位】和【区域】。使用此向导时，可以选择【上一步】和【下一步】在对话框之间切换，进行设置，选择最后一页上的【完成】按钮关闭向导，则按照设置创建新图形。

方法二： 在菜单栏中选择【格式】｜【单位】菜单命令或在命令行中输入"units"后按Enter 键，打开【图形单位】对话框，如图 2-13 所示。

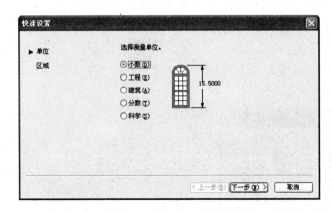

图 2-12 【快速设置】对话框　　　　　图 2-13 【图形单位】对话框

(1) 【图形单位】对话框中的【长度】选项组用来指定测量当前单位及当前单位的精度。

① 在【类型】下拉列表框中有 5 个选项,包括【小数】、【工程】、【建筑】、【分数】和【科学】,用于设置测量单位的当前格式。该值中,【工程】和【建筑】选项提供英尺和英寸显示并假定每个图形单位表示一英寸,【分数】和【科学】也不符合我国的制图标准,因此通常情况下选择【小数】选项。

② 在【精度】下拉列表框中有 9 个选项,用来设置线性测量值显示的小数位数或分数大小。

(2) 【图形单位】对话框中的【角度】选项组用来指定当前角度格式和当前角度显示的精度。

① 在【类型】下拉列表框中有 5 个选项,包括【百分度】、【度/分/秒】、【弧度】、【勘测单位】和【十进制度数】,用于设置当前角度格式。通常选择符合我国制图规范的【十进制度数】。

② 在【精度】下拉列表框中有 9 个选项,用来设置当前角度显示的精度。

以下惯例用于各种角度测量:

【十进制度数】以十进制度数表示,【百分度】附带一个小写 g 后缀,【弧度】附带一个小写 r 后缀,【度/分/秒】用 d 表示度,用 ' 表示分,用 " 表示秒,例如:23d45'56.7"。

【勘测单位】以方位表示角度:N 表示正北,S 表示正南,【度/分/秒】表示从正北或正南开始的偏角的大小,E 表示正东,W 表示正西,例如:N 45d0'0" E。此形式只使用【度/分/秒】格式来表示角度大小,且角度值始终小于 90 度。如果角度正好是正北、正南、正东或正西,则只显示表示方向的单个字母。

③ 【顺时针】复选框用来确定角度的正方向,当选中该复选框时,就表示角度的正方向为顺时针方向,反之则为逆时针方向。

(3) 【图形单位】对话框中的【插入时的缩放单位】选项组用来控制插入到当前图形中的块和图形的测量单位,有多个选项可供选择。如果块或图形创建时使用的单位与该选项指定的单位不同,则在插入这些块或图形时,将对其按比例缩放。插入比例是源块或图形使用的单位与目标图形使用的单位之比。如果插入块时不按指定单位缩放,则选择【无单位】选项。

> **注 意**
>
> 当源块或目标图形中的【插入时的缩放单位】设置为【无单位】时，将使用【选项】对话框的【用户系统配置】选项卡中的【源内容单位】和【目标图形单位】设置。

(4) 单位设置完成后，【输出样例】框中会显示出当前设置下的输出的单位样式。单击【确定】按钮，就设定了这个文件的图形单位。

(5) 接下来单击【图形单位】对话框中的【方向】按钮，打开【方向控制】对话框，如图 2-14 所示。

图 2-14　【方向控制】对话框

在【基准角度】选项组中选中【东】(默认方向)、【北】、【西】、【南】或【其他】单选按钮中的任何一个可以设置角度的零度的方向。当选中【其他】单选按钮时，也可以通过输入值来指定角度。

【角度】按钮⬛，是基于假想线的角度定义图形区域中的零角度，该假想线连接用户使用定点设备指定的任意两点。只有选中【其他】单选按钮时，此选项才可用。

2.1.5　设置图形界限

图形界限是世界坐标系中的几个二维点，表示图形范围的左下基准线和右上基准线。如果设置了图形界限，就可以把输入的坐标限制在矩形的区域范围内。图形界限还可以限制显示网格点的图形范围等。另外还可以指定图形界限作为打印区域，应用到图纸的打印输出中。

在菜单栏中选择【格式】|【图形界限】菜单命令，输入图形界限的左下角和右上角位置，命令行窗口提示如下：

```
命令:'_limits
重新设置模型空间界限:
指定左下角点或 [开(ON)/关(OFF)] <0.0000,0.0000>: 0,0        // 输入左下角位置(0,0)后按 Enter 键
指定右上角点 <420.0000,297.0000>: 420,297                  // 输入右上角位置(420,297)后按 Enter 键
```

这样，所设置的绘图面积为 420×297，相当于 A3 图纸的大小。

2.1.6　设置线型

在菜单栏中选择【格式】|【线型】菜单命令，打开【线型管理器】对话框，如图 2-15 所示。

单击【加载】按钮，打开【加载或重载线型】对话框，如图 2-16 所示。从中选择绘制图形需要用到的线型，如虚线、中心线等。

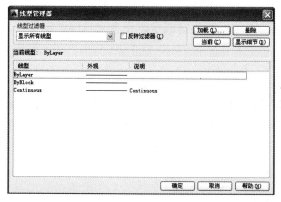

图 2-15　【线型管理器】对话框

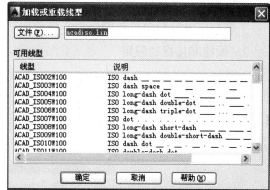

图 2-16　【加载或重载线型】对话框

2.2　辅助绘图工具

本节主要介绍设置捕捉和栅格、使用自动捕捉的方法和极轴追踪的方法等。

提 示

在绘图过程中，用户仍然可以根据需要对图形单位、线型、图层等内容进行重新设置，以免因设置不合理而影响绘图效率。

2.2.1　栅格和捕捉

要提高绘图的速度和效率，可以显示并捕捉栅格点的矩阵，还可以控制其间距、角度和对齐。【捕捉模式】和【栅格显示】开关按钮位于主窗口底部的【应用程序状态栏】，如图 2-17 所示。

1．栅格和捕捉

栅格是点的矩阵，遍布指定为图形栅格界限的整个区域。使用栅格类似于在图形下放置一张坐标纸。利用栅格可以对齐对象并直观显示对象之间的距离。不打印栅格。如果放大或缩小图形，可能需要调整栅格间距，使其更适合新的放大比例。如图 2-18 所示为打开栅格绘图区的效果。

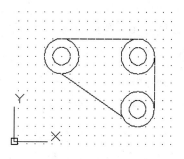

图 2-17　【捕捉模式】和【栅格显示】开关按钮

图 2-18　打开栅格绘图区的效果

捕捉模式用于限制十字光标，使其按照用户定义的间距移动。当【捕捉】模式打开时，光标似乎附着或捕捉到不可见的栅格。捕捉模式有助于使用箭头键或定点设备来精确地定位点。

2．栅格和捕捉的应用

【栅格显示】和【捕捉模式】各自独立，但经常同时打开。

选择【工具】|【绘图设置】菜单命令，或者在命令行中输入"dsettings"，这都会打开【草图设置】对话框，单击【捕捉和栅格】标签，切换到【捕捉和栅格】选项卡，可以对栅格捕捉属性进行设置，如图 2-19 所示。

图 2-19　【草图设置】对话框中的【捕捉和栅格】选项卡

下面详细介绍【捕捉和栅格】选项卡的参数设置。

(1)　【启用捕捉】复选框：用于打开或关闭捕捉模式。我们也可以通过单击状态栏上的【捕捉】按钮，或按 F9 键，或使用 SNAPMODE 系统变量，来打开或关闭捕捉模式。

(2)　【捕捉间距】选项组：用于控制捕捉位置处的不可见矩形栅格，以限制光标仅在指定的 X 和 Y 间隔内移动。

- 【捕捉 X 轴间距】：指定 X 方向的捕捉间距。间距值必须为正实数。
- 【捕捉 Y 轴间距】：指定 Y 方向的捕捉间距。间距值必须为正实数。
- 【X 轴间距 和 Y 轴间距相等】：为捕捉间距和栅格间距强制使用同一 X 和 Y 间距值。捕捉间距可以与栅格间距不同。

(3)　【极轴间距】选项组：用于控制极轴捕捉增量距离。

【极轴距离】：在选中【捕捉类型】选项组下的 PolarSnap 单选按钮时，设置捕捉增量距离。如果该值为 0，则极轴捕捉距离采用【捕捉 X 轴间距】的值。

> **注　意**
>
> 【极轴距离】的设置需与极坐标追踪和/或对象捕捉追踪结合使用。如果两个追踪功能都未选择，则【极轴距离】设置无效。

(4)　【捕捉类型】选项组：用于设置捕捉样式和捕捉类型。

- 【栅格捕捉】：设置栅格捕捉类型。如果指定点，光标将沿垂直或水平栅格点进行捕捉。

- 【矩形捕捉】：将捕捉样式设置为标准"矩形"捕捉模式。当捕捉类型设置为"栅格"并且打开"捕捉"模式时，光标将捕捉矩形捕捉栅格。

- 【等轴测捕捉】：将捕捉样式设置为"等轴测"捕捉模式。当捕捉类型设置为"栅格"并且打开"捕捉"模式时，光标将捕捉等轴测捕捉栅格。

- PolarSnap：将捕捉类型设置为 PolarSnap。如果打开了"捕捉"模式并在极轴追踪打开的情况下指定点，光标将沿在【极轴追踪】选项卡上相对于极轴追踪起点设置的极轴对齐角度进行捕捉。

(5) 【启用栅格】复选框：用于打开或关闭栅格。我们也可以通过单击状态栏上的【栅格】按钮，或按 F7 键，或使用 GRIDMODE 系统变量，来打开或关闭栅格模式。

(6) 【栅格间距】选项组：用于控制栅格的显示，有助于形象化显示距离。注意：LIMITS 命令和 GRIDDISPLAY 系统变量控制栅格的界限。

- 【栅格 X 轴间距】：指定 X 方向上的栅格间距。如果该值为 0，则栅格采用【捕捉 X 轴间距】的值。

- 【栅格 Y 轴间距】：指定 Y 方向上的栅格间距。如果该值为 0，则栅格采用【捕捉 Y 轴间距】的值。

- 【每条主线之间的栅格数】：指定主栅格线相对于次栅格线的频率。VSCURRENT 设置为除二维线框之外的任何视觉样式时，将显示栅格线而不是栅格点。

(7) 【栅格行为】选项组：用于控制当 VSCURRENT 设置为除二维线框之外的任何视觉样式时，所显示栅格线的外观。

- 【自适应栅格】：栅格间距缩小时，限制栅格密度。

- 【允许以小于栅格间距的间距再拆分】：栅格间距放大时，生成更多间距更小的栅格线。主栅格线的频率确定这些栅格线的频率。

- 【显示超出界限的栅格】：用于显示超出 LIMITS 命令指定区域的栅格。

- 【遵循动态 UCS】：用于更改栅格平面以遵循动态 UCS 的 XY 平面。

3．正交

正交是指在绘制线形图形对象时，线形对象的方向只能为水平或垂直，即当指定第一点时，第二点只能在第一点的水平方向或垂直方向。

2.2.2　对象捕捉

当绘制精度要求非常高的图纸时，细小的差错也许就会造成重大的失误。为尽可能提高绘图的精度，AutoCAD 提供了对象捕捉功能，这样可快速、准确地绘制图形。

使用对象捕捉功能可以迅速指定对象上的精确位置，而不必输入坐标值或绘制构造线。该功能可将指定点限制在现有对象的确切位置上，如中点或交点等，例如使用对象捕捉功能可以绘制到圆心或多段线中点的直线。

选择【工具】|【工具栏】| AutoCAD |【对象捕捉】菜单命令，如图 2-20 所示，打开【对象捕捉】工具栏，如图 2-21 所示。

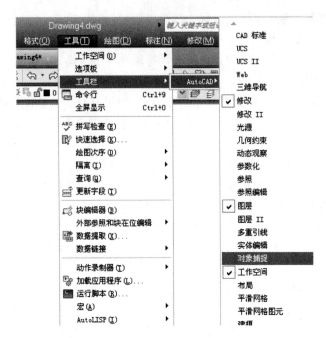

图 2-20 选择的菜单命令

图 2-21 【对象捕捉】工具栏

对象捕捉名称和捕捉功能见表 2-1 所示的对象捕捉列表。

表 2-1 对象捕捉列表

图 标	命令缩写	对象捕捉名称
	TT	临时追踪点
	FROM	捕捉自
	ENDP	捕捉到端点
	MID	捕捉到中点
	INT	捕捉到交点
	APPINT	捕捉到外观交点
	EXT	捕捉到延长线
	CEN	捕捉到圆心
	QUA	捕捉到象限点
	TAN	捕捉到切点
	PER	捕捉到垂足
	PAR	捕捉到平行线
	INS	捕捉到插入点
	NOD	捕捉到节点
	NEA	捕捉到最近点

续表

图 标	命令缩写	对象捕捉名称
	NON	无捕捉
	OSNAP	对象捕捉设置

2.2.3 使用对象捕捉

如果需要对【对象捕捉】属性进行设置，可选择【工具】|【草图设置】菜单命令，或者在命令行中输入"dsettings"，都会打开【草图设置】对话框，单击【对象捕捉】标签，切换到【对象捕捉】选项卡，如图 2-22 所示。

对象捕捉有以下两种方式：

(1) 如果在运行某个命令时设计对象捕捉，则当该命令结束时，捕捉也结束，这叫单点捕捉。这种捕捉形式一般是单击对象捕捉工具栏的相关命令按钮。

(2) 如果在运行绘图命令前设置捕捉，则该捕捉在绘图过程中一直有效，该捕捉形式在【草图设置】对话框的【对象捕捉】选项卡中进行设置。

图 2-22   【草图设置】对话框中的【对象捕捉】选项卡

下面将详细介绍有关【对象捕捉】选项卡的内容。

(1) 【启用对象捕捉】：打开或关闭执行对象捕捉。当对象捕捉打开时，在【对象捕捉模式】下选定的对象捕捉处于活动状态。(OSMODE 系统变量)

(2) 【启用对象捕捉追踪】：打开或关闭对象捕捉追踪。使用对象捕捉追踪，在命令中指定点时，光标可以沿基于其他对象捕捉点的对齐路径进行追踪。要使用对象捕捉追踪，必须打开一个或多个对象捕捉。(AUTOSNAP 系统变量)

(3) 【对象捕捉模式】：列出可以在执行对象捕捉时打开的对象捕捉模式。

● 【端点】：捕捉到圆弧、椭圆弧、直线、多线、多段线线段、样条曲线、面域或射线最近的端点，或捕捉宽线、实体或三维面域的最近角点，如图 2-23 所示。

● 【中点】：捕捉到圆弧、椭圆、椭圆弧、直线、多线、多段线线段、面域、实体、样条曲线或参照线的中点，如图 2-24 所示。

● 【圆心】：捕捉到圆弧、圆、椭圆或椭圆弧的圆点，如图 2-25 所示。

● 【节点】：捕捉到点对象、标注定义点或标注文字起点，如图 2-26 所示。

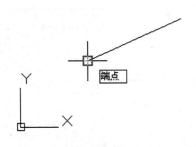

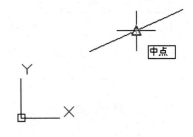

图 2-23　选择【对象捕捉模式】中的【端点】　　图 2-24　选择【对象捕捉模式】中的【中点】
　　　　　选项后捕捉的效果　　　　　　　　　　　　选项后捕捉的效果

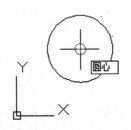

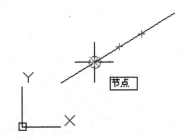

图 2-25　选择【对象捕捉模式】中的【圆心】　　图 2-26　选择【对象捕捉模式】中的【节点】
　　　　　选项后捕捉的效果　　　　　　　　　　　　选项后捕捉的效果

- 【象限点】：捕捉到圆弧、圆、椭圆或椭圆弧的象限点，如图 2-27 所示。
- 【交点】：捕捉到圆弧、圆、椭圆、椭圆弧、直线、多线、多段线、射线、面域、样条曲线或参照线的交点。【延长线交点】不能用作执行对象捕捉模式。【交点】和【延长线交点】不能和三维实体的边或角点一起使用，如图 2-28 所示。

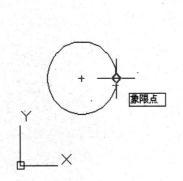

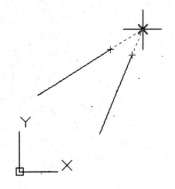

图 2-27　选择【对象捕捉模式】中的【象限点】　　图 2-28　选择【对象捕捉模式】中的【交点】
　　　　　选项后捕捉的效果　　　　　　　　　　　　选项后捕捉的效果

- 【延长线】：当光标经过对象的端点时，显示临时延长线或圆弧，以便用户在延长线或圆弧上指定点。
- 【插入点】：捕捉到属性、块、形或文字的插入点。
- 【垂足】：捕捉圆弧、圆、椭圆、椭圆弧、直线、多线、多段线、射线、面域、实体、样条曲线或参照线的垂足。当正在绘制的对象需要捕捉多个垂足时，将自动打开【递延垂足】捕捉模式。可以用直线、圆弧、圆、多段线、射线、参照线、多线或三维实体的边作为绘制垂直线的基础对象。可以用【递延垂足】在这些对象之间绘制垂直线。当靶框经过【递延垂足】捕捉点时，将显示 AutoSnap 工具栏提示和标记，如图 2-29 所示。

- 【切点】：捕捉到圆弧、圆、椭圆、椭圆弧或样条曲线的切点。当正在绘制的对象需要捕捉多个切点时，将自动打开【递延切点】捕捉模式。例如，可以用【递延切点】来绘制与两条弧、两条多段线弧或两条圆相切的直线。当靶框经过【递延切点】捕捉点时，将显示标记和 AutoSnap 工具栏提示，如图 2-30 所示。

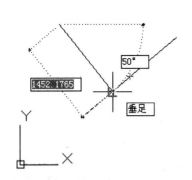

图 2-29 选择【对象捕捉模式】中的【垂足】选项后捕捉的效果

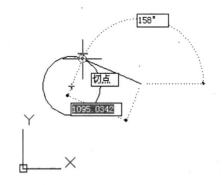

图 2-30 选择【对象捕捉模式】中的【切点】选项后捕捉的效果

> **注 意**
>
> 当用【自】选项结合【切点】捕捉模式来绘制除开始于圆弧或圆的直线以外的对象时，第一个绘制的点是与在绘图区域最后选定的点相关的圆弧或圆的切点。

- 【最近点】：捕捉到圆弧、圆、椭圆、椭圆弧、直线、多线、点、多段线、射线、样条曲线或参照线的最近点。
- 【外观交点】：捕捉到不在同一平面但是可能看起来在当前视图中相交的两个对象的外观交点。【延伸外观交点】不能用作执行对象捕捉模式。【外观交点】和【延伸外观交点】不能和三维实体的边或角点一起使用。

> **注 意**
>
> 如果同时打开【交点】和【外观交点】执行对象捕捉，可能会得到不同的结果。

- 【平行线】：无论何时提示用户指定矢量的第二个点时，都要绘制与另一个对象平行的矢量。指定矢量的第一个点后，如果将光标移动到另一个对象的直线段上，即可获得第二个点。如果创建的对象的路径与这条直线段平行，将显示一条对齐路径，可用它创建平行对象。
- 【全部选择】：打开所有对象捕捉模式。
- 【全部清除】：关闭所有对象捕捉模式。

2.2.4 自动捕捉

指定许多基本编辑选项。控制使用对象捕捉时显示的形象化辅助工具(称作自动捕捉)的相关设置。自动捕捉设置保存在注册表中。 如果光标或靶框处在对象上，可以按 TAB 键遍历该对象的所有可用捕捉点。

2.2.5 自动捕捉设置

如果需要对【自动捕捉】属性进行设置，则选择【工具】|【选项】菜单命令，打开如图 2-31 所示的【选项】对话框，单击【绘图】标签，切换到【绘图】选项卡。

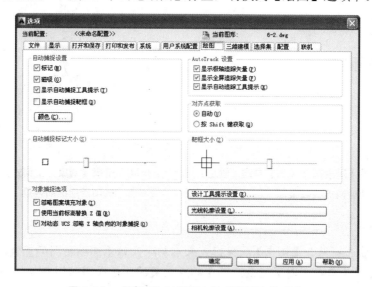

图 2-31 【选项】对话框中的【绘图】选项卡

下面将介绍【自动捕捉设置】选项组中的内容。

- 【标记】：控制自动捕捉标记的显示。该标记是当十字光标移到捕捉点上时显示的几何符号。(AUTOSNAP 系统变量)
- 【磁吸】：打开或关闭自动捕捉磁吸。磁吸是指十字光标自动移动并锁定到最近的捕捉点上。(AUTOSNAP 系统变量)
- 【显示自动捕捉工具提示】：控制自动捕捉工具栏提示的显示。工具栏提示是一个标签，用来描述捕捉到的对象部分。(AUTOSNAP 系统变量)
- 【显示自动捕捉靶框】：控制自动捕捉靶框的显示。靶框是捕捉对象时出现在十字光标内部的方框。(APBOX 系统变量)
- 【颜色】：指定自动捕捉标记的颜色。单击【颜色】按钮 颜色(C)... 后，打开【图形窗口颜色】对话框，在【界面元素】列表框中选择【二维自动捕捉标记】选项，在【颜色】下拉列表框中可以任意选择一种颜色，如图 2-32 所示。

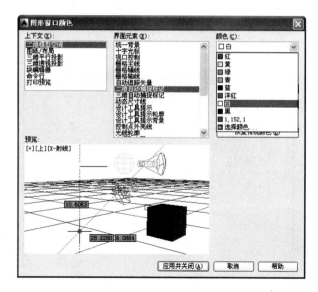

图 2-32 【图形窗口颜色】对话框

2.2.6 极轴追踪

控制自动追踪设置。创建或修改对象时，可以使用【极轴追踪】以显示由指定的极轴角度所定义的临时对齐路径。可以使用极轴追踪沿对齐路径按指定距离进行捕捉。

2.2.7 使用极轴追踪

使用极轴追踪，光标将按指定角度进行移动。

例如，在图 2-33 中绘制一条从点 1 到点 2 的两个单位的直线，然后绘制一条到点 3 的两个单位的直线，并与第一条直线成 45°。如果打开了 45°极轴角增量，当光标跨过 0°或 45°角时，将显示对齐路径和工具栏提示。当光标从该角度移开时，对齐路径和工具栏提示消失。

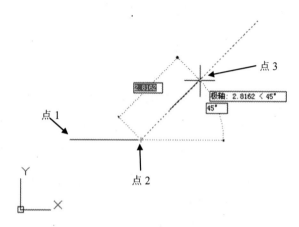

图 2-33 使用【极轴追踪】命令所示的图形

如果需要对【极轴追踪】属性进行设置，则可选择【工具】｜【绘图设置】菜单命令，或

者在命令行中输入"dsettings"，打开【草图设置】对话框，单击【极轴追踪】标签，切换到【极轴追踪】选项卡，如图 2-34 所示。

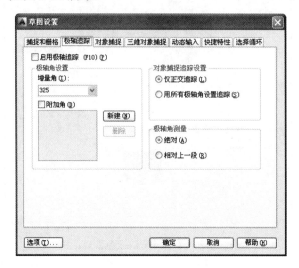

图 2-34　【草图设置】对话框中的【极轴追踪】选项卡

下面将详细介绍【极轴追踪】选项卡中的内容。

(1)　【启用极轴追踪】：打开或关闭极轴追踪。也可以按 F10 键或使用 AUTOSNAP 系统变量来打开或关闭极轴追踪。

(2)　【极轴角设置】：选项组设置极轴追踪的对齐角度(POLARANG 系统变量)。

● 　【增量角】：设置用来显示极轴追踪对齐路径的极轴角增量。可以输入任何角度，也可以从列表中选择 90、45、30、22.5、18、15、10 或 5 这些常用角度。(POLARANG 系统变量)【增量角】下拉列表如图 2-35 所示。

图 2-35　【增量角】下拉列表

● 　【附加角】：对极轴追踪使用列表中的任何一种附加角度。【附加角】复选框也受 POLARMODE 系统变量控制。【附加角】列表也受 POLARADDANG 系统变量控制。

> 注　意
>
> 　附加角度是绝对的，而非增量的。

● 　【角度列表】：如果选定【附加角】，将列出可用的附加角度。要添加新的角度，请单击【新建】。要删除现有的角度，请单击【删除】(POLARADDANG 系统变量)。

● 　【新建】：最多可以添加 10 个附加极轴追踪对齐角度。

　　添加分数角度之前，必须将 AUPREC 系统变量设置为合适的十进制精度以防止不需要的舍入。例如，如果 AUPREC 的值为 0(默认值)，则所有输入的分数角度将舍入为最接近的整数。

- 【删除】：删除选定的附加角度。
- (3) 【对象捕捉追踪设置】设置对象捕捉追踪选项。
- 【仅正交追踪】：当对象捕捉追踪打开时，仅显示已获得的对象捕捉点的正交(水平/垂直)对象捕捉追踪路径(POLARMODE 系统变量)。
- 【用所有极轴角设置追踪】：将极轴追踪设置应用于对象捕捉追踪。使用对象捕捉追踪时，光标将从获取的对象捕捉点起沿极轴对齐角度进行追踪。(POLARMODE 系统变量)

　　单击状态栏上的【极轴】和【对象追踪】也可以打开或关闭极轴追踪和对象捕捉追踪。

- (4) 【极轴角测量】：设置测量极轴追踪对齐角度的基准。
- 【绝对】：根据当前用户坐标系(UCS)确定极轴追踪角度。
- 【相对上一段】：根据上一个绘制线段确定极轴追踪角度。

2.2.8　自动追踪

　　自动追踪可以使用户在绘图的过程中按指定的角度绘制对象，或绘制与其他对象有特殊关系的对象。当此模式处于打开状态时，临时的对齐虚线有助于用户精确地绘图。用户还可以通过一些设置来更改对齐路线以适合自己的需求，这样就可以达到精确绘图的目的。

　　选择【工具】|【选项】菜单命令，打开如图 2-36 所示的【选项】对话框，在【AutoTrack设置】选项组中进行【自动追踪】设置。

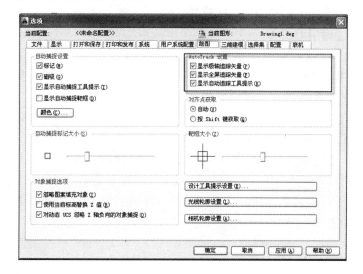

图 2-36　【选项】对话框

- 【显示极轴追踪矢量】：当极轴追踪打开时，将沿指定角度显示一个矢量。使用极轴
  追踪，可以沿角度绘制直线。极轴角是 90° 的约数，如 45°、30° 和 15°。

  可以通过将 TRACKPATH 设置为 2 禁用【显示极轴追踪矢量】。

- 【显示全屏追踪矢量】：控制追踪矢量的显示。追踪矢量是辅助用户按特定角度或与
  其他对象特定关系绘制对象的构造线。如果启用此复选框，对齐矢量将显示为无限
  长的线。

  可以通过将 TRACKPATH 设置为 1 来取消选中【显示全屏追踪矢量】复选框。

- 【显示自动追踪工具提示】控制自动追踪工具提示的显示。工具提示是一个标签，它
  显示追踪坐标。(AUTOSNAP 系统变量)

2.3 坐标系和动态坐标系

要在 AutoCAD 中准确、高效地绘制图形，必须充分利用坐标系并掌握各坐标系的概念以
及输入方法。它是确定对象位置最基本的手段。

2.3.1 坐标系

AutoCAD 中的坐标系按定制对象的不同，可分为世界坐标系(WCS)和用户坐标系(UCS)。

1. 世界坐标系(WCS)

根据笛卡儿坐标系的习惯，沿 X 轴正方向向右为水平距离增加的方向，沿 Y 轴正方向向
上为竖直距离增加的方向，垂直于 XY 平面，沿 Z 轴正方向从所视方向向外为距离增加的方向。
这一套坐标轴确定了世界坐标系，简称 WCS。该坐标系的特点是：它总是存在于一个设计图
形之中，并且不可更改。

2. 用户坐标系(UCS)

相对于世界坐标系 WCS，可以创建无限多的坐标系，这些坐标系通常称为用户坐标系
(UCS)，并且可以通过调用 UCS 命令去创建用户坐标系。尽管世界坐标系 WCS 是固定不变的，
但可以从任意角度、任意方向来观察或旋转世界坐标系 WCS，而不用改变其他坐标系。
AutoCAD 提供的坐标系图标，可以在同一图纸不同坐标系中保持同样的视觉效果。这种图标
将通过指定 X 轴、Y 轴的正方向来显示当前 UCS 的方位。

用户坐标系(UCS)是一种可自定义的坐标系，可以修改坐标系的原点和轴方向，即 X 轴、
Y 轴、Z 轴以及原点方向都可以移动和旋转，在绘制三维对象时非常有用。

调用用户坐标首先需要执行用户坐标命令，其方法有如下几种：

- 在菜单栏中选择【工具】|【新建 UCS】|【三点】菜单命令，执行用户坐标命令。
- 调出 UCS 工具栏，单击其中的【三点】按钮 ，执行用户坐标命令。
- 在命令行中输入 UCS 命令，执行用户坐标命令。

2.3.2 坐标的表示方法

在使用 AutoCAD 进行绘图过程中，绘图区中的任何一个图形都有属于自己的坐标位置。

当用户在绘图过程中需要指定点的位置时，便需使用指定点的坐标位置来确定点，从而精确、有效地完成绘图。

常用的坐标表示方法有：绝对直角坐标、相对直角坐标、绝对极坐标和相对极坐标。

1. 绝对直角坐标

以坐标原点(0，0，0)为基点定位所有的点。用户可以通过输入(X，Y，Z)坐标的方式来定义一个点的位置。

如图 2-37 所示，O 点绝对坐标为(0，0，0)，A 点绝对坐标为(4，4，0)，B 点绝对坐标为(12，4，0)，C 点绝对坐标为(12，12，0)。

如果 Z 方向坐标为 0，则可省略，则 A 点绝对坐标为(4，4)，B 点绝对坐标为(12，4)，C 点绝对坐标为(12，12)。

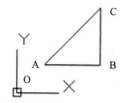

图 2-37　绝对直角坐标

2. 相对直角坐标

相对直角坐标是以某点相对于另一特定点的相对位置定义一个点的位置。相对特定坐标点(X，Y，Z)增量为(△X，△Y，△Z)的坐标点的输入格式为@△X，△Y，△Z。"@"字符的使用相当于输入一个相对坐标值"@0，0"或极坐标"@0<任意角度"，它指定与前一个点的偏移量为 0。

在图 2-37 绝对直角坐标中所示的图形中，O 点绝对坐标为(0，0，0)，A 点相对于 O 点相对坐标为"@4，4"，B 点相对于 O 点相对坐标为"@12，4"，B 点相对于 A 点相对坐标为"@8，0"，C 点相对于 O 点相对坐标为"@12，12"，C 点相对于 A 点相对坐标为"@8，8"，C 点相对于 B 点相对坐标为"@0，8"。

3. 绝对极坐标

以坐标原点(0，0，0)为极点定位所有的点，通过输入相对于极点的距离和角度的方式来定义一个点的位置。AutoCAD 的默认角度正方向是逆时针方向。起始 0 为 X 正向，用户输入极线距离再加一个角度即可指明一个点的位置。其使用格式为"距离<角度"。如要指定相对于原点距离为 100，角度为 45°的点，输入"100<45"即可。

其中，角度按逆时针方向增大，按顺时针方向减小。如果要向顺时针方向移动，应输入负的角度值，如输入 10<-70 等价于输入 10<290。

4. 相对极坐标

以某一特定点为参考极点，输入相对于极点的距离和角度来定义一个点的位置。其使用格式为@距离<角度。如要指定相对于前一点距离为 60，角度为 45°的点，输入"@60<45"即可。在绘图中，多种坐标输入方式配合使用会使绘图更灵活，再配合目标捕捉，夹点编辑等方

式，则使绘图更快捷。

2.3.3　动态输入

如果需要在绘图提示中输入坐标值，而不必在命令行中进行输入，这时可以通过动态输入功能实现。动态输入功能对习惯在绘图提示中进行数据信息输入的人来说，可以大大提高绘图工作效率。

1. 打开或关闭动态输入

启用"动态输入"绘图时，工具提示将在光标附近显示信息，该信息将随着光标的移动而动态更新。当某个命令处于活动状态时，可以在工具提示中输入值，动态输入不会取代命令窗口。打开和关闭"动态输入"可以单击状态栏上的【动态输入】，进行切换。按住 F12 键可以临时将其关闭。

2. 设置动态输入

在状态栏的【动态输入】上右击，然后在弹出的快捷菜单中选择【设置】命令，或打开【草图设置】对话框中【动态输入】选项卡，如图 2-38 所示。选中【启用指针输入】和【可能时启用标注输入】复选框。

图 2-38　【草图设置】对话框中的【动态输入】选项卡

当设置了动态输入功能后，在绘制图形时，便可在动态输入框中输入图形的尺寸等，从而方便用户的操作。

3. 在动态输入工具提示中输入坐标值的方法

(1) 在状态栏上，确定【动态输入】，处于启用状态。

(2) 可以使用下列方法输入坐标值或选择选项：

- 若需要输入极坐标，则输入距第一点的距离并按 Tab 键，然后输入角度值并按 Enter 键。
- 若需要输入笛卡儿坐标，则输入 X 坐标值和逗号(,)，然后输入 Y 坐标值并按 Enter 键。

● 如果提示后有一个下箭头，则按下箭头键，直到选项旁边出现一个点为止。再按 Enter 键。

> **提示**
>
> 按上箭头键可显示最近输入的坐标，也可以通过右击并选择"最近的输入"命令，从其快捷菜单中查看这些坐标或命令。

> **注意**
>
> 对于标注输入，在输入字段中输入值并按 Tab 键后，该字段将显示一个锁定。

2.4 使用命令和系统变量

命令行用来接收用户输入的命令或数据，同时显示命令、系统变量、选项、信息，以引导用户进行下一步操作，如更正或重复命令等。初学者往往忽略命令行中的提示。实际上只有时刻关注命令行中的提示，才能真正达到灵活快速的使用。另外，当光标在绘图区中时，用户从键盘输入的字符或数字也会作为命令或数据反映到命令行中，因此当你需要输入命令或数据时，并不需要刻意地去单击一下命令行；如果光标既不在绘图区，又不在命令行上，则用户的输入可能不被 AutoCAD 接受，或被理解为其他用处；如果发现 AutoCAD 对键盘输入没有反应，则用鼠标左键单击命令行或绘图区。

要时时提醒自己，AutoCAD 仅仅是一个辅助设计软件，图纸上的任何图形，都必须由用户发出相应的绘图指令，输入正确的数据，才能绘制出来。因此，在 AutoCAD 中的操作总是按输入指令→输入数据→产生图形的顺序不断循环反复。所以我们必须切实掌握 AutoCAD 中输入命令的方法：

(1) 命令窗口(键盘)输入：当光标位于绘图区或者命令行时，且命令行窗口中的提示是"命令："，表示 AutoCAD 已经准备好接收命令，这时可以从键盘上输入命令，如 LINE，然后再按 Enter 键。在这里，大家要切记任何从键盘上输入的命令或数据后面，一定要按 Enter 键，否则 AutoCAD 会一直处于等待状态。从键盘输入命令是提高绘图速度的一条必经之路。另外，在 AutoCAD 中，大小写是没有区别的，所以在输入命令时可以不考虑大小写。

(2) 从菜单栏输入：在菜单栏上找到所需要的命令，单击它，便发出了相应的命令。

(3) 从【面板】(鼠标)输入：在【面板】上找到所需要的命令对应的按钮，单击它，便发出了相应的命令，是初学 AutoCAD 的一种简单的办法。

(4) 从下拉菜单(鼠标)输入：AutoCAD 几乎所有的命令都可以从菜单中找到，但除非是极不常用的命令，否则每个命令都从菜单中去选择，实在是太浪费时间了。

(5) 重复命令：如果刚使用过一个命令，接下来要再次执行这个命令，则可以仅需在 Command：后按 Enter 键，让 AutoCAD 重复执行这个命令。

> **注意**
>
> 仅仅是重复启动了刚才的命令，接下来还是得由用户输入数据进行具体的操作。

(6) 中断命令：在命令执行的任何阶段，都可以按 ESC 键，中断这个命令的执行。

2.5 图形的显示

与其他图形图像软件一样，使用 AutoCAD 绘制图形时，也可以自由地控制视图的显示比例。例如，当需要对图形进行细微观察时，可适当放大视图比例以显示图形中的细节部分；而当需要观察全部图形时，则可适当缩小视图比例以显示图形的全貌。

而如果在绘制较大的图形，或者放大了视图显示比例时，还可以随意移动视图的位置，以显示要查看的部位。在此节中将对如何进行视图控制做详细的介绍。

2.5.1 平移视图

在编辑图形对象时，如果当前视口不能显示全部图形，可以适当平移视图，以显示被隐藏部分的图形。就像日常生活中使用相机平移一样，执行平移操作不会改变图形中对象的位置或视图比例，它只改变当前视图中显示的内容。下面对具体操作进行介绍。

1. 实时平移视图

需要实时平移视图时，可以在菜单栏中选择【视图】|【平移】|【实时】菜单命令；也可以调出【标准】工具栏，单击【实时平移】按钮，也可以在【视图】选项卡的【导航】面板中单击【平移】按钮；或在命令行中输入"pan"命令后按 Enter 键，当十字光标变为手形标志后，再按住鼠标左键进行拖曳，以显示需要查看的区域，图形显示将随光标向同一方向移动，如图 2-39(a)和图 2-39(b)所示。

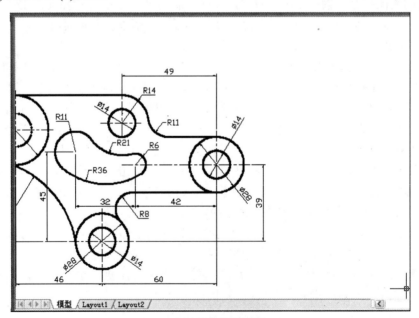

(a) 实时平移前的视图

图 2-39 平移视图

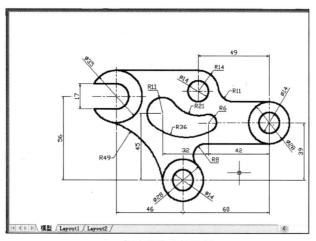

(b) 实时平移后的视图

图 2-39　平移视图(续)

当释放鼠标左键之后将停止平移操作。如果要结束平移视图的任务，可按 Esc 键或按 Enter 键，或者右击执行快捷菜单中的【退出】命令，光标即可恢复至原来的状态。

> **提　示**
>
> 用户也可以在绘图区的任意位置右击，然后执行弹出的快捷菜单中的【平移】命令。

2. 定点平移视图

需要通过指定点平移视图时，可以在【菜单栏】中选择【视图】|【平移】|【定点】菜单命令，当十字光标中间的正方形消失之后，在绘图区中单击鼠标可指定平移基点位置，再次单击鼠标可指定第二点的位置，即刚才指定的变更点移动后的位置，此时 AutoCAD 将会计算出从第一点至第二点的位移，如图 2-40(a)、(b)、(c)所示。

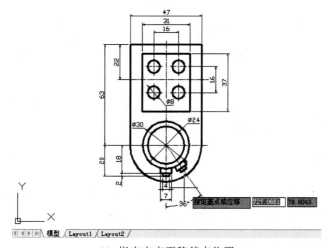

(a) 指定定点平移基点位置

图 2-40　定点平移视图

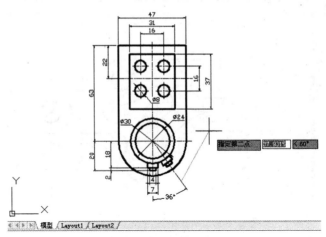

(b) 指定定点平移第二点位置

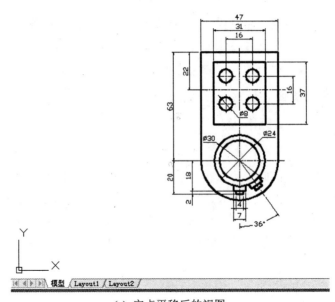

(c) 定点平移后的视图

图 2-40   定点平移视图(续)

另外，在菜单栏中选择【视图】|【平移】|【左】或【右】或【上】或【下】菜单命令，可使视图向左(或向右或向上或向下)移动固定的距离。

2.5.2   缩放视图

在绘图时，有时需要放大或缩小视图的显示比例。对视图进行缩放不会改变对象的绝对大小，改变的只是视图的显示比例。下面对其进行具体介绍。

1. 实时缩放视图

实时缩放视图是指向上或向下移动鼠标对视图进行动态的缩放。在菜单栏中选择【视图】|

【缩放】|【实时】菜单命令，或在【标准】工具栏中单击【实时缩放】按钮，或在【视图】选项卡的【导航】面板中单击【实时】按钮，当十字光标变成放大镜标志之后，按住鼠标左键垂直进行拖曳，即可放大或缩小视图，如图 2-41 所示。当缩放到适合的尺寸后，按 Esc 键或按 Enter 键，或者右击执行快捷菜单中的【退出】命令，光标即可恢复至原来的状态，结束该操作。

> **提 示**
>
> 用户也可以在绘图区的任意位置右击，然后执行弹出的快捷菜单中的【缩放】命令。

2. 上一个

当需要恢复到上一个设置的视图比例和位置时，在菜单栏中选择【视图】|【缩放】|【上一步】菜单命令，或在【标准】工具栏中单击【缩放上一个】按钮，或在【视图】选项卡的【导航】面板中单击【上一个】按钮，但它不能恢复到以前编辑图形的内容。

3. 窗口缩放视图

当需要查看特定区域的图形时，可采用窗口缩放的方式，在菜单栏中选择【视图】|【缩放】|【窗口】菜单命令，或在【标准】工具栏中单击【窗口缩放】按钮，或在【视图】选项卡的【导航】面板中单击【窗口】按钮，用鼠标在图形中圈定要查看的区域，释放鼠标后在整个绘图区就会显示要查看的内容，如图 2-42 所示。

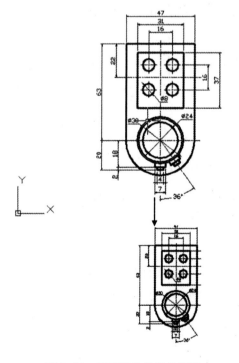

图 2-41　实时缩放前后的视图

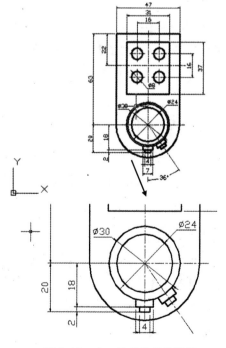

图 2-42　窗口缩放前后的视图

提 示

当采用窗口缩放方式时，指定缩放区域的形状不需要严格符合新视图，但新视图必须符合视口的形状。

4. 动态缩放视图

若要进行动态缩放，可在菜单栏中选择【视图】|【缩放】|【动态】菜单命令，或在【视图】选项卡的【导航】面板中单击【动态】按钮，这时绘图区将出现颜色不同的线框，蓝色的虚线框表示图纸的范围，即图形实际占用的区域，黑色的实线框为选取视图框，在未执行缩放操作前，中间有一个×形符号，在其中按住鼠标左键进行拖曳，视图框右侧会出现一个箭头。用户可根据需要调整该框，至合适的位置后单击鼠标，重新出现×形符号后按 Enter 键，则绘图区只显示视图框的内容。

5. 比例缩放视图

在菜单栏中选择【视图】|【缩放】|【比例】菜单命令，或在【视图】选项卡的【导航】面板中单击【缩放】按钮，表示以指定的比例缩放视图显示。当输入具体的数值时，图形就会按照该数值比例实现绝对缩放；当在比例系数后面加 X 时，图形将实现相对缩放；若在数值后面添加 XP，则图形会相对于图纸空间进行缩放。

6. 中心点缩放视图

在菜单栏中选择【视图】|【缩放】|【圆心】菜单命令，或在【视图】选项卡的【导航】面板中单击【中心】按钮，可以将图形中的指定点移动到绘图区的中心。

7. 对象缩放视图

在菜单栏中选择【视图】|【缩放】|【对象】菜单命令，或在【视图】选项卡的【导航】面板中单击【对象】按钮，可以尽可能大地显示一个或多个选定的对象并使其位于绘图区域的中心。

8. 放大、缩小视图

在菜单栏中选择【视图】|【缩放】|【放大】(【缩小】)菜单命令，或在【视图】选项卡的【导航】面板中单击【放大】按钮或【缩小】按钮，可以将视图放大或缩小一定的比例。

9. 全部缩放视图

在菜单栏中选择【视图】|【缩放】|【全部】菜单命令，或在【视图】选项卡的【导航】面板中单击【全部】按钮，可以显示栅格区域界限，图形栅格界限将填充当前视口或图形区域，若栅格外有对象，也将显示这些对象。

10. 范围缩放视图

在菜单栏中选择【视图】|【缩放】|【范围】菜单命令，或在【视图】选项卡的【导航】面板中单击【范围】按钮，将尽可能放大显示当前绘图区的所有对象，并且仍在当前视口

或当前图形区域中全部显示这些对象。

另外，需要缩放视图时还可以在命令行中输入：zoom 命令后按 Enter 键，则命令行窗口提示如下：

命令: zoom
指定窗口的角点，输入比例因子 (nX 或 nXP)，或者[全部(A)/中心(C)/动态(D)/范围(E)/上一个(P)/比例(S)/窗口(W)/对象(O)] <实时>:

用户可以按照提示选择需要的命令进行输入后按 Enter 键，则可完成需要的缩放操作。

2.5.3 鸟瞰视图

在命令行中输入如下命令：

命令: REDEFINEe   \\按 ENTER 确认
REDEFINE 输入命令名：   \\DSVIEWER
输入命令名: DSVIEWER
命令: DSVIEWER   \\按 ENTER 结束

打开如图 2-43 所示的【鸟瞰视图】窗口。

利用此窗口可以快速更改当前视口中的视图。只要【鸟瞰视图】窗口处于打开状态，在绘图过程中不中断当前命令便可以直接进行平移或缩放等操作，且无须选择菜单选项或输入命令就可以指定新的视图。用户还可以通过执行【鸟瞰视图】窗口中所提供的命令来改变该窗口中图像的放大比例，或以增量方式重新调整图像的大小，而不会影响到绘图本身的视图。

图 2-43   【鸟瞰视图】窗口

在该窗口中显示的宽线框为视图框，标记当前视图。该窗口的【视图】菜单中包括以下命令。

(1) 【放大】：以当前视图框为中心，放大 2 倍【鸟瞰视图】窗口中的图形显示比例。

(2) 【缩小】：以当前视图框为中心，缩小 2 倍【鸟瞰视图】窗口中的图形显示比例。

(3) 【全局】：在【鸟瞰视图】窗口显示整个图形和当前视图。

在该窗口的【选项】菜单中包括以下命令。

(1) 【自动视口】：当显示多重视口时，自动显示当前视口的模型空间视图。关闭"自动视口"时，将不更新【鸟瞰视图】窗口以匹配当前视口。

(2) 【动态更新】：编辑图形时更新【鸟瞰视图】窗口。关闭【动态更新】时，将不更新

【鸟瞰视图】窗口，直到在【鸟瞰视图】窗口中单击。

(3) 【实时缩放】：使用【鸟瞰视图】窗口进行缩放时实时更新绘图区域。

2.5.4 命名视图

按一定比例、位置和方向显示的图形称为视图。按名称保存特定视图后，可以在布局和打印或者需要参考特定的细节时恢复它们。在每一个图形任务中，可以恢复每个视口中显示的最后一个视图，最多可恢复前 10 个视图。命名视图随图形一起保存并可以随时使用。在构造布局时，可以将命名视图恢复到布局的视口中。下面具体介绍保存、恢复、删除命名视图的步骤。

1. 保存命名视图

(1) 在菜单栏中选择【视图】|【命名视图】菜单命令，或者调出【视图】工具栏，在其中单击【命名视图】按钮，打开【视图管理器】对话框，如图 2-44 所示。

(2) 在【视图管理器】对话框中单击【新建】按钮，打开如图 2-45 所示的【新建视图/快照特性】对话框。在该对话框中为该视图输入名称(如：输入"tu1")，输入视图类别(可选)。

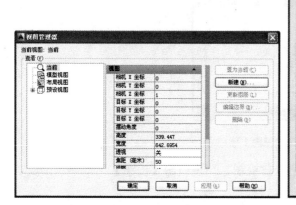

图 2-44 【视图管理器】对话框　　　　图 2-45 【新建视图/快照特性】对话框

(3) 选择以下选项之一来定义视图区域：

- 【当前显示】：包括当前可见的所有图形。
- 【定义窗口】：保存部分当前显示。使用定点设备指定视图的对角点时，该对话框将关闭。单击【定义视图窗口】，可以重定义该窗口。

(4) 单击【确定】按钮，保存新视图并返回【视图管理器】对话框，再单击【确定】按钮。

2. 恢复命名视图

(1) 在菜单栏中选择【视图】|【命名视图】菜单命令，或者在【视图】工具栏中单击【命名视图】按钮，打开保存过的【视图管理器】对话框，如图 2-46 所示。

(2) 在【视图管理器】对话框中，选择想要恢复的视图(如：选择视图"tul")后，单击【置为当前】按钮，如图 2-47 所示。

图 2-46　保存过的【视图管理器】对话框

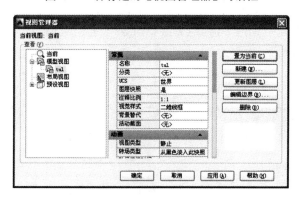

图 2-47　【置为当前】设置

(3) 单击【确定】按钮，恢复视图并退出所有对话框。

3. 删除命名视图

(1) 在菜单栏中选择【视图】|【命名视图】菜单命令，或者在【视图】工具栏中单击【命名视图】按钮，打开保存过的【视图管理器】对话框。

(2) 在【视图管理器】对话框中选择想要删除的视图后，单击【删除】按钮。

(3) 单击【确定】按钮删除视图并退出所有对话框。

2.6　设计案例——绘制圆的公切线

本范例完成文件： \02\2-1.dwg

多媒体教学路径： 光盘→多媒体教学→第 2 章

2.6.1　实例介绍与展示

本节讲解利用坐标绘制圆的公切线的方法，使读者学以致用，理论和实践相结合。圆的公切线效果如图 2-48 所示。

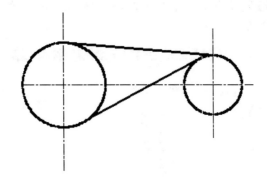

图 2-48　圆的公切线

2.6.2　实例操作

步骤01　新建 UCS 坐标

选择【工具】|【新建 UCS】|【原点】菜单命令，在绘图区内任意位置单击，新建一个用户坐标系 UCS。命令行提示如下：

命令: _ucs　　　　　　　　　　　　　　　　　　　　　　\\使用 UCS 命令
当前 UCS 名称: *世界*
指定 UCS 的原点或 [面(F)/命名(NA)/对象(OB)/上一个(P)/视图(V)/世界(W)/X/Y/Z/Z 轴(ZA)] <世界>:
　　　　　　　　　　　　　　　　　　　　　　　　　　_o
指定新原点 <0,0,0>:　　　　　　　　　　　　　　　　　\\指定一点

步骤02　绘制中心线

在菜单栏中，选择【绘图】|【直线】菜单命令，分别绘制长度为 100mm、50mm、30mm 的垂直相交中心线，如图 2-49 所示，命令行提示如下：

命令: 　<正交 开>　　　　　　　　　　　　　　　　　\\使用正交命令
命令: _line　　　　　　　　　　　　　　　　　　　　\\使用直线命令
指定第一个点:　　　　　　　　　　　　　　　　　　　\\指定一点
指定下一点或 [放弃(U)]: 100　　　　　　　　　　　　\\输入长度距离
指定下一点或 [放弃(U)]: *取消*　　　　　　　　　　　\\按 Enter 键确认
命令: _line
指定第一个点:　　　　　　　　　　　　　　　　　　　\\指定一点
指定下一点或 [放弃(U)]: 50　　　　　　　　　　　　 \\输入长度距离
指定下一点或 [放弃(U)]: *取消*　　　　　　　　　　　\\按 Enter 键确认
命令: 　LINE
指定第一个点:　　　　　　　　　　　　　　　　　　　\\指定一点
指定下一点或 [放弃(U)]: 30　　　　　　　　　　　　 \\输入长度距离
指定下一点或 [放弃(U)]: *取消*　　　　　　　　　　　\\按 Enter 键结束

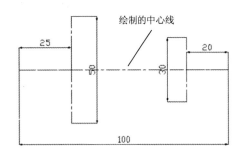

图 2-49　绘制中心线

步骤 03　绘制图形轴孔部分

在菜单栏中，选择【绘图】|【圆】菜单命令，分别以水平中心线与竖直中心线的两个交点为圆心，绘制半径分别为 15mm、10mm 的两个圆，如图 2-50 所示。命令行提示如下：

```
命令：_circle                                          \\使用圆命令
指定圆的圆心或 [三点(3P)/两点(2P)/切点、切点、半径(T)]:     \\指定圆心
指定圆的半径或 [直径(D)]: 15                             \\按 Enter 键确认
命令： CIRCLE
指定圆的圆心或 [三点(3P)/两点(2P)/切点、切点、半径(T)]:     \\指定圆心
指定圆的半径或 [直径(D)] <15.0000>: 10                   \\按 Enter 键结束
```

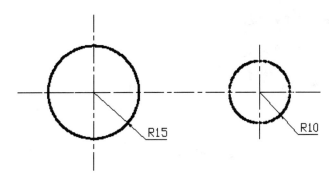

图 2-50　绘制圆

步骤 04　绘制切线

① 在状态栏【对象捕捉】按钮上右击，在弹出如图 2-51 所示的快捷菜单中选择【切点】命令。

② 单击【默认】选项卡中【绘图】面板上的【直线】按钮 ✏️，分别在左、右两个圆上指定点绘制公切线，如图 2-52、图 2-53 所示。命令行提示如下：

```
命令:_line                        \\使用直线命令
指定第一个点:                      \\在左边圆上指定一点
指定下一点或 [放弃(U)]:             \\在右边圆上指定一点
指定下一点或 [放弃(U)]:             \\按 Enter 键结束
```

③ 再次利用【直线】命令绘制公切线。同样利用【切点】按钮捕捉切点，如图 2-54 所示为捕捉第二个切点的情形。

图 2-51　弹出的快捷菜单

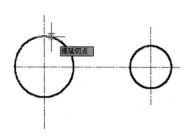

图 2-52　捕捉切点

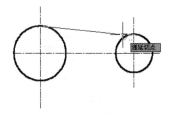

图 2-53　捕捉另一切点

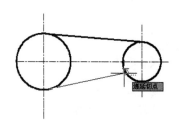

图 2-54　捕捉切点

❹系统自动捕捉到切点的位置，最终结果如图 2-55 所示。

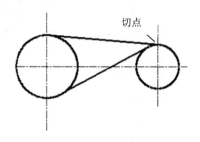

图 2-55　自动捕捉切点

提　示

　　不管用户指定圆上哪一点作为切点，系统都会自动根据圆的半径和指定的大致位置确定准备的切点，并且根据大致的指定点与内外切点的距离依据距离趋近原则判断是绘制外切线还是内切线。

2.7　本章小结

　　本章主要介绍了 AutoCAD 2014 的绘图环境、辅助绘图工具、坐标系统功能以及系统变量等知识。通过本章的学习，读者应该可以熟练地掌握 AutoCAD 2014 中利用坐标绘制基本图形的方法。

第3章

应用图层管理

本章导读：

图层是 AutoCAD 的一大特点，也是计算机绘图所不可缺少的功能。用户可以使用图层来管理图形的显示与输出。图层像透明的覆盖图，运用它可以很好地组织不同类型的图形信息，图形对象都具有很多图形特性，如：颜色、线型、线宽等。对象可以直接使用其所在图层定义的特性，也可以专门给各个对象指定特性。颜色有助于区分图形中相似的元素；线宽则可以区分不同的绘图元素(如中心线和点划线)；线型可以表示对象的大小和类型。这些都提高了图形的表达能力和可读性。合理组织图层和图层上的对象能使图形中信息的处理更加容易。

同样，特性是 AutoCAD 中的一个重要组成部分，在很多情况下用户可以利用它来方便、快捷地对图形对象进行操作。

本章向读者讲述图层的状态、特性、管理，以及如何查询图形特性、如何应用特性以及如何处理命名对象。

3.1 图层管理器

图层管理包括图层的创建、图层过滤器的命名、图层的保存、恢复等，下面对图层的管理作详细的讲解。

3.1.1 命名图层过滤器

绘制一个图形时，可能需要创建多个图层，当只需列出部分图层时，通过【图层特性管理器】对话框的过滤图层设置，可以按一定的条件对图层进行过滤，最终只列出满足要求的部分图层。

在过滤图层时，可依据图层名称、颜色、线型、线宽、打印样式或图形的可见性等条件过滤图层。这样，可以更加方便地选择或清除具有特定名称或特性的图层。

单击【图层特性管理器】对话框中的【新建特性过滤器】按钮，打开【图层过滤器特性】对话框，如图 3-1 所示。

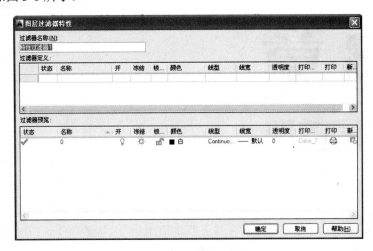

图 3-1 【图层过滤器特性】对话框

在该对话框中可以选择或输入图层状态、特性设置，包括状态、名称、开、冻结、锁定、颜色、线型、线宽、打印样式、打印等。

【过滤器名称】文本框：提供用于输入图层特性过滤器名称的空间。

【过滤器定义】列表框：显示图层特性。可以使用一个或多个特性定义过滤器。例如，可以将过滤定义为显示所有的红色或蓝色且正在使用的图层。若用户想要包含多种颜色、线型或线宽，可以在下一行复制该过滤器，然后选择一种不同的设置。

【过滤器预览】列表框：显示根据用户定义进行过滤的结果。它显示选定此过滤器后将在图层特性管理器的图层列表中显示的图层。

如果在【图层特性管理器】对话框中选中了【反转过滤器】复选框，则可反向过滤图层。这样，可以方便地查看未包含某个特性的图层。使用图层过滤器的反转功能，可只列出被过滤的图层。例如，如果图形中所有的场地规划信息均包括在名称中包含字符 site 的多个图层中，则可以先创建一个以名称(*site*)过滤图层的过滤器定义，然后使用"反向过滤器"选项。这样，该过滤器就包括了除场地规划信息以外的所有信息。

3.1.2 删除图层

可以通过从【图层特性管理器】对话框中删除图层来从图形中删除不使用的图层。但是只能删除未被参照的图层。被参照的图层包括图层 0 及 Defpoints、包含对象(包括块定义中的对象)的图层、当前图层和依赖外部参照的图层。其操作步骤如下：

在【图层特性管理器】对话框中选择图层，单击【删除图层】按钮✕，如图 3-2 所示，则选定的图层被删除，效果如图 3-3 所示。继续单击【删除图层】按钮，可以连续删除不需要的图层。

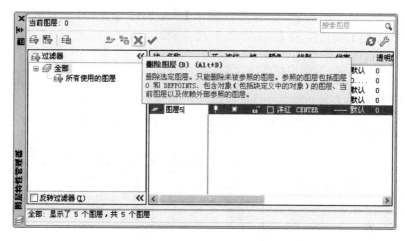

图 3-2 选择图层后单击【删除图层】按钮

图 3-3 选择删除图层后的图层状态

3.1.3 设置当前图层

绘图时，新创建的对象将置于当前图层上。当前图层可以是默认图层(0)，也可以是用户自己创建并命名的图层。通过将其他图层置为当前图层，可以从一个图层切换到另一个图层；随

后创建的任何对象都与新的当前图层关联并采用其颜色、线型和其他特性。但是不能将冻结的图层或依赖外部参照的图层设置为当前图层。其操作步骤如下：

在【图层特性管理器】对话框中选择图层，单击【置为当前】按钮 ✔，则选定的图层被设置为当前图层。

3.1.4　显示图层细节

【图层特性管理器】对话框用来显示图形中的图层列表及其特性。在 AutoCAD 中，使用【图层特性管理器】对话框不仅可以创建图层，设置图层的颜色、线型和线宽，还可以对图层进行更多的设置与管理，如图层的切换、重命名、删除及图层的显示控制、修改图层特性或添加说明。

利用以下 3 种方法中的任意一种都可以打开【图层特性管理器】对话框：

(1)　单击【图层】面板中的【图层特性】按钮 🔳。

(2)　在命令行中输入"layer"后按 Enter 键。

(3)　在菜单栏中选择【格式】|【图层】菜单命令。

【图层特性管理器】对话框如图 3-4 所示。

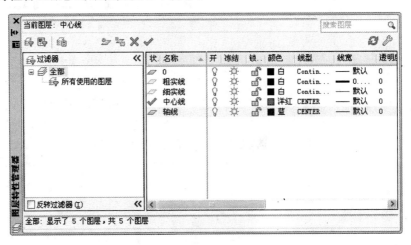

图 3-4　【图层特性管理器】对话框

下面介绍【图层特性管理器】对话框的功能。

(1)　【新建特性过滤器】按钮 🔳：显示【图层过滤器特性】对话框，从中可以基于一个或多个图层特性创建图层过滤器。

(2)　【新建组过滤器】按钮 🔳：用来创建一个图层过滤器，其中包含用户选定并添加到该过滤器的图层。

(3)　【图层状态管理器】按钮 🔳：显示【图层状态管理器】对话框，从中可以将图层的当前特性设置保存到命名图层状态中，以后可以再恢复这些设置。

(4)　【新建图层】按钮 ⥢：用来创建新图层。列表中将显示名为"图层 1"的图层。该名称处于选中状态，从而用户可以直接输入一个新图层名。新图层将继承图层列表中当前选定图层的特性(颜色、开/关状态等)。

(5)　【在所有视口中都被冻结的新图层视口】按钮 🔳：创建新图层，然后在所有现有布局视口中将其冻结。

(6) 【删除图层】按钮✖：用来删除已经选定的图层。但是只能删除未被参照的图层，参照图层包括图层 0 和 DEFPOINTS、包含对象(包括块定义中的对象)的图层、当前图层和依赖外部参照的图层。局部打开图形中的图层也被视为参照并且不能被删除。

> **注 意**
>
> 如果处理的是共享工程中的图形或基于一系列图层标准的图形，删除图层时要特别小心。

(7) 【置为当前】按钮✔：用来将选定图层设置为当前图层。用户创建的对象将被放置到当前图层中。

(8) 【当前图层】：显示当前图层的名称。

(9) 【搜索图层】：当输入字符时，按名称快速过滤图层列表。关闭图层特性管理器时并不保存此过滤器。

(10) 状态行：显示当前过滤器的名称、列表图中所显示图层的数量和图形中图层的数量。

(11) 【反转过滤器】复选框：显示所有不满足选定图层特性过滤器中条件的图层。

(12) 【图层特性管理器】对话框中还有两个窗格：

● 树形图：显示图形中图层和过滤器的层次结构列表。顶层节点"全部"显示了图形中的所有图层。过滤器按字母顺序显示。"所有使用的图层"过滤器是只读过滤器。

● 列表图：显示图层和图层过滤器状态及其特性和说明。如果在树形图中选定了某一个图层过滤器，则列表图仅显示该图层过滤器中的图层。树形图中的"所有"过滤器用来显示图形中的所有图层和图层过滤器。当选定了某一个图层特性过滤器且没有符合其定义的图层时，列表图将为空。用户可以使用标准的键盘选择方法。要修改选定过滤器中某一个选定图层或所有图层的特性，可以单击该特性的图标。当图层过滤器中显示了混合图标或"多种"时，表明在过滤器的所有图层中，该特性互不相同。

3.1.5 保存、恢复、管理图层状态

可以通过单击【图层特性管理器】对话框中的【图层状态管理器】按钮，打开【图层状态管理器】对话框，运用【图层状态管理器】来保存、恢复和管理命名图层状态，如图 3-5 所示。

下面介绍【图层状态管理器】的功能。

(1) 【图层状态】：列出了保存在图形中的命名图层状态、保存它们的空间及可选说明等。

(2) 【新建】按钮：单击此按钮，显示【要保存的新图层状态】对话框，如图 3-6 所示，从中可以输入新命名图层状态的名称和说明。

(3) 【保存】按钮：单击此按钮，保存选定的命名图层状态。

(4) 【编辑】按钮：单击此按钮，显示【编辑

图 3-5 【图层状态管理器】对话框

图层状态】对话框，如图 3-7 所示，从中可以修改选定的命名图层状态。

图 3-6　【要保存的新图层状态】对话框　　　　图 3-7　【编辑图层状态】对话框

(5)　【重命名】按钮：单击此按钮，重新编辑图层状态名。

(6)　【删除】按钮：单击此按钮，删除选定的命名图层状态。

(7)　【输入】按钮：单击此按钮，显示【输入图层状态】对话框，从中可以将上一次输出的图层状态(LAS)文件加载到当前图形。输入图层状态文件可能导致创建其他图层。

(8)　【输出】按钮：单击此按钮，显示【输出文件状态】对话框，从中可以将选定的命名图层状态保存到图层状态(LAS)文件中。

(9)　【不列出外部参照中的图层状态】复选框：控制是否显示外部参照中的图层状态。

(10)　【恢复选项】选项组：指定恢复选定命名图层状态时所要恢复的图层状态设置和图层特性。

●　【关闭未在图层状态中找到的图层】复选框：用于恢复命名图层状态时，关闭未保存设置的新图层，以便图形的外观与保存命名图层状态时一样。

●　【将特性应用为视口替代】复选框：将视口替代指定给一个或多个图层。

(11)　【恢复】按钮：将图形中所有图层的状态和特性设置恢复为先前保存的设置。仅恢复保存该命名图层状态时选定的那些图层状态和特性设置。

(12)　【关闭】按钮：关闭【图层状态管理器】对话框并保存所做更改。

单击【更多恢复选项】按钮 ⊙，打开如图 3-8 所示的【图层状态管理器】对话框，以显示更多的恢复设置选项。

(13)　【要恢复的图层特性】选项组：指定恢复选定命名图层状态时所要恢复的图层状态设置和图层特性。在【模型】选项卡上保存命名图层状态时，【在当前视口中的可见性】和【新视口冻结/解冻】复选框不可用。

(14)　【全部选择】按钮：选择所有设置。

(15)　【全部清除】按钮：从所有设置中删除选定设置。

单击【更少恢复选项】按钮 ⊙，打开如图 3-8 所示的【图层状态管理器】对话框，以显示更少的恢复设置选项。

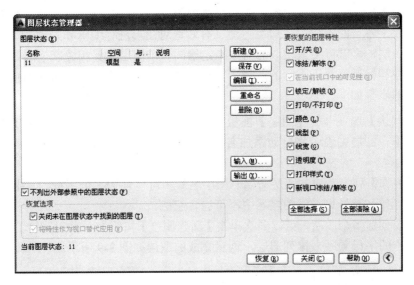

图 3-8 【图层状态管理器】对话框

AutoCAD 提供了 draworder 命令来修改对象的次序，该命令行提示如下：

命令: draworder
选择对象: 找到 1 个
选择对象:
输入对象排序选项 [对象上(A)/对象下(U)/最前(F)/最后(B)] <最后>: B

该命令各选项的作用为：

- 最前：将选定的对象移到图形次序的最前面。
- 最后：将选定的对象移到图形次序的最后面。
- 对象上：将选定的对象移动到指定参照对象的上面。
- 对象下：将选定的对象移动到指定参照对象的下面。

如果一次选中多个对象进行排序，则被选中对象之间的相对显示顺序并不改变，而只改变与其他对象的相对位置。

3.2 新 建 图 层

本节将介绍创建新图层的方法，以及在图层创建的过程中涉及图层的命名、图层颜色、线型和线宽的设置。

图层可以具有颜色、线型和线宽等特性。如果某个图形对象的这几种特性均设为 ByLayer(随层)，则各特性与其所在图层的特性保持一致，并且可以随着图层特性的改变而改变。例如图层 Center 的颜色为"黄色"，在该图层上绘有若干直线，其颜色特性均为 ByLayer，则直线颜色也为黄色。

3.2.1 创建图层

在绘图设计中，用户可以为设计概念相关的一组对象创建和命名图层，并为这些图层指定

通用特性。对于一个图形可创建的图层数和在每个图层中创建的对象数都是没有限制的，只要将对象分类并置于各自的图层中，即可方便、有效地对图形进行编辑和管理。

通过创建图层，可以将类型相似的对象指定给同一个图层使其相关联。例如，可以将构造线、文字、标注和标题栏置于不同的图层上，然后进行控制。本节就来讲述如何创建新图层。

创建图层的步骤如下。

(1) 在【默认】选项卡的【图层】面板中单击【图层特性】按钮 ，将打开【图层特性管理器】对话框，图层列表中将自动添加名称为"0"的图层，所添加的图层呈被选中即高亮显示状态。

(2) 在【名称】列为新建的图层命名。图层名最多可包含 255 个字符，其中包括字母、数字和特殊字符，如￥符号等，但图层名中不可包含空格。

(3) 如果要创建多个图层，可以多次单击【新建图层】按钮 ，并以同样的方法为每个图层命名，按名称的字母顺序来排列图层，创建完成的图层如图 3-9 所示。

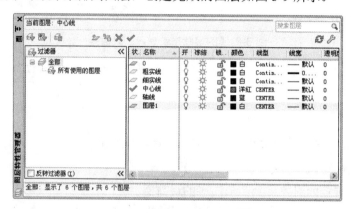

图 3-9 【图层特性管理器】对话框

每个新图层的特性都被指定为默认设置，即在默认情况下，新建图层与当前图层的状态、颜色、线性、线宽等设置相同。当然用户既可以使用默认设置，也可以给每个图层指定新的颜色、线型、线宽和打印样式，其概念和操作将在下面讲解中涉及。

在绘图过程中，为了更好地描述图层中图形，用户还可以随时对图层进行重命名，但对于图层 0 和依赖外部参照的图层不能重命名。

3.2.2 图层颜色

图层颜色也就是为选定图层指定颜色或修改颜色。颜色在图形中具有非常重要的作用，可用来表示不同的组件、功能和区域。图层的颜色实际上是图层中图形对象的颜色。每个图层都拥有自己的颜色。对不同的图层既可以设置相同的颜色，也可以设置不同的颜色。所以在绘制复杂图形时就可以很容易区分图形的各个部分。

当要设置图层颜色时，可以通过几种方式：

(1) 在【视图】选项卡的【选项板】面板中单击【特性】按钮 ，打开【特性】选项板，如图 3-10 所示。在【常规】选项组中的【颜色】下拉列表框中选择需要的颜色。

(2) 在【图层特性管理器】对话框中选中要指定修改颜色的图层，选择其【颜色】图标，即可打开【选择颜色】对话框，如图 3-11 所示。

图 3-10 【特性】选项板　　　　　　图 3-11 【选择颜色】对话框

下面介绍图 3-11 中的 3 种颜色模式。

① 索引颜色模式，也叫作映射颜色。在这种模式下，只能存储一个 8bit 色彩深度的文件，即最多 256 种颜色，而且颜色都是预先定义好的。一幅图像所有的颜色都在它的图像文件里定义，也就是将所有色彩映射到一个色彩盘里，这就叫色彩对照表。因此，当打开图像文件时，色彩对照表也一同被读入了 PhotoShop 中，PhotoShop 由色彩对照表找到最终的色彩值。若要转换为索引颜色，必须从每通道 8 位的图像以及灰度或 RGB 图像开始。通常索引色彩模式用于保存 GIF 格式等网络图像。

索引颜色是 AutoCAD 中使用的标准颜色。每一种颜色用一个 AutoCAD 颜色索引编号 (1～255 之间的整数)标识。标准颜色名称仅适用于 1～7 号颜色。颜色指定如下：1 红、2 黄、3 绿、4 青、5 蓝、6 洋红、7 白/黑。

② 真彩色(true-color)是指图像中的每个像素值都分成 R、G、B 3 个基色分量，每个基色分量直接决定其基色的强度，这样产生的色彩称为真彩色。例如图像深度为 24，用 R∶G∶B=8∶8∶8 来表示色彩，则 R、G、B 各占用 8 位来表示各自基色分量的强度，每个基色分量的强度等级为 $2^8=256$ 种。图像可容纳 2^{24} 种色彩。这样得到的色彩可以反映原图的真实色彩，故称真彩色。如果使用 HSL 颜色模式，则可以指定颜色的色调、饱和度和亮度要素。

真彩色图像把颜色的种类推提高了一大步，它为制作高质量的彩色图像带来了不少便利。真彩色也可以说是 RGB 的另一种叫法。从技术程度上来说，真彩色是指写到磁盘上的图像类型。而 RGB 颜色是指显示器的显示模式。不过这两个术语常常被当作同义词，因为从结果上来看它们是一样的，都有同时显示 16 余万种颜色的能力。RGB 图像是非映射的，它可以从系统的颜色表中自由获取所需的颜色，这种颜色直接与 PC 上显示颜色对应。

③ 配色系统包括几个标准 Pantone 配色系统，也可以输入其他配色系统，例如 DIC 颜色指南或 RAL 颜色集。输入用户定义的配色系统可以进一步扩充可供使用的颜色选择。这种模式需要具有很深的专业色彩知识，所以在实际操作中不必使用。

用户可根据实际需要在对话框的不同选项卡中选择需要的颜色，然后单击【确定】按钮即可应用所选颜色。

(3) 用户也可以在【特性】面板中的【选择颜色】 下拉列表框中选择系统自定的几种颜色或自定义颜色。

3.2.3 图层线型

线型是指图形基本元素中线条的组成和显示方式，如虚线和实线等。在 AutoCAD 中既有简单线型，也有由一些特殊符号组成的复杂线型，以满足不同国家或行业标准的要求。

在图层中绘图时，使用线型可以有效地传达视觉信息，它是由直线、横线、点或空格等组合的不同图案，给不同图层指定不同的线型，可达到区分线型的目的。如果为图形对象指定某种线型，则对象将根据此线型的设置进行显示和打印。

在【图层特性管理器】对话框中选择一个图层，然后在【线型】列单击与该图层相关联的线型，打开【选择线型】对话框，如图 3-12 所示。

用户可以从该对话框的列表中选择一种线型，也可以单击【加载】按钮，打开【加载或重载线型】对话框，如图 3-13 所示。

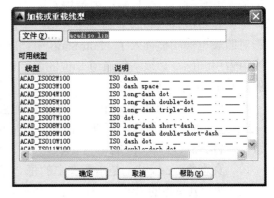

图 3-12　【选择线型】对话框　　　　图 3-13　【加载或重载线型】对话框

在该对话框中选择要加载的线型，单击【确定】按钮，所加载的线型即可显示在【选择线型】对话框中，用户可以从中选择需要的线型，最后单击【确定】按钮，退出【选择线型】对话框。

在设置线型时，也可以采用以下两种途径。

(1) 在【视图】选项卡的【选项板】面板中单击【特性】按钮，打开【特性】选项板，在【常规】选项组中的【线型】下拉列表框中选择线的类型。

在这里用户需要知道一些"线型比例"的知识。

通过全局修改或单个修改每个对象的线型比例因子，可以以不同的比例使用同一个线型。在默认情况下，全局线型和单个线型比例均设置为 1.0。比例越小，每个绘图单位中生成的重复图案就越多。例如，设置为 0.5 时，每一个图形单位在线型定义中显示重复两次的同一图案。不能显示完整线型图案的短线段显示为连续线。对于太短，甚至不能显示一个虚线小段的线段，可以使用更小的线型比例。

(2) 也可以在【特性】面板中的【选择线型】 线型 ———— ByL... 下拉列表框中选择。

● "ByLayer(随层)"：逻辑线型，表示对象与其所在图层的线型保持一致。

● "ByBlock(随块)"：逻辑线型，表示对象与其所在块的线型保持一致。

● "Continuous(连续)"：连续的实线。

当然，用户可使用的线型远不止这几种。AutoCAD 系统提供了线型库文件，其中包含了数十种的线型定义。用户可随时加载该文件，并使用其定义各种线型。如果这些线型仍不能满足用户的需要，则用户可以自行定义某种线型，并在 AutoCAD 中使用。

关于线型应用的几点说明：

(1) 当前线型：如果某种线型被设置为当前线型，则新创建的对象(文字和插入的块除外)将自动使用该线型。

(2) 线型的显示：可以将线型与所有 AutoCAD 对象相关联，但是它们不随同文字、点、视口、参照线、射线、三维多段线和块一起显示。如果一条线过短，不能容纳最小的点划线序列，则显示为连续的直线。

(3) 如果图形中的线型显示过于紧密或过于疏松，用户可设置比例因子来改变线型的显示比例。改变所有图形的线型比例，可使用全局比例因子；而对于个别图形的修改，则应使用对象比例因子。

3.2.4　图层线宽

线宽设置就是改变线条的宽度，可用于除 TrueType 字体、光栅图像、点和实体填充(二维实体)之外的所有图形对象，通过更改图层和对象的线宽设置来更改对象显示于屏幕和纸面上的宽度特性。在 AutoCAD 中，使用不同宽度的线条表现对象的大小或类型，可以提高图形的表达能力和可读性。如果为图形对象指定线宽，则对象将根据此线宽的设置进行显示和打印。

在【图层特性管理器】对话框中选择一个图层，然后在【线宽】列单击与该图层相关联的线宽，打开【线宽】对话框，如图 3-14 所示。

图 3-14　【线宽】对话框

用户可以从中选择合适的线宽，单击【确定】按钮退出【线宽】对话框。

在 AutoCAD 中可用的线宽预定义值包括 0.00mm、0.05mm、0.09mm、0.13mm、0.15mm、

0.18mm、0.20mm、0.25mm、0.30mm、0.35mm、0.40mm、0.50mm、0.53mm、0.60mm、0.70mm、0.80mm、0.90mm、1.00mm、1.06mm、1.20mm、1.40mm、1.58mm、2.00mm 和 2.11mm 等。

在设置线宽时，也可以采用其他途径：

(1) 在【视图】选项卡中的【选项板】面板中单击【特性】按钮，打开【特性】选项板，在【常规】选项组中的【线宽】下拉列表框中选择线的宽度。

(2) 也可以在【特性】面板中的【选择线宽】 线宽 ──ByL... 下拉列表框中选择。

- "ByLayer(随层)"：逻辑线宽，表示对象与其所在图层的线宽保持一致。
- "ByBlock(随块)"：逻辑线宽，表示对象与其所在块的线宽保持一致。
- "默认"：创建新图层时的默认线宽设置，其默认值为 0.25mm(0.01")。

关于线宽应用的几点说明：

(1) 如果需要精确表示对象的宽度，应使用指定宽度的多段线，而不要使用线宽。

(2) 如果对象的线宽值为 0，则在模型空间显示为 1 个像素宽，并将以打印设备允许的最细宽度打印。如果对象的线宽值为 0.25mm(0.01")或更小，则将在模型空间中以 1 个像素显示。

(3) 具有线宽的对象以超过一个像素的宽度显示时，可能会增加 AutoCAD 的重生成时间，因此关闭线宽显示或将显示比例设成最小可优化显示性能。

> **注 意**
>
> 图层特性(如线型和线宽)可以通过【图层特性管理器】对话框和【特性】对话框来设置。但对重命名图层来说，只能在【图层特性管理器】对话框中修改，而不能在【特性】对话框中修改。
>
> 对于块引用所使用的图层也可以进行保存和恢复，但外部参照的保存图层状态不能被当前图形所使用。如果使用"wblock"命令创建外部块文件，则只有在创建时选择"Entire Drawing(整个图形)"项，才能将保存的图层状态信息包含在内，并且仅涉及那些含有对象的图层。

3.3 改变图层中的属性

图层设置包括图层状态(例如开或锁定)和图层特性(例如颜色或线型)。在【图层特性管理器】对话框列表图中显示了图层和图层过滤器状态及其特性和说明。用户可以通过单击状态和特性图标来设置或修改图层的状态和特性。在上一节中对部分选项进行了介绍，下面对上节没有涉及的选项作具体的介绍。

- "状态"列：双击该列中的图标，可以改变图层的使用状态。

  图标表示该图层正在使用； 图标表示该图标未被使用。
- "名称"列：显示图层名。可以选择图层名后单击并输入新图层名。
- "开"列： 确定图层打开还是关闭。如果图层被打开，该层上的图形可以在绘图区显示或在绘图区中绘出。被关闭的图层仍然是图的一部分，但关闭图层上的图形不显示，也不能通过绘图区绘制出来。用户可根据需要，打开或关闭图层。

  在图层列表框中，与"开"对应的列是"小灯泡"图标。通过单击【小灯泡】图标可实现打开或关闭图层的切换。如果灯泡颜色是黄色，表示对应层是打开的；如果是灰色，则表示对应层是关闭的。如果关闭的是当前层，AutoCAD 会显示出对应的提示信息，警告正在关闭当前层，但用户可以关闭当前层。很显然，关闭当前层后，所绘的图形均不能显示出来。

当图层关闭时，它是不可见的，并且不能打印，即使【打印】选项是打开的。

依次单击"开"按钮，可调整各图层的排列顺序，使当前关闭的图层放在列表的最前面或最后面，也可以通过其他途径来调整图层顺序。本书将在后面的讲解中涉及对图层顺序的调整。

💡 图标表示图层是打开的；💡 图标表示图层是关闭的。

- "冻结"列：在所有视口中冻结选定的图层。冻结图层可以加快 ZOOM、PAN 和许多其他操作的运行速度，增强对象选择的性能并减少复杂图形的重生成时间。AutoCAD 不显示、打印、隐藏、渲染或重生成冻结图层上的对象。

  如果图层被冻结，该层上的图形对象不能被显示出来或绘制出来，而且也不参与图形之间的运算。被解冻的图层则正好相反。从可见性来说，冻结层与关闭层是相同的，但冻结层上的对象不参与处理过程中的运算，关闭层上的对象则要参与运算。所以，在复杂的图形中冻结不需要的图层可以加快系统重新生成图形时的速度。

  在图层列表框中，与"在所有视口冻结"对应的列是太阳或雪花图标。太阳表示所对应层没有冻结，雪花则表示相应层被冻结。单击这些图标可实现图层冻结与解冻的切换。在图 7-1 中，"图层 1"是冻结层，而其他层则是解冻层。

  用户不能冻结当前层，也不能将冻结层设为当前层。另外，依次单击"在所有视口冻结"标题，可调整各图层的排列顺序，使当前冻结的图层放在列表的最前面或最后面。用户可以冻结长时间不用看到的图层。当解冻图层时，AutoCAD 会重生成和显示该图层上的对象。可以在创建时冻结所有视口、当前图层视口或新图层视口中的图层。

  ❄ 图标表示图层是冻结的；☀ 图标表示图层是解冻的。

- "锁定"列：锁定和解锁图层。

  🔒 图标表示图层是锁定的；🔓 图标表示图层是解锁的。

  锁定并不影响图层上图形对象的显示，即锁定层上的图形仍然可以显示出来，但用户不能改变锁定层上的对象，不能对其进行编辑操作。如果锁定层是当前层，用户仍可在该层上绘图。

  图层列表框中，与"锁定"对应的列是关闭或打开的小锁图标。锁打开表示该层是非锁定层；关闭则表示对应层是锁定的。单击这些图标可实现图层锁定或解锁的切换。同样，依次单击图层列表中的"锁定"按钮，可以调整各图层的排列顺序，使当前锁定的图层放在列表的最前面或最后面。

- "打印样式"列：修改与选定图层相关联的打印样式。如果正在使用颜色相关打印样式(PSTYLEPOLICY 系统变量设为 1)，则不能修改与图层关联的打印样式。单击任意打印样式均可以显示【选择打印样式】对话框。

- "打印"列：控制是否打印选定的图层。即使关闭了图层的打印，该图层上的对象仍会显示出来。关闭图层打印只对图形中的可见图层(图层是打开的并且是解冻的)有效。如果图层设为打印但该图层在当前图形中是冻结的或关闭的，则 AutoCAD 不打印该

图层。如果图层包含了参照信息(比如构造线)，则关闭该图层的打印可能有益。

- "新视口冻结"列：冻结或解冻新创建视口中的图层。
- "说明"列：为所选图层或过滤器添加说明，或修改说明中的文字。过滤器的说明将添加到该过滤器及其中的所有图层。

3.4　设计案例——管理零件图的图层

本范例完成文件：\03\3-1.dwg
多媒体教学路径：光盘→多媒体教学→第 3 章

3.4.1　实例介绍与展示

本节通过绘制螺丝来讲解新建图层，修改图层，以及图层的管理设置等，使读者对图层的应用有一定的了解。

绘制完成的螺丝效果如图 3-15 所示。

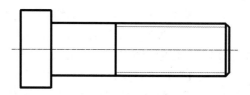

图 3-15　螺丝效果图

3.4.2　新建图层

① 选择【格式】|【图层】菜单命令，弹出【图层特性管理器】对话框，如图 3-16 所示。

图 3-16　【图层特性管理器】对话框

② 单击【新建图层】按钮 ，在图层列表框中显示一个【图层 1】选项，将其重命名为【粗实线】，按 Enter 键确认，继续创建新图层，分别重命名为【细实线】、【中心线】，如

图 3-17 所示。

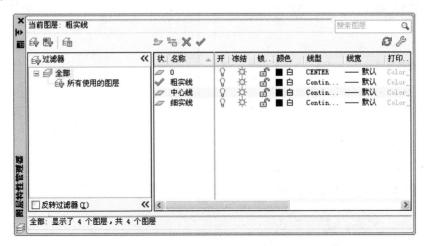

图 3-17　重命名后的【图层特性管理器】对话框

③ 单击【细实线】图层【颜色】列，弹出【选择颜色】对话框，如图 3-18 所示，在其中选择红色选项，单击【确定】按钮；单击【中心线】图层【颜色】列，弹出【选择颜色】对话框，在其中选择蓝色选项。单击【确定】按钮，返回【图层特性管理器】对话框。

④ 单击【粗实线】图层【线宽】列，弹出【线宽】对话框，在【线宽】列表框中选择 0.30mm，如图 3-19 所示。单击【确定】按钮，返回【图层特性管理器】对话框。

图 3-18　【选择颜色】对话框

图 3-19　【线宽】对话框

⑤ 单击【中心线】图层【线型】列，弹出【选择线型】对话框，如图 3-20 所示；单击【加载】按钮，打开【加载或重载线型】对话框，选择 CENTER 选项，如图 3-21 所示；单击【确定】按钮，返回【选择线型】对话框，加载中心线。单击【确定】按钮，返回【图层特性管理器】对话框，此时的图层显示如图 3-22 所示。

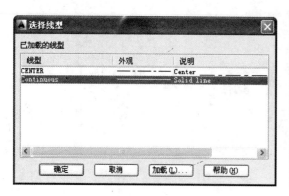

图 3-20 【选择线型】对话框   图 3-21 【加载或重载线型】对话框

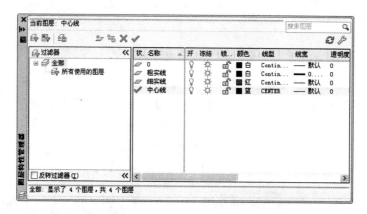

图 3-22 设置图层后的【图层特性管理器】对话框

3.4.3 绘制构造线

① 把【中心线】图层置为当前图层，单击【绘图】面板中的【构造线】按钮 ✐，绘制两条相互垂直的直线，如图 3-23 所示。命令行提示如下：

命令: _xline   \\使用构造线命令
指定点或 [水平(H)/垂直(V)/角度(A)/二等分(B)/偏移(O)]:   \\指定一点
指定通过点: \\按 Enter 键结束

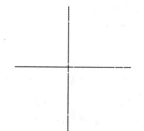

图 3-23 绘制的构造线

② 单击【修改】面板中的【偏移】按钮 ♣，选择水平构造线，分别向上向下偏移 6.5、7.5、11，如图 3-24 所示。命令行提示如下：

命令: _offset   \\使用偏移命令
当前设置: 删除源=否   图层=源   OFFSETGAPTYPE=0
指定偏移距离或 [通过(T)/删除(E)/图层(L)] <6.5000>:   \\输入距离
选择要偏移的对象，或 [退出(E)/放弃(U)] <退出>:   \\选择偏移对象
指定要偏移的那一侧上的点，或 [退出(E)/多个(M)/放弃(U)] <退出>:   \\指定一点

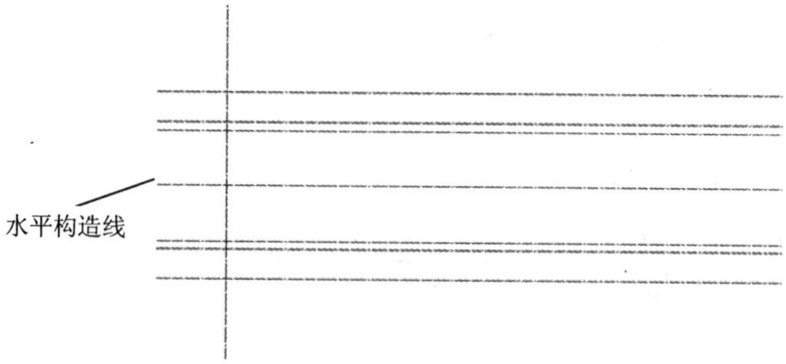

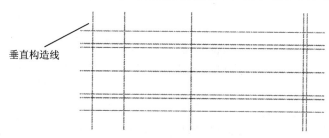

水平构造线

图 3-24   偏移水平构造线

❸ 重复上述步骤，选择垂直构造线，分别向右偏移 9、28、60、61，如图 3-25 所示。

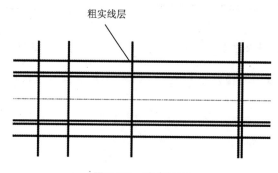

垂直构造线

图 3-25   偏移垂直构造线

3.4.4   修改编辑图形

步骤 01   应用图层

选择偏移的边框和线段，单击【图层】面板中的【图层】按钮，选择【粗实线】图层，使其变成粗实线，如图 3-26 所示。

粗实线层

图 3-26   改变图层

步骤 02   图形的修改

❶ 单击【修改】面板中的【修剪】按钮 ⊬，修剪图形中多余的部分，如图 3-27 所示。命

令行提示如下：

命令：_trim   \\使用修剪命令
当前设置:投影=UCS，边=无
选择剪切边...
选择要修剪的对象，或按住 Shift 键选择要延伸的对象，或   \\选择要修剪的对象
[栏选(F)/窗交(C)/投影(P)/边(E)/删除(R)/放弃(U)]:   \\执行修剪命令

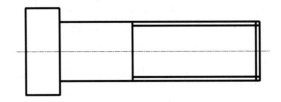

图 3-27   修剪后的图形

❷ 单击【修改】面板中的【倒角】按钮，输入 D，按 Enter 键确认，输入数值 1，连续两次按 Enter 键确认，分别选择要进行倒角处理的两条直线进行倒角，如图 3-28 所示。命令行提示如下：

命令：_chamfer   \\使用倒角命令
（"修剪"模式）当前倒角距离 1 = 0.0000，距离 2 = 0.0000
选择第一条直线或 [放弃(U)/多段线(P)/距离(D)/角度(A)/修剪(T)/方式(E)/多个(M)]: d
    \\选择距离(D)
指定第一个倒角距离 <0.0000>: 1   \\输入距离
指定第二个倒角距离 <1.0000>: 1   \\输入距离
选择第一条直线或 [放弃(U)/多段线(P)/距离(D)/角度(A)/修剪(T)/方式(E)/多个(M)]:
    \\选择直线
选择第二条直线，或按住 Shift 键选择要应用角点的直线: \\选择直线

重复执行上述步骤，选择另两条直线也进行倒角处理，如图 3-29 所示。

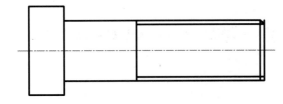

图 3-28   一次倒角后的图形

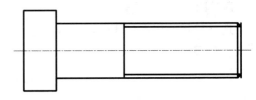

图 3-29   倒角后的图形

❸ 单击【修改】面板中的【修剪】按钮，对倒角的部分进行修剪，如图 3-30 所示。命令行提示如下：

命令：_trim   \\使用修剪命令
当前设置:投影=UCS，边=无
选择剪切边...
选择对象或 <全部选择>:   \\选择要修剪的对象
选择要修剪的对象，或按住 Shift 键选择要延伸的对象，或   \\选择要修剪的对象
[栏选(F)/窗交(C)/投影(P)/边(E)/删除(R)/放弃(U)]:   \\执行修剪操作

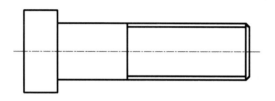

图 3-30　再次修剪后的图形

④ 选择螺丝里面的两条线，修改其为【细实线】图层，选择水平构造线，将其修改为【中心线】图层。编辑图层后的螺丝效果如图 3-31 所示。

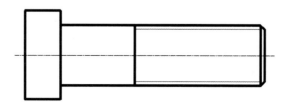

图 3-31　改变图层后的最终效果图

3.5　本　章　小　结

本章主要介绍了 AutoCAD 2014 中图层的创建和图层的管理。通过本章的学习，读者应该可以熟练地掌握 AutoCAD 2014 中图层的设置方法与应用技巧。

第4章

绘制平面图形

本章导读：

图形是由一些基本的元素组成的，如圆、直线和多边形等。而绘制这些图形是绘制复杂图形的基础。本章的目标就是使读者学会如何绘制一些基本图形并掌握一些基本的绘图技巧，为以后进一步的绘图学习打下坚实的基础。

4.1 绘 制 点

点是构成图形最基本的元素之一。下面就来介绍绘制点的方法。

4.1.1 绘制点的方法

AutoCAD 2014 提供的绘制点的方法有以下几种。

(1) 在【绘图】面板中单击【绘图】下拉列表框，显示绘制点的按钮，从中进行选择，如图 4-1 所示。

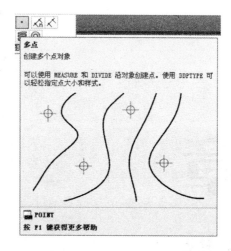

图 4-1 【绘图】下拉列表框

> **提 示**
>
> 单击【多点】按钮也可进行单点的绘制，在【绘图】面板中没有显示【单点】按钮，若需要使用，可在【菜单栏】中选择。

(2) 在命令行中输入"point"后，按 Enter 键。

(3) 在【菜单栏】中，选择【绘图】|【点】菜单命令。

4.1.2 绘制点的方式

绘制点的方式有以下几种。

(1) 单点：用户确定了点的位置后，绘图区出现一个点，如图 4-2(a)所示。

(2) 多点：用户可以同时画多个点，如图 4-2(b)所示。

> **提 示**
>
> 可以通过按 Esc 键结束绘制点。

(3) 定数等分画点：用户可以指定一个实体，然后输入该实体被等分的数目后，AutoCAD 2014 会自动在相应的位置上画出点，如图 4-2(c)所示。

(4) 定距等分画点：用户选择一个实体，输入每一段的长度值后，AutoCAD 2014 会自动在相应的位置上画出点，如图 4-2(d)所示。

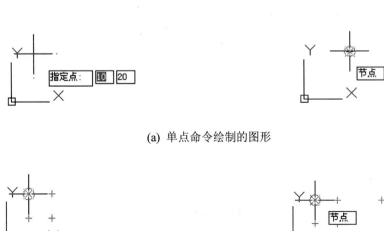

(a) 单点命令绘制的图形

(b) 多点命令绘制的图形

(c) 定数等分画点绘制的图形

(d) 定距等分画点绘制的图形

图 4-2 几种画点方式绘制的点

提 示

输入的长度值即为最后的点与点之间的距离。

4.1.3 设置点

在用户绘制点的过程中，可以改变点的形状和大小。

选择【格式】|【点样式】菜单命令，打开如图 4-3 所示的【点样式】对话框。在此对话框中，可以先选取上面点的形状，然后选中【相对于屏幕设置大小】或【按绝对单位设置大小】

两个单选按钮中的一个，最后在【点大小】文本框中输入所需的数字。当选中【相对于屏幕设置大小】单选按钮时，在【点大小】文本框输入的是点的大小相对于屏幕大小的百分比的数值；当选中【按绝对单位设置大小】单选按钮时，在【点大小】文本框中输入的是像素点的绝对大小。

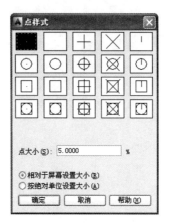

图 4-3　【点样式】对话框

4.2　绘　制　线

AutoCAD 中常用的直线类型有直线、射线、构造线、多线。下面将分别介绍这几种线条的绘制。

4.2.1　绘制直线

首先介绍绘制直线的具体方法。

1. 调用绘制直线命令

绘制直线命令调用方法有以下几种。

- 单击【绘图】面板中的【直线】按钮 ╱。
- 在命令行中输入 "line" 后按 Enter 键。
- 在菜单栏中，选择【绘图】|【直线】菜单命令。

2. 绘制直线的方法

执行命令后，命令行将提示用户指定第一点的坐标值。命令行窗口提示如下：

命令: _line 指定第一点:

指定第一点后绘图区如图 4-4 所示。

输入第一点后，命令行将提示用户指定下一点的坐标值或放弃。命令行窗口提示如下：

指定下一点或 [放弃(U)]:

指定第二点后绘图区如图 4-5 所示。

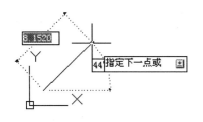
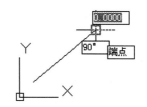

图 4-4　指定第一点后绘图区所显示的图形　　　图 4-5　指定第二点后绘图区所显示的图形

输入第二点后，命令行将提示用户再次指定下一点的坐标值或放弃。命令行窗口提示如下：

指定下一点或 [放弃(U)]:

指定第三点后绘图区如图 4-6 所示。

完成以上操作后，命令行将提示用户指定下一点或闭合/放弃，在此输入闭合 c 按 Enter 键。命令行窗口提示如下：

指定下一点或 [闭合(C)/放弃(U)]: c

所绘制图形如图 4-7 所示。

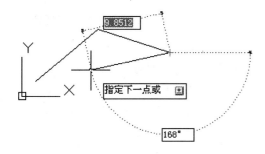
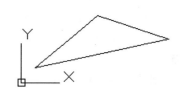

图 4-6　指定第三点后绘图区所显示的图形　　　图 4-7　用 line 命令绘制的直线

命令提示：

- 【放弃】：取消最后绘制的直线。
- 【闭合】：由当前点和起始点生成的封闭线。

4.2.2　绘制射线

射线是一种单向无限延伸的直线，在机械图形绘制中它常用作绘图辅助线来确定一些特殊点或边界。

1．调用绘制射线命令

绘制射线命令调用方法如下。

- 在命令行中输入 "ray" 后按 Enter 键。
- 在菜单栏中，选择【绘图】|【射线】菜单命令。

2. 绘制射线的方法

选择【射线】命令后，命令行将提示用户指定起点，输入射线的起点坐标值。命令行窗口提示如下：

命令：_ray 指定起点：

指定起点后绘图区如图 4-8 所示。

在输入起点之后，命令行将提示用户指定通过点。命令行窗口提示如下：

指定通过点：

指定通过点后绘图区如图 4-9 所示。

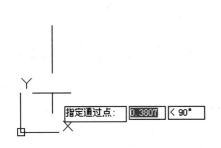

图 4-8　指定起点后绘图区所显示的图形

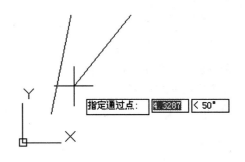

图 4-9　指定通过点后绘图区所显示的图形

在 ray 命令下，AutoCAD 默认用户会画第 2 条射线，在此为演示用故此只画一条射线后，右击或按 Enter 键后结束。如图 4-8 所示即为用 ray 命令绘制的图形可以看出，射线从起点沿射线方向一直延伸到无限远处。

绘制的图形如图 4-10 所示。

4.2.3　绘制构造线

构造线是一种双向无限延伸的直线，在机械图形绘制中它也常用作绘图辅助线，来确定一些特殊点或边界。

图 4-10　用 ray 命令
绘制的射线

1. 调用绘制构造线命令

绘制构造线命令调用方法有如下几种。

- 单击【绘图】面板中的【构造线】按钮。
- 在命令行中输入"xline"后按 Enter 键。
- 在菜单栏中，选择【绘图】|【构造线】菜单命令。

2. 绘制构造线的方法

选择【构造线】命令后，命令行将提示用户指定点或[水平(H)/垂直(V)/角度(A)/二等分(B)/偏移(O)]。命令行窗口提示如下：

命令：_xline 指定点或 [水平(H)/垂直(V)/角度(A)/二等分(B)/偏移(O)]：

指定点后绘图区如图 4-11 所示。

输入第 1 点的坐标值后，命令行将提示用户指定通过点。命令行窗口提示如下：

指定通过点:

指定通过点后绘图区如图 4-12 所示。

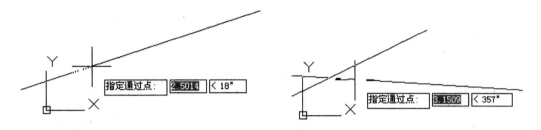

图 4-11　指定点后绘图区所显示的图形　　图 4-12　指定通过点后绘图区所显示的图形

输入通过点的坐标值后，命令行将再次提示用户指定通过点。命令行窗口提示如下：

指定通过点:

右击或按 Enter 键后结束。由以上命令绘制的图形如图 4-13 所示。

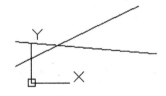

图 4-13　用 xline 命令绘制的构造线

在执行【构造线】命令时，会出现部分让用户选择的命令。下面讲解一下这些命令。

- 【水平】：放置水平构造线。
- 【垂直】：放置垂直构造线。
- 【角度】：在某一个角度上放置构造线。
- 【二等分】：用构造线平分一个角度。
- 【偏移】：放置平行于另一个对象的构造线。

4.3　绘制圆、圆弧、圆环

圆是构成图形的基本元素之一。它的绘制方法有多种，下面将依次介绍。

4.3.1　绘制圆命令调用方法

调用绘制圆命令的方法如下。

- 单击【绘图】面板中的【圆】按钮 ⊘。
- 在命令行中输入"circle"后按 Enter 键。

● 在菜单栏中，选择【绘图】|【圆】菜单命令。

4.3.2 多种绘制圆的方法

绘制圆的方法有多种，下面分别进行介绍。

1) 圆心和半径画圆，AutoCAD 默认的画圆方式

选择命令后，命令行将提示用户指定圆的圆心或 [三点(3P)/两点(2P)/相切、相切、半径(T)]。命令行窗口提示如下：

命令: _circle 指定圆的圆心或 [三点(3P)/两点(2P)/相切、相切、半径(T)]:

指定圆的圆心后绘图区如图 4-14 所示。

输入圆心坐标值后，命令行将提示用户指定圆的半径或 [直径(D)]。命令行窗口提示如下：

指定圆的半径或 [直径(D)]:

绘制的图形如图 4-15 所示。

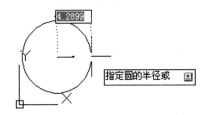

图 4-14　指定圆的圆心后绘图区所显示的图形　　图 4-15　用圆心、半径命令绘制的圆

在执行【圆】命令时，会出现部分让用户选择的命令。下面将做如下介绍。

● 【圆心】：基于圆心和直径(或半径)绘制圆。
● 【三点】：指定圆周上的 3 点绘制圆。
● 【两点】：指定直径的两点绘制圆。
● 【相切、相切、半径】：根据与两个对象相切的指定半径绘制圆。

2) 圆心、直径画圆

选择命令后，命令行将提示用户指定圆的圆心或 [三点(3P)/两点(2P)/相切、相切、半径(T)]。命令行窗口提示如下：

命令: _circle 指定圆的圆心或 [三点(3P)/两点(2P)/相切、相切、半径(T)]:

指定圆的圆心后绘图区如图 4-16 所示。

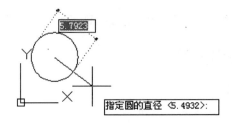

图 4-16　指定圆的圆心后绘图区所显示的图形

输入圆心坐标值后，命令行将提示用户指定圆的半径或 [直径(D)] <100.0000>: _d 指定圆的直径 <200.0000>。命令行窗口提示如下：

指定圆的半径或 [直径(D)] <100.0000>: _d 指定圆的直径 <200.0000>: 160

绘制的图形如图 4-17 所示。

3)　两点画圆

选择命令后，命令行将提示用户指定圆的圆心或 [三点(3P)/两点(2P)/相切、相切、半径(T)]:
_2p 指定圆直径的第一个端点。命令行窗口提示如下：

命令: _circle 指定圆的圆心或 [三点(3P)/两点(2P)/相切、相切、半径(T)]: _2p 指定圆直径的第一个端点:

指定圆直径的第一个端点后绘图区如图 4-18 所示。

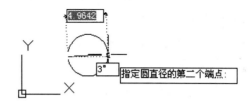

图 4-17　用圆心、直径命令绘制的圆　　**图 4-18　指定圆直径的第一端点后绘图区所显示的图形**

输入第一个端点的数值后，命令行将提示用户指定圆直径的第二个端点(在此 AutoCAD 认为首末两点的距离为直径)。命令行窗口提示如下：

指定圆直径的第二个端点:

绘制的图形如图 4-19 所示。

4)　三点画圆

选择命令后，命令行将提示用户指定圆的圆心或 [三点(3P)/两点(2P)/相切、相切、半径(T)]:
_3p 指定圆上的第一个点。命令行窗口提示如下：

命令: _circle 指定圆的圆心或 [三点(3P)/两点(2P)/相切、相切、半径(T)]: _3p 指定圆上的第一个点:

指定圆上的第一个点后绘图区如图 4-20 所示。

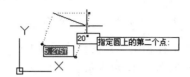

图 4-19　用两点命令绘制的圆　　**图 4-20　指定圆上的第一个点后绘图区所显示的图形**

指定第一个点的坐标值后，命令行将提示用户指定圆上的第二个点。命令行窗口提示如下：

指定圆上的第二个点:

指定圆上的第二个点后绘图区如图 4-21 所示。

指定第二个点的坐标值后，命令行将提示用户指定圆上的第三个点。命令行窗口提示如下：

指定圆上的第三个点:

绘制的图形如图 4-22 所示。

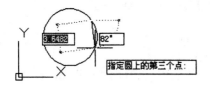

图 4-21   指定圆上的第二个点后绘图区所显示的图形　　　**图 4-22   用三点命令绘制的圆**

5)　两个相切、半径

选择命令后,命令行将提示用户指定圆的圆心或 [三点(3P)/两点(2P)/相切、相切、半径(T)]。命令行窗口提示如下:

命令: _circle 指定圆的圆心或 [三点(3P)/两点(2P)/相切、相切、半径(T)]: _ttr

选取与之相切的实体。命令行将提示用户指定对象与圆的第一个切点,指定对象与圆的第二个切点。命令行窗口提示如下:

指定对象与圆的第一个切点:

指定第一个切点时绘图区如图 4-23 所示。

指定对象与圆的第二个切点:

指定第二个切点时绘图区如图 4-24 所示。

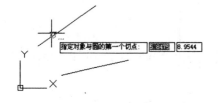

图 4-23   指定第一个切点绘图区所显示的图形　　　**图 4-24   指定第二个切点绘图区所显示的图形**

指定两个切点后,命令行将提示用户指定圆的半径 <100.0000>。命令行窗口提示如下:

指定圆的半径 <119.1384>: 指定第二点:

指定圆的半径和第二点时绘图区如图 4-25 所示。

绘制的图形如图 4-26 所示。

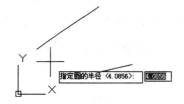

图 4-25   指定圆的半径和第二点绘图区所显示的图形　　　**图 4-26   用两个相切、半径命令绘制的圆**

6）　三个相切

选择命令后，选取与之相切的实体。命令行窗口提示如下：

命令: _circle 指定圆的圆心或 [三点(3P)/两点(2P)/相切、相切、半径(T)]: _3p 指定圆上的第一个点: _tan 到

指定圆上的第一个点时绘图区如图 4-27 所示。

指定圆上的第二个点: _tan 到

指定圆上的第二个点时绘图区如图 4-28 所示。

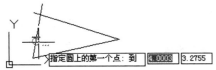

图 4-27　指定圆上的第一个点时绘图区
　　　　　所显示的图形

图 4-28　指定圆上的第二个点时绘图区
　　　　　所显示的图形

指定圆上的第三个点: _tan 到

指定圆上的第三个点时绘图区如图 4-29 所示。

绘制的图形如图 4-30 所示。

图 4-29　指定圆上的第三个点时绘图区所显示的图形

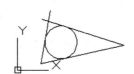

图 4-30　用三个相切命令绘制的圆

4.3.3　绘制圆弧命令调用方法

绘制圆弧命令调用方法如下。

● 　单击【绘图】面板中的【圆弧】按钮 　 。
● 　在命令行中输入"arc"后按 Enter 键。
● 　在菜单栏中，选择【绘图】|【圆弧】菜单命令。

4.3.4　多种绘制圆弧的方法

绘制圆弧的方法有多种，下面分别进行介绍。

1）　三点画弧

AutoCAD 提示用户输入起点、第二点和端点，顺时针或逆时针绘制圆弧，绘图区显示的图形如图 4-31(a)～图 4-31(c)所示。用此命令绘制的图形如图 4-32 所示。

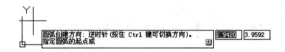

(a) 指定圆弧的起点时绘图区所显示的图形

(b) 指定圆弧的第二个点时绘图区所显示的图形

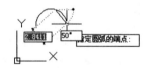

(c) 指定圆弧的端点时绘图区所显示的图形

图 4-31　三点画弧的绘制步骤

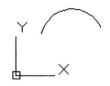

图 4-32　用三点画弧命令绘制的圆弧

2) 起点、圆心、端点

AutoCAD 提示用户输入起点、圆心、端点，绘图区显示的图形如图 4-33～图 4-35 所示。在给出圆弧的起点和圆心后，弧的半径就确定了，端点只是决定弧长。因此，圆弧不一定通过终点。用此命令绘制的圆弧如图 4-36 所示。

图 4-33　指定圆弧的起点时绘图区所显示的图形

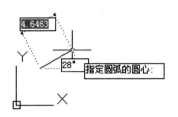

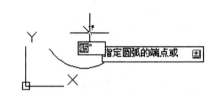

图 4-34　指定圆弧的圆心时绘图区所显示的图形　　**图 4-35　指定圆弧的端点时绘图区所显示的图形**

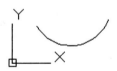

图 4-36　用起点、圆心、端点命令绘制的圆弧

3) 起点、圆心、角度

AutoCAD 提示用户输入起点、圆心、角度(此处的角度为包含角，即为圆弧的中心到两个端点的两条射线之间的夹角，如夹角为正值，按顺时针方向画弧，如为负值，则按逆时针方向画弧)，绘图区显示的图形如图 4-37～图 4-39 所示。用此命令绘制的圆弧如图 4-40 所示。

图 4-37　指定圆弧的起点时绘图区所显示的图形

图 4-38　指定圆弧的圆心时绘图区所显示的图形

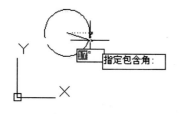

图 4-39　指定包含角时绘图区所显示的图形

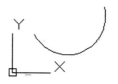

图 4-40　用起点、圆心、角度命令绘制的圆弧

4) 起点、圆心、长度

AutoCAD 提示用户输入起点、圆心、弦长。绘图区显示的图形如图 4-41～图 4-43 所示。当逆时针画弧时，如果弦长为正值，则绘制的是与给定弦长相对应的最小圆弧，如果弦长为负值，则绘制的是与给定弦长相对应的最大圆弧；顺时针画弧则正好相反。用此命令绘制的图形如图 4-44 所示。

图 4-41　指定圆弧的起点时绘图区所显示的图形

图 4-42　指定圆弧的圆心时绘图区所显示的图形

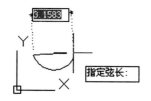

图 4-43　指定弦长时绘图区所显示的图形

图 4-44　用起点、圆心、长度命令绘制的圆弧

5) 起点、端点、角度

AutoCAD 提示用户输入起点、端点、角度(此角度也包含角)，绘图区显示的图形如图 4-45 至图 4-47 所示。当角度为正值时，按逆时针画弧，否则按顺时针画弧。用此命令绘制的图形如图 4-48 所示。

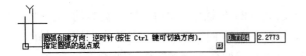

图 4-45   指定圆弧的起点时绘图区所显示的图形　　**图 4-46   指定圆弧的端点时绘图区所显示的图形**

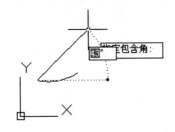

图 4-47   指定包含角时绘图区所显示的图形　　　**图 4-48   用起点、端点、角度命令绘制的圆弧**

6)   起点、端点、方向

AutoCAD 提示用户输入起点、端点、方向(所谓方向，指的是圆弧的起点切线方向，以度数来表示)，绘图区显示的图形如图 4-49～图 4-51 所示。用此命令绘制的图形如图 4-52 所示。

图 4-49   指定圆弧的起点时绘图区所显示的图形　　**图 4-50   指定圆弧的端点时绘图区所显示的图形**

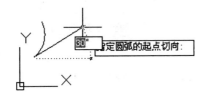

图 4-51   指定圆弧的起点切向时绘图区所显示的图形　　**图 4-52   用起点、端点、方向命令绘制的圆弧**

7)   起点、端点、半径

AutoCAD 提示用户输入起点、端点、半径，绘图区显示的图形如图 4-53～图 4-55 所示。用此命令绘制的图形如图 4-56 所示。

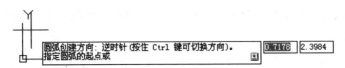

图 4-53   指定圆弧的起点时绘图区所显示的图形

图 4-54　指定圆弧的端点时绘图区所显示的图形

图 4-55　指定圆弧的半径时绘图区所显示的图形　　图 4-56　用起点、端点、半径命令绘制的圆弧

提 示

在此情况下，用户只能沿逆时针方向画弧，如果半径是正值，则绘制的是起点与终点之间的短弧，否则为长弧。

8)　圆心、起点、端点

AutoCAD 提示用户输入圆心、起点、端点，绘图区显示的图形如图 4-57～图 4-59 所示。用此命令绘制的图形如图 4-60 所示。

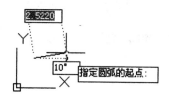

图 4-57　指定圆弧的圆心时绘图区所显示的图形　　图 4-58　指定圆弧的起点时绘图区所显示的图形

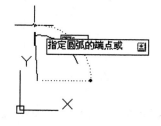

图 4-59　指定圆弧的端点时绘图区所显示的图形　　图 4-60　用圆心、起点、端点命令绘制的圆弧

9)　圆心、起点、角度

AutoCAD 提示用户输入圆心、起点、角度，绘图区显示的图形如图 4-61～图 4-63 所示。用此命令绘制的图形如图 4-64 所示。

图 4-61　指定圆弧的圆心时绘图区所显示的图形

图 4-62　指定圆弧的起点时绘图区所显示的图形

图 4-63　指定包含角时绘图区所显示的图形

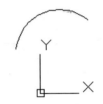

图 4-64　用圆心、起点、角度命令绘制的圆弧

10)　圆心、起点、长度

AutoCAD 提示用户输入圆心、起点、长度(此长度也为弦长),绘图区显示的图形如图 4-65～图 4-67 所示。用此命令绘制的图形如图 4-68 所示。

图 4-65　指定圆弧的圆心时绘图区所显示的图形

图 4-66　指定圆弧的起点时绘图区所显示的图形

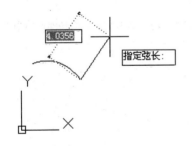

图 4-67　指定弦长时绘图区所显示的图形

图 4-68　用圆心、起点、长度命令绘制的圆弧

11)　继续

在这种方式下,用户可以从以前绘制的圆弧的终点开始继续下一段圆弧。在此方式下画弧时,每段圆弧都与以前的圆弧相切。以前圆弧或直线的终点和方向就是此圆弧的起点和方向。

提　示

在 AutoCAD 2014 版本的圆弧绘制中,通过按住 Ctrl 键可切换所绘制圆弧的方向。

4.3.5　绘制圆环命令调用方法

绘制圆环命令调用方法如下。

- 单击【绘图】面板中的【圆环】按钮 。
- 在命令行中输入"donut"后按 Enter 键。
- 在菜单栏中，选择【绘图】|【圆环】菜单命令。

4.3.6　绘制圆环的步骤

选择命令后，命令行将提示用户指定圆环的内径。命令行窗口提示如下：

命令: _donut
指定圆环的内径 <50.0000>:

指定圆环的内径，绘图区如图 4-69 所示。

指定圆环的内径后，命令行将提示用户指定圆环的外径。命令行窗口提示如下：

指定圆环的外径 <60.0000>:

指定圆环的外径，绘图区如图 4-70 所示。

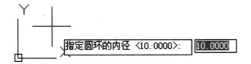

图 4-69　指定圆环的内径时绘图区所显示的图形　　图 4-70　指定圆环的外径时绘图区所显示的图形

指定圆环的外径后，命令行将提示用户指定圆环的中心点或 <退出>。命令行窗口提示如下：

指定圆环的中心点或 <退出>:

指定圆环的中心点时绘图区如图 4-71 所示。

绘制的图形如图 4-72 所示。

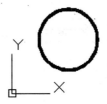

图 4-71　指定圆环的中心点时绘图区所显示的图形　　图 4-72　用 donut 命令绘制的圆环

4.4　多　　线

多线是工程中常用的一种对象，多线对象由1～16条平行线组成，这些平行线称为元素。绘制多线时，可以使用包含两个元素的 STANDARD 样式，也可以指定一个以前创建的样式。开始绘制之前，可以修改多线的对正和比例。要修改多线及其元素，可以使用通用编辑命令、多线编辑命令和多线样式。

4.4.1　绘制多线

绘制多线的命令可以同时绘制若干条平行线，大大减轻了用 line 命令绘制平行线的工作量。在机械图形绘制中，这条命令常用于绘制厚度均匀零件的剖切面轮廓线或它在某视图上的轮廓线。

(1) 绘制多线命令调用方法

● 在【命令行】中输入"mline"后按 Enter 键。

● 在【菜单栏】中，选择【绘图】|【多线】菜单命令。

(2) 绘制多线。选择【多线】命令后，命令行窗口提示如下：

命令: mline
当前设置: 对正 = 上，比例 = 20.00，样式 = STANDARD

然后在【命令行】中将提示用户指定起点或 [对正(J)/比例(S)/样式(ST)]，命令行窗口提示如下：

指定起点或 [对正(J)/比例(S)/样式(ST)]:

指定起点后绘图区如图 4-73 所示。

输入第 1 点的坐标值后，命令行将提示用户指定下一点。命令行窗口提示如下：

指定下一点:

指定下一点后绘图区如图 4-74 所示。

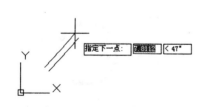

图 4-73　指定起点后绘图区所显示的图形　　　图 4-74　指定下一点后绘图区所显示的图形

在 mline 命令下，AutoCAD 默认用户画第 2 条多线。命令行将提示用户指定下一点或[放弃(U)]。命令行窗口所示如下：

指定下一点或 [放弃(U)]:

第 2 条多线从第 1 条多线的终点开始，以刚输入的点坐标为终点，画完后右击或按 Enter

键后结束。绘制的图形如图 4-75 所示。

在执行【多线】命令时，会出现部分让用户选择的命令，下面将做如下介绍：

- 【对正】：指定多线的对齐方式。
- 【比例】：指定多线宽度缩放比例系数。
- 【样式】：指定多线样式名。

图 4-75　用 mline 命令
绘制的多线

4.4.2　编辑多线

用户可以通过编辑来增加、删除顶点或者控制角点连接的显示等，还可以通过编辑多线的样式来改变各个直线元素的属性等。

1．增加或删除多线的顶点

用户可以在多线的任何一处增加或删除顶点。增加或删除顶点的步骤如下。

(1)　在命令行中输入"mledit"后按 Enter 键；或者选择【修改】|【对象】|【多线】菜单命令。

(2)　执行此命令后，AutoCAD 将打开如图 4-76 所示的【多线编辑工具】对话框。

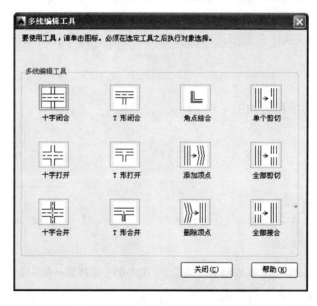

图 4-76　【多线编辑工具】对话框

(3)　在【多线编辑工具】对话框中单击如图 4-77 所示的【删除顶点】按钮。

删除顶点

图 4-77　【删除顶点】按钮

(4)　选择在多线中将要删除的顶点。绘制的图形如图 4-78 和图 4-79 所示。

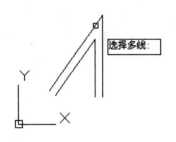
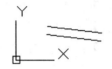

图 4-78　多线中要删除的顶点　　　　　　　图 4-79　删除顶点后的多线

2．编辑相交的多线

如果在图形中有相交的多线，用户能够通过编辑线脚的多线来控制它们相交的方式。多线可以相交成十字形或 T 字形，并且十字形或 T 字形可以被闭合、打开或合并。编辑相交多线的步骤如下。

(1)　在命令行中输入"mledit"后按 Enter 键；或者选择【修改】|【对象】|【多线】菜单命令。

(2)　执行此命令后，打开【多线编辑工具】对话框。

(3)　在此对话框中，单击如图 4-80 所示的【十字合并】按钮。

选择此项后，AutoCAD 会提示用户选择第一条多线。命令行窗口提示如下：

命令: _mledit
选择第一条多线:

选择第一条多线时绘图区如图 4-81 所示。

十字合并

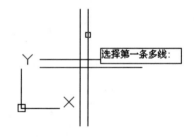

图 4-80　【十字合并】按钮　　　图 4-81　选择第一条多线时绘图区所显示的图形

选择第一条多线后，命令行将提示用户选择第二条多线。命令行窗口提示如下：

选择第二条多线:

选择第二条多线时绘图区如图 4-82 所示。

绘制的图形如图 4-83 所示。

(4)　在【多线编辑工具】对话框中单击如图 4-84 所示的【T 形闭合】按钮。

选择此项后，AutoCAD 会提示用户选择第一条多线。命令行窗口提示如下：

命令: _mledit
选择第一条多线:

选择第一条多线绘图区如图 4-85 所示。

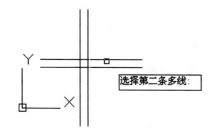

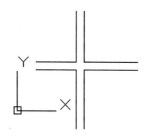

图 4-82　选择第二条多线时绘图区所显示的图形　　图 4-83　用【十字合并】编辑的相交多线

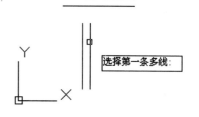

图 4-84　【T 形闭合】按钮　　图 4-85　选择第一条多线时绘图区所显示的图形

选择第一条多线后，命令行将提示用户选择第二条多线。命令行窗口提示如下：

选择第二条多线：

选择第二条多线时绘图区如图 4-86 所示。

绘制的图形如图 4-87 所示。

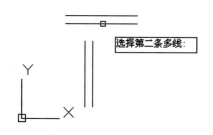

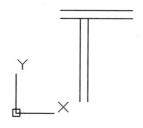

图 4-86　选择第二条多线时绘图区所显示的图形　　图 4-87　用【T 形闭合】编辑的多线

3．编辑多线的样式

多线样式用于控制多线中直线元素的数目、颜色、线型、线宽以及每个元素的偏移量，还可以修改合并的显示、端点封口和背景填充。

多线样式具有以下限制：

- 不能编辑 STANDARD 多线样式或图形中已使用的任何多线样式的元素和多线特性。
- 要编辑现有的多线样式，必须在用此样式绘制多线之前进行。

编辑多线样式的步骤如下。

(1) 在命令行中输入"mlstyle"后按 Enter 键，或者选择【格式】｜【多线样式】菜单命令。执行此命令后打开如图 4-88 所示的【多线样式】对话框。

图 4-88 【多线样式】对话框

(2) 在此对话框中，可以对多线进行编辑工作，如新建、修改、重命名、删除、加载、保存多线样式。

下面将详细介绍【多线样式】对话框的内容。

- 【当前多线样式】：显示当前多线样式的名称，该样式将在后续创建的多线中用到。
- 【样式】：显示已加载到图形中的多线样式列表。

  多线样式列表中可以包含外部参照的多线样式，即存在于外部参照图形中的多线样式。 外部参照的多线样式名称使用与其他外部依赖非图形对象所使用语法相同。
- 【说明】：显示选定多线样式的说明。
- 【预览】：显示选定多线样式的名称和图像。
- 【置为当前】：设置用于后续创建的多线的当前多线样式。从【样式】列表中选择一个名称，然后选择【置为当前】。

> **注 意**
>
> 不能将外部参照中的多线样式设置为当前样式。

- 【新建】：显示如图 4-89 所示的【创建新的多线样式】对话框，从中可以创建新的多线样式。

  【新样式名】：命名新的多线样式。只有输入新名称并单击【继续】按钮后，元素和多线特征才可用。

  【基础样式】：确定要用于创建新多线样式的多线样式。要节省时间，请选择与要创建的多线样式相似的多线样式。

  【继续】：命名新的多线样式后单击【继续】按钮，显示如图 4-90 所示的【新建多线样式：1】对话框。

图 4-89 【创建新的多线样式】对话框

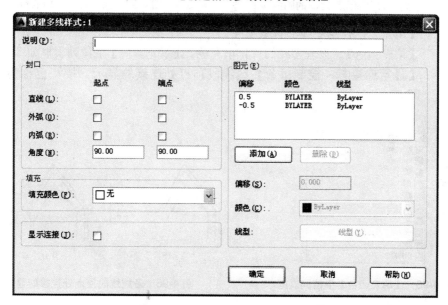

图 4-90 【新建多线样式：1】对话框

◆ 【说明】：为多线样式添加说明。最多可以输入 255 个字符(包括空格)。
◆ 【封口】：控制多线起点和端点封口。
◆ 【直线】：显示穿过多线每一端的直线段，如图 4-91 所示。
◆ 【外弧】：显示多线的最外端元素之间的圆弧，如图 4-92 所示。

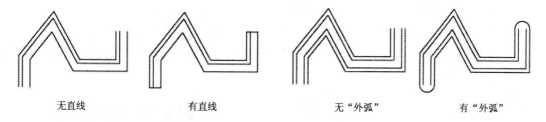

无直线   有直线   无"外弧"   有"外弧"

图 4-91 穿过多线每一端的直线段   图 4-92 多线的最外端元素之间的圆弧

◆ 【内弧】：显示成对的内部元素之间的圆弧。如果有奇数个元素，中心线将不被
连接。例如，如果有 6 个元素，内弧连接元素 2 和 5、元素 3 和 4。如果有 7 个
元素，内弧连接元素 2 和 6、元素 3 和 5；元素 4 不连接，如图 4-93 所示。
◆ 【角度】：指定端点封口的角度，如图 4-94 所示。

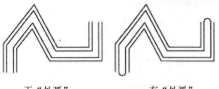

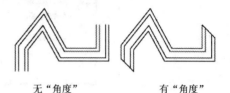

图 4-93　成对的内部元素之间的圆弧　　　　图 4-94　指定端点封口的角度

◆　【填充】：控制多线的背景填充。

◆　【填充颜色】：设置多线的背景填充色。【填充颜色】下拉列表框如图 4-95 所示。

◆　【显示连接】：控制每条多线线段顶点处连接的显示。接头也称为斜接，如图 4-96 所示。

图 4-95　【填充颜色】下拉列表框　　　　图 4-96　多线线段顶点处连接的显示

◆　【图元】：设置新的和现有的多线元素的元素特性，例如偏移、颜色和线型。

◆　【偏移】、【颜色】和【线型】：显示当前多线样式中的所有元素。样式中的每个元素由其相对于多线的中心、颜色及其线型定义。元素始终按它们的偏移值降序显示。

◆　【添加】：将新元素添加到多线样式。只有为除 STANDARD 以外的多线样式选择了颜色或线型后，此选项才可用。

◆　【删除】：从多线样式中删除元素。

◆　【偏移】：为多线样式中的每个元素指定偏移值，如图 4-97 所示。

◆　【颜色】：显示并设置多线样式中元素的颜色。【颜色】下拉列表框如图 4-98 所示。

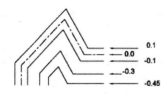

包含四个元素的多线，每个元素自 0.0 偏移

图 4-97　为多线样式中的每个元素指定偏移值　　　图 4-98　【颜色】下拉列表框

◆ 【线型】：显示并设置多线样式中元素的线型。如果选择【线型】，将显示如图 4-99 所示的【选择线型】对话框，该对话框列出了已加载的线型。要加载新线型，则单击【加载】按钮。将显示如图 4-100 所示的【加载或重载线型】对话框。

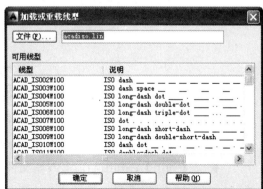

图 4-99 【选择线型】对话框   图 4-100 【加载或重载线型】对话框

● 【修改】：显示如图 4-101 所示的【修改多线样式：1】对话框，从中可以修改选定的多线样式。不能修改默认的 STANDARD 多线样式。

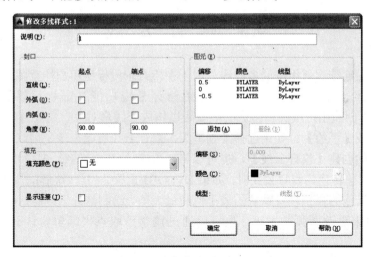

图 4-101 【修改多线样式：1】对话框

注 意

不能编辑 STANDARD 多线样式或图形中正在使用的任何多线样式的元素和多线特性。要编辑现有多线样式，必须在使用该样式绘制任何多线之前进行。

● 【重命名】：重命名当前选定的多线样式。不能重命名 STANDARD 多线样式。
● 【删除】：从【样式】列表中删除当前选定的多线样式。此操作并不会删除 MLN 文件中的样式。
  不能删除 STANDARD 多线样式、当前多线样式或正在使用的多线样式。
● 【加载】：显示如图 4-102 所示的【加载多线样式】对话框，从中可以从指定的 MLN 文件加载多线样式。

图 4-102　【加载多线样式】对话框

◆ 【文件】：显示标准文件选择对话框，从中可以定位和选择另一个多线库文件。
◆ 【列出】：列出当前多线库文件中可用的多线样式。要加载另一种多线样式，请从列表中选择一种样式并单击 确定 按钮。
● 【保存】将多线样式保存或复制到多线库(MLN)文件。如果指定了一个已存在的 MLN 文件，新样式定义将添加到此文件中，并且不会删除其中已有的定义。默认文件名是 acad.mln。

4.5　修 订 云 线

修订云线是由连续圆弧组成的多段线。用于在检查阶段提醒用户注意图形的某个部分。

在检查或用红线圈阅图形时，可以使用修订云线功能亮显标记以提高工作效率。REVCLOUD 用于创建由连续圆弧组成的多段线以构成云线形对象。用户可以为修订云线选择样式：【普通】或【手绘】。如果选择【画笔】，修订云线看起来像是用画笔绘制的。

可以从头开始创建【修订云线】，也可以将对象(例如圆、椭圆、多段线或样条曲线)转换为修订云线。将对象转换为修订云线时，如果 DELOBJ 设置为 1(默认值)，原始对象将被删除。

可以为修订云线的弧长设置默认的最小值和最大值。绘制修订云线时，可以使用拾取点选择较短的弧线段来更改圆弧的大小。也可以通过调整拾取点来编辑修订云线的单个弧长和弦长。

REVCLOUD 用于存储上一次使用的圆弧长度作为多个 DIMSCALE 系统变量的值，这样，就可以统一使用不同比例因子的图形。

在执行此命令之前，请确保能够看见要使用 REVCLOUD 添加轮廓的整个区域。REVCLOUD 不支持透明以及实时平移和缩放。

下面将介绍几种创建修订云线的方法。

(1) 使用普通样式创建修订云线。
(2) 使用手绘样式创建修订云线。
(3) 将对象转换为修订云线。
① 使用普通样式创建修订云线的步骤如下。
● 单击【绘图】面板上的【修订云线】按钮。
● 在命令行中输入"revcloud"后按 Enter 键。

● 在菜单栏中，选择【绘图】|【修订云线】菜单命令。

创建修订云线：

执行【修订云线】命令后，命令行窗口提示如下：

命令: _revcloud
最小弧长: 15   最大弧长: 15   样式: 手绘
指定起点或 [弧长(A)/对象(O)/样式(S)] <对象>: s
选择圆弧样式 [普通(N)/手绘(C)] <手绘>:n
圆弧样式 = 普通
指定起点或 [弧长(A)/对象(O)/样式(S)] <对象>:
沿云线路径引导十字光标...
修订云线完成。

使用普通样式创建的修订云线如图 4-103 所示。

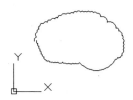

图 4-103   使用普通样式创建的修订云线

提 示

默认的弧长最小值和最大值设置为 0.5000 个单位。弧长的最大值不能超过最小值的 3 倍。

可以随时按 Enter 键停止绘制修订云线。

要闭合修订云线，请返回到它的起点。

② 使用手绘样式创建修订云线的步骤如下。

● 单击【绘图】面板上的【修订云线】按钮。

● 在命令行中输入 "revcloud" 后按 Enter 键。

● 选择【绘图】|【修订云线】菜单命令。

创建修订云线：

执行【修订云线】命令后，命令行窗口提示如下：

命令: _revcloud
最小弧长: 15   最大弧长: 15   样式: 手绘
指定起点或 [弧长(A)/对象(O)/样式(S)] <对象>: a
指定最小弧长 <15>: 30
指定最大弧长 <30>: 30
指定起点或 [弧长(A)/对象(O)/样式(S)] <对象>: s
选择圆弧样式 [普通(N)/手绘(C)] <手绘>:c
圆弧样式 = 手绘
指定起点或 [弧长(A)/对象(O)/样式(S)] <对象>:
沿云线路径引导十字光标...
修订云线完成。

使用手绘样式创建的修订云线如图 4-104 所示。

③ 将对象转换为修订云线的步骤如下。

- 绘制一个要转换为修订云线的圆、椭圆、多段线或样条曲线。
- 单击【绘图】面板上的【修订云线】按钮 。
- 在命令行中输入"revcloud"后按 Enter 键。
- 选择【绘图】|【修订云线】菜单命令。
- 将对象转换为修订云线:

在这里我们绘制一个圆形来转换为修订云线,如图 4-105 所示。

图 4-104　使用手绘样式创建的修订云线

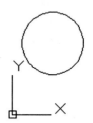

图 4-105　将要转换为修订云线的圆

执行修订云线命令后,命令行窗口提示如下:

```
命令: _revcloud
最小弧长: 30　最大弧长: 30　样式: 手绘
指定起点或 [弧长(A)/对象(O)/样式(S)] <对象>: a
指定最小弧长 <30>: 60
指定最大弧长 <60>: 60
指定起点或 [弧长(A)/对象(O)/样式(S)] <对象>: o
选择对象:
反转方向 [是(Y)/否(N)] <否>: N
修订云线完成。
```

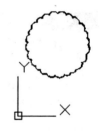

图 4-106　将圆转换为
修订云线

将圆转换为修订云线如图 4-106 所示。

将多段线转换为修订云线如图 4-107 和 4-108 所示。

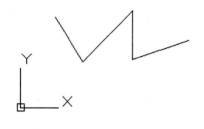

图 4-107　多段线

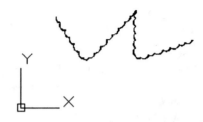

图 4-108　多段线转换为修订云线

4.6　绘制其他平面图形

样条曲线是经过或接近一系列给定点的光滑曲线。可以控制曲线与点的拟合程度。可以通过指定点来创建样条曲线。也可以封闭样条曲线，使起点和端点重合。附加编辑选项可用于修改样条曲线对象的形状。除了在大多数对象上使用的一般编辑操作外，使用 SPLINEDIT 编辑样条曲线时还可以使用其他选项。

4.6.1　创建样条曲线

样条曲线适用于不规则的曲线，如汽车或飞机设计或地理信息系统所涉及的曲线。

虽然用户可以通过对多段线的平滑处理来绘制近似于样条曲线的线条，但是创建真正的样条曲线与之相比具有以下几个优点。

(1)　通过对曲线路径上的一系列点进行平滑拟合，可以创建样条曲线，进行二维或三维制图建模时，使用这种方法创建的样条曲线远比多段线精确。

(2)　使用样条曲线编辑命令或自动编辑命令可以很容易地创建样条曲线，并保留样条曲线的定义。但是如果使用的是多段线编辑，就会丢失这些定义，成为平滑的多段线。

(3)　使用样条曲线的图形比使用多段线的图形所占据的磁盘空间和内存要小。

用户在绘制样条曲线时可以改变样条曲线的拟合公差来查看拟合效果。拟合公差指的是样条曲线与指定拟合点之间的接近程度。拟合公差越小，样条曲线与拟合点就越接近，拟合公差为 0 时，样条曲线将通过拟合点。用户也可以通过样条曲线使起点与终点重合。

用户可以通过以下几种方法绘制样条曲线。

(1)　单击【绘图】面板中的【样条曲线】按钮 ～|。

(2)　在命令行中输入"spline"后按 Enter 键。

(3)　在菜单栏中，选择【绘图】│【样条曲线】菜单命令。

执行此命令后，AutoCAD 提示用户指定第一个点或 [方式(M)/节点(K)/对象(O)]。命令行窗口提示如下：

命令: _spline
指定第一个点或 [方式(M)/节点(K)/对象(O)]:

指定第一个点后绘图区如图 4-109 所示。

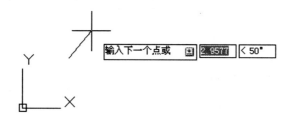

图 4-109　指定第一个点后绘图区所显示的图形

指定第一个点后 AutoCAD 提示用户输入下一个点或 [起点切向(T)/公差(L)]。命令行窗口提示如下：

输入下一个点或 [起点切向(T)/公差(L)]:

指定下一点后绘图区如图 4-110 所示。

图 4-110　指定下一点后绘图区所显示的图形

指定下一点后 AutoCAD 提示用户输入下一个点或 [端点相切(T)/公差(L)/放弃(U)/闭合(C)。命令行窗口提示如下：

输入下一个点或 [端点相切(T)/公差(L)/放弃(U)/闭合(C)]

指定下一点后绘图区如图 4-111 所示。

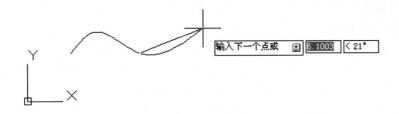

图 4-111　指定下一点后绘图区所显示的图形

指定下一点后 AutoCAD 再次提示用户指输入下一个点或 [端点相切(T)/公差(L)/放弃(U)/闭合(C)，再次指定下一点。命令行窗口提示如下：

输入下一个点或 [端点相切(T)/公差(L)/放弃(U)/闭合(C)]

指定下一点后绘图区如图 4-112 所示。

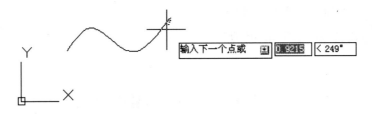

图 4-112　指定下一点后绘图区所显示的图形

默认情况下 AutoCAD 还会提示用户输入下一个点或 [端点相切(T)/公差(L)/放弃(U)/闭合(C)，在这里右击或按 Enter 键选择确认。

在绘制样条曲线时已指定起点并绘制第二点时，当选择指定起点切向时，命令行窗口提示如下：

指定起点切向：

此时绘图区如图 4-113 所示。

图 4-113 按 Enter 键后绘图区所显示的图形

绘图结束选择指定端点切向时，命令行窗口提示如下：

指定端点切向：

此时绘图区如图 4-114 所示。

用【样条曲线】命令绘制的图形如图 4-115 所示。

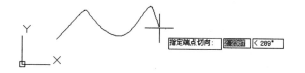

图 4-114 指定端点切向绘图区所显示的图形 **图 4-115 用【样条曲线】命令绘制的图形**

下面将对命令输入行中的其他选项进行介绍。

(1) 【闭合】：在【命令行】中输入 C 后，AutoCAD 会自动地将最后一点定义为与第一点一致，并且使它在连接处相切。输入 C 后，在【命令行】中会要求用户选择切线方向，如图 4-116 所示。

图 4-116 选择闭合后绘图区所显示的图形

(2) 【公差】：在【命令行】中输入 L 后，AutoCAD 会提示用户确定拟合公差的大小，用户可以在【命令行】中输入一定的数值来定义拟合公差的大小。

如图 4-117 和图 4-118 所示的即为拟合公差分别为 0 和 15 时的不同的样条曲线。

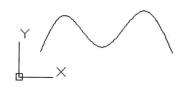

图 4-117 拟合公差为 0 时的样条曲线 **图 4-118 拟合公差为 15 时的样条曲线**

4.6.2 编辑样条曲线

用户能够删除样条曲线的拟合点，也可以提高精度增加拟合点或改变样条曲线的形状。用户还能够让样条曲线封闭或打开，以及编辑起点和终点的切线方向。样条曲线的方向是双向的，其切向偏差是可以改变的。这里所说的精确度是指样条曲线和拟合点的允差。允差越小，精确度越高。

可以向一段样条曲线中增加控制点的数目或改变指定的控制点的密度来提高样条曲线的精确度。同样，用户可以用改变样条曲线的次数来提高精确度。

可以通过以下几种方式执行编辑样条曲线的命令。

(1) 在命令行中输入 splinedit 后按 Enter 键。

(2) 在菜单栏中，选择【修改】|【对象】|【样条曲线】菜单命令。

(3) 单击【修改】面板中的【编辑样条曲线】按钮 ⬧ 。

执行此命令后，在【命令行】中会出现如下信息提示用户选择样条曲线：

命令: _splinedit
选择样条曲线:

选择样条曲线后，AutoCAD 会提示用户选择下面的一个选项作为用户下一步的操作。命令行窗口提示如下：

输入选项 [拟合数据(F)/闭合(C)/移动顶点(M)/精度(R)/反转(E)/放弃(U)]:

下面讲述以上各选项的含义。

(1) 【拟合数据】：编辑定义样条曲线的拟合点数据，包括修改公差。在命令行中输入 F后，按 Enter 键选择此项后，在命令行中会出现如下信息要求用户选择某一项操作，然后在绘图区绘制此样条曲线的插值点会自动呈现高亮显示。

输入拟合数据选项
[添加(A)/闭合(C)/删除(D)/移动(M)/清理(P)/相切(T)/公差(L)/退出(X)]

上面选项的含义及其说明如表 4-1 所示。

表 4-1 选项及其说明

选　项	说　明
添加	在样条曲线外部增加插值点
闭合	闭合样条曲线
删除	从外至内删除
移动	移动插值点
清理	清除拟合数据
相切	调整起点和终点切线方向
公差	调整插值的允差
退出	退出此项操作(默认选项)

(2) 【闭合】：使样条曲线的始末闭合，闭合的切线方向根据始末的切线方向由 AutoCAD

自定。

(3)　【移动顶点】：将拟合点移动到新位置。

(4)　【精度】：在命令行中输入 R 后，按 Enter 键选择此项后，在命令行中会出现如下信息要求用户选择某一项操作：

输入精度选项 [添加控制点(A)/提高阶数(E)/权值(W)/退出(X)]

精度的选项及其含义如表 4-2 所示。

表 4-2　精度的选项及其含义

选　项	含　义
添加控制点	增加插值点
提高阶数	更改插值次数(如该二次插值为三次插值等)
权值	更改样条曲线的磅值(磅值越大，越接近插值点)
退出	退出此步操作

(5)　【反转】：主要是为第三方应用程序使用的，是用来转换样条曲线的方向。

(6)　【放弃】：取消最后一步操作。

4.7　设计案例——绘制曲柄

本范例完成文件：\04\4-1.dwg
多媒体教学路径：光盘→多媒体教学→第 4 章

4.7.1　实例介绍与展示

本节主要介绍运用线、圆等基础绘图工具绘制曲柄。绘制的曲柄效果如图 4-119 所示。

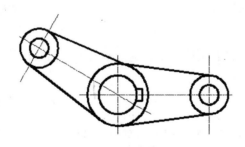

图 4-119　曲柄

4.7.2　新建图层

单击【图层特性】按钮，在打开的【图层特性管理器】对话框中单击【新建图层】按钮，新建【粗实线】和【中心线】图层，如图 4-120 所示。

图 4-120　新建图层

4.7.3　绘制基本图形

步骤01　绘制中心线

①选择【中心线】图层。

②单击【绘图】面板中的【直线】按钮✑，绘制两条坐标为 { (100，100)，(180，100) } 和 { (120，120)，(120，80) } 的中心线，如图 4-121 所示。命令行提示如下：

```
命令: _line:                                        \\使用直线命令
指定第一个点: 100,100                                \\输入起点坐标
指定下一点或 [放弃(U)]: 180,100                       \\输入终点坐标
指定下一点或 [放弃(U)]:                               \\按 Enter 键结束
命令:  LINE                                          \\使用直线命令
指定第一个点: 120,120                                \\输入起点坐标
指定下一点或 [放弃(U)]: 120,80                        \\输入终点坐标
指定下一点或 [放弃(U)]:                               \\按 Enter 键结束
```

③选择【修改】|【偏移】菜单命令，选择垂直线，向右偏移"48"，如图 4-122 所示。
命令行提示如下：

```
命令: _offset                                       \\使用偏移命令
当前设置: 删除源=否    图层=源    OFFSETGAPTYPE=0
指定偏移距离或 [通过(T)/删除(E)/图层(L)] <6.5000>:  48        \\输入偏移距离
选择要偏移的对象，或 [退出(E)/放弃(U)] <退出>:              \\选择垂直线
指定要偏移的那一侧上的点，或 [退出(E)/多个(M)/放弃(U)] <退出>: \\指定右侧一点
```

图 4-121　绘制中心线　　　　　　　　　图 4-122　偏移中心线

步骤02 绘制圆

转换到【粗实线】图层。单击【绘图】面板中的【圆】按钮⊙，以左边中心线的交点为圆心，绘制半径为 16 和 10 的两个圆。命令行提示如下：

```
命令:_circle                                    \\使用圆命令
指定圆的圆心或 [三点(3P)/两点(2P)/切点、切点、半径(T)]:    \\指定圆心
指定圆的半径或 [直径(D)] <4.8400>: 16             \\输入半径值
```

重复执行【圆】命令，以右边中心线的交点为圆心，绘制半径为 10 和 5 的两个圆，绘制结果如图 4-123 所示。

步骤03 绘制公切线

①选择【工具】|【绘图设置】菜单命令，打开【草图设置】对话框，切换到【对象捕捉】选项卡，如图 4-124 所示。

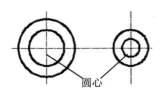

图 4-123　绘制圆　　　　　　图 4-124　【草图设置】对话框

②单击【全部清除】按钮 全部清除 ，然后选中【切点】复选框，选中【启用对象捕捉】复选框，单击【确定】按钮。

③单击【绘图】面板中的【直线】按钮╱，绘制两个外圆的相切直线，如图 4-125 所示。命令行提示如下：

```
命令:_line                                      \\使用直线命令
指定第一个点:                                    \\在圆上指定一点
指定下一点或 [放弃(U)]:                           \\在圆上捕捉下一点
指定下一点或 [放弃(U)]: *取消*                     \\按 Enter 键结束
```

步骤04 绘制辅助线及键槽

①选择【修改】|【偏移】菜单命令，选择水平线分别向上，向下偏移 3，选择垂直线，向右平移 12.8，如图 4-126 所示。命令行提示如下：

```
命令:_offset                                    \\使用偏移命令
当前设置: 删除源=否  图层=源  OFFSETGAPTYPE=0
指定偏移距离或 [通过(T)/删除(E)/图层(L)] <48.0000>: 3   \\输入偏移距离
选择要偏移的对象，或 [退出(E)/放弃(U)] <退出>:          \\选择水平线
指定要偏移的那一侧上的点，或 [退出(E)/多个(M)/放弃(U)] <退出>: \\指定一点
选择要偏移的对象，或 [退出(E)/放弃(U)] <退出>:          \\按 Enter 键结束
```

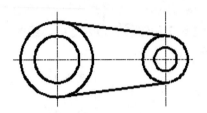

图 4-125　绘制的切线

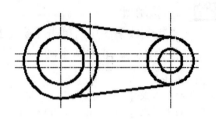

图 4-126　绘制的辅助线

②单击【绘图】面板中的【直线】按钮 ✏，绘制键槽，效果如图 4-127 所示。

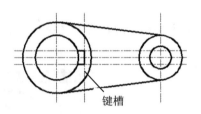

键槽

图 4-127　绘制的键槽

4.7.4　修改编辑图形

①单击【修改】面板中的【修剪】按钮，对圆进行修剪，如图 4-128 所示。命令行提示如下：

```
命令: _trim                                        \\使用修剪命令
当前设置:投影=UCS，边=无
选择剪切边...
选择对象或 <全部选择>: 指定对角点: 找到 15 个        \\选择要修剪的对象
选择对象:                                          \\选择剪切边
选择要修剪的对象，或按住 Shift 键选择要延伸的对象，或  \\选择要剪切的对象
[栏选(F)/窗交(C)/投影(P)/边(E)/删除(R)/放弃(U)]:
```

②单击【修改】面板中的【删除】按钮，删除多余辅助线，如图 4-129 所示。命令行提示如下：

```
命令: _erase                                       \\使用删除命令
选择对象: 找到 1 个                                 \\选择要删除的对象
选择对象: 找到 1 个，总计 2 个                       \\选择要删除的对象
选择对象: 找到 1 个，总计 3 个                       \\选择要删除的对象
选择对象:                                          \\按 Enter 键结束
```

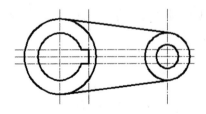

图 4-128　修剪的圆

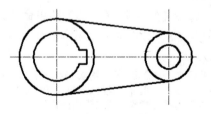

图 4-129　删除多余辅助线

❸ 单击【修改】面板中的【旋转】按钮，以左边圆的圆心为基点，将所绘制的图形进行复制旋转，完成曲柄的绘制，如图 4-130 所示。命令行提示如下。

命令: _rotate   \\使用旋转命令
UCS 当前的正角方向: ANGDIR=逆时针   ANGBASE=0
选择对象: 指定对角点: 找到 12 个
选择对象: \\选择要旋转的对象
指定基点: \\指定左边圆心为基点
指定旋转角度, 或 [复制(C)/参照(R)] <0>: c 旋转一组选定对象。
指定旋转角度, 或 [复制(C)/参照(R)] <0>: 150   \\按 Enter 键结束

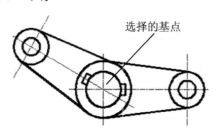

选择的基点

图 4-130　复制并旋转

4.8　本　章　小　结

本章主要介绍了 AutoCAD 2014 中二维平面绘图命令，并对 AutoCAD 绘制平面图形的技巧进行了详细的讲解。通过本章的学习，读者应熟练地掌握 AutoCAD 2014 中绘制基本二维图形的方法。

第 5 章

编辑平面图形

本章导读:

在第 4 章的学习中,读者了解到如何绘制一些基本的图形。在绘图的过程中,会发现某些图形不是一次就可以绘制出来的,并且不可避免地会出现一些错误操作,这时就要用到编辑命令。通过本章的学习,读者应学会一些基本的编辑命令,如删除、移动和旋转、拉伸、比例缩放及拉长、修剪和分解等。

5.1 选择图形

AutoCAD 用虚线亮显选择的对象，这些对象将构成选择集，选择集可以包括单个的对象，也可以包括复杂的对象编组。在 AutoCAD 2014 中，可以在【菜单栏】中选择【工具】|【选项】菜单命令，弹出【选项】对话框，在其中的【选择集】选项卡中设置集模式、拾取框的大小及夹点等。

5.1.1 选择对象的方法

选择对象的方法有很多。例如，可以通过单击对象选择，也可以利用矩形窗口或交叉窗口选择；可以选择最近创建的对象或图形中的所有对象，也可以向选择集中添加或删除对象。

在命令行中输入 "select" 命令并按 Enter 键，然后在命令行中输入 "?"，按 Enter 键，命令行窗口提示如下：

需要点或窗口(W)/上一个(L)/窗交(C)/框(BOX)/全部(ALL)/栏选(F)/圈围(WP)/圈交(CP)/编组(G)/添加 A)/删除(R)/多个(M)/前一个(P)/放弃(U)/自动(AU)/单个(SI)/子对象(SU)/对象(O)

根据提示信息，在命令行中输入相应的字母即可指定选择对象的模式。其中主要选项的含义如下。

● 【窗口】选项：可以通过绘制一个矩形窗口来选择对象。当指定了矩形窗口的两个对角点时，所有部分均位于矩形窗口内的对象将被选中，效果如图 5-1 所示。

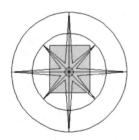
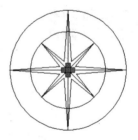

图 5-1　使用【窗口】选项选择图形

● 【窗交】选项：使用交叉窗口选择对象，与用【窗口】选择方式选择对象的方法类似，但全部位于窗口之内或与窗口边界相交的对象都将被选中。在定义交叉窗口的矩形窗口时，以虚线方式显示矩形边界，以区别与【窗口】选择方式，效果如图 5-2 所示。

图 5-2　使用【窗交】选项选择图形

- 【编组】选项：使用组名称来选择一个已定义的对象编辑组。使用该选项的前提是必须有编组对象。例如，新建一个编组，组名为"小圆"，使用该方法选择"小圆"后的效果如图 5-3 所示。

图 5-3　使用【编组】选项选择图形

5.1.2　过滤选择图形

在命令行中输入"filter"命令，按 Enter 键，弹出【对象选择过滤器】对话框，如图 5-4 所示。其中可以以对象的类型(圆、圆弧等)、图层、颜色、线性或线宽等特性为条件，过滤选择符合设定条件的图形对象。此时，必须考虑图形中的这些特性是否设置为随层。

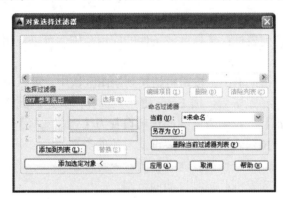

图 5-4　【对象选择过滤器】对话框

【对象选择过滤器】对话框中最上面的列表中将显示当前设置的过滤条件。该对话框中其他各主要选项的含义如下。

- 【选择过滤器】选项组：在其中设置选择过滤器的类型。该选项组主要包括【选择过滤器】下拉列表框，X、Y、Z 下拉列表框，【添加到列表】按钮，【替换】按钮和【添加选定对象】按钮。
- 【编辑项目】按钮：单击该按钮，可以编辑过滤器列表框中选中的选项。
- 【删除】按钮：单击该按钮，可以删除过滤器列表框中选中的选项。
- 【命名过滤器】选项组：选择已命名的过滤器。该选项组主要包括【当前】下拉列表框、【另存为】按钮和【删除当前过滤器列表】按钮。

5.1.3　快速选择图形

在 AutoCAD 2014 中，当需要选择具有某些共同特性的对象时，可以通过选择【工具】|

【快速选择】菜单命令，弹出【快速选择】对话框，如图 5-5 所示。在对话框中根据对象的图层、线型、颜色、图案填充等特性，创建选择集。

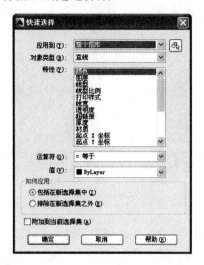

图 5-5 【快速选择】对话框

【快速选择】对话框中各主要选项的含义如下。

- 【应用到】下拉列表框：选择过滤条件的应用范围，可以应用于整个图形，也可以应用到当前选择集。
- 【选择对象】按钮：单击该按钮将切换到绘图区域中，可以根据当前所指定过滤条件来选择对象，选择完毕后，按 Enter 键结束选择，并返回到【快速选择】对话框中，同时将【应用到】下拉列表框中的选项设置为【当前选择】。
- 【对象类型】下拉列表框：指定要过滤对象的类型。
- 【特性】列表框：指定作为过滤条件的对象特性。
- 【运算符】下拉列表框：控制过滤的范围。
- 【值】下拉列表框：设置过滤的特性值。
- 【如何应用】选项组：选中其中的【包括在新选择集中】单选按钮，则由满足过滤条件的对象构成选择集；选中【排除在新选择集之外】单选按钮，则由不满足过滤条件的对象构成选择集。
- 【附加到当前选择集】复选框：指定由 QSELECT 命令所创建的选择集时追加到当前的选择集中，还可以替换当前选择集。

5.1.4 使用编组

在 AutoCAD 2014 中，可以将图形对象进行编辑组以创建一种选择集，从而使进行图形编辑时选择图形更加方便、快捷、准确。

1. 创建编组

编组是已经命名的选择集，随图层一起被保存，一个对象可以作为多个编组的成员。在命令行输入 "classicgroup" 命令并按 Enter 键，弹出【对象编组】对话框，如图 5-6 所示。

【对象编组】对话框中各主要选项的含义如下。

● 【编组名】列表框：显示当前图形中已存在的对象编组名称。

● 【编组标识】选项组：设置编组的名称及说明等。该选项组主要包括【编组名】文本框、【说明】文本框、【查找名称】按钮、【亮显】按钮和【包含未命名的】复选框。

● 【创建编组】选项组：创建一个有名称或无名称的新组。该选项组主要包括【新建】按钮、【可选择的】复选框和【未命名的】复选框。

2. 修改编组

在【对象编组】对话框中，使用【修改编组】选项组中的选项，可以修改对象编组中的单个成员或编组对象本身。只有在【编组名】列表框中选择一个对象编组后，该选项区的按钮才可以用。

● 【删除】按钮：单击该按钮，切换到绘图区域，从中删除要从编组中删除的对象。

● 【添加】按钮：单击该按钮，切换到绘图区域，添加要加入编组的图形对象。

● 【重命名】按钮：单击该按钮，可以在【编组标识】选项组的【编组名】文本框中输入新的名称。

● 【重排】按钮：单击该按钮，打开【编组排序】对话框，如图 5-7 所示。从中可以重排编组中的对象顺序。

图 5-6　【对象编组】对话框　　　图 5-7　【编组排序】对话框

● 【说明】按钮：单击该按钮，可以在【编组标识】选项组的【说明】文本框中修改对所选对象编组的说明。

● 【分解】按钮：单击该按钮，可以取消所选对象的编组。

● 【可选择的】按钮：单击该按钮，可以控制对象编组的可选择性。

5.2　删除和恢复图形

在绘制图形的过程中，经常需要删除一些辅助图形及多余的图形，有时还需要对误删的图形进行恢复操作，本节将介绍删除和恢复图形的方法。

5.2.1 删除图形

在绘图的过程中，删除一些多余的图形是常见的，这时就要用到删除命令。

执行删除命令的 3 种方法如下。

(1) 单击【修改】面板上的【删除】按钮。

(2) 在命令行中输入"E"后按 Enter 键。

(3) 在菜单栏中，选择【修改】|【删除】菜单命令。

操作上面的任意一种方法后在编辑区会出现□图标，而后移动鼠标指针到要删除图形对象的位置。单击图形后再右击或按 Enter 键，即可完成删除图形的操作。

5.2.2 恢复图形

用户在执行【删除】命令时，可能会不小心删除某些有用的图形，这时可以用【恢复】命令来帮助用户改正操作失误。用户只要在命令行中输入"oops"命令并按 Enter 键确认，就可以恢复到上一步。

> **注 意**
>
> 【恢复】命令只能恢复最近一次删除命令所删除的图形对象。若连续多次使用【删除】命令后，想要恢复前几次删除的图形对象，则只能使用【放弃】命令。

5.3 放弃和重做

在绘制过程中，有时并不是当时就能发现错误，而要等绘制了多步后才发现，此时就不能用【恢复】命令，只能使用【放弃】命令，放弃前几步所绘制的图形，往往在进行机械设计时，一次性设计成功的概率往往很小。这时用户可以利用【放弃】或【重做】命令来完成图形的绘制。

5.3.1 放弃命令

在 AutoCAD 2014 中，可以通过以下 3 种方法执行删除命令。

(1) 选择【编辑】|【放弃】菜单命令。

(2) 在命令行中输入"undo"后按 Enter 键。

(3) 在快速访问工具栏上单击【放弃】按钮。

5.3.2 重做命令

重做的功能是重做上一次使用 undo 命令所放弃的命令操作。在 AutoCAD 2010 中，可以通过以下 4 种方法调用【重做】命令。

(1) 选择【编辑】|【重做】菜单命令。

(2) 在命令行中输入"redo"后按 Enter 键。

(3) 在快速访问工具栏上单击【放弃】按钮 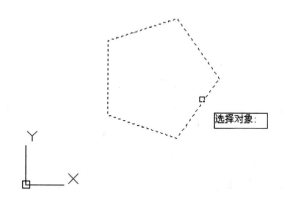。

(4) 使用 Ctrl+Y 键。

5.4 复制、偏移、镜像和阵列

使用【复制】、【偏移】、【镜像】和【阵列】命令处理图形对象，可以将图形对象进行复制，创建出与原图相同或相似的图形。

5.4.1 复制图形

AutoCAD 为用户提供了复制命令，把已绘制好的图形复制到其他地方。

执行复制命令的 3 种方法如下。

(1) 单击【修改】面板中的【复制】按钮 。

(2) 在命令行中输入"copy"命令后按 Enter 键。

(3) 在菜单栏中，选择【修改】|【复制】菜单命令。

选择【复制】命令后，命令行窗口提示如下：

命令:_copy
选择对象:

在提示下选取实体，如图 5-8 所示，命令行也将显示选中一个物体。命令行窗口提示如下：

选择对象: 找到 1 个

图 5-8 选取实体后绘图区所显示的图形

选取实体后绘图区如图 5-8 所示。

选择对象:

在 AutoCAD 中，此命令默认用户会继续选择下一个实体，右击或按 Enter 键即可结束选择。

AutoCAD 会提示用户指定基点或位移，在绘图区选择基点。命令行窗口提示如下：

指定基点或 [位移(D)/模式(O)] <位移>:

指定基点后绘图区如图 5-9 所示。

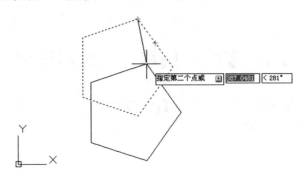

图 5-9　指定基点后绘图区所显示的图形

指定基点后，命令行将提示用户指定第二点或 <使用第一个点作为位移>。命令行窗口提示如下：

指定基点或 [位移(D)/模式(O)] <位移>: 指定第二个点或 <使用第一个点作为位移>:

指定第二点后绘图区如图 5-10 所示。

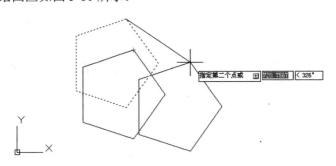

图 5-10　指定第二点后绘图区所显示的图形

指定完第二点，命令行将提示用户指定第二点或 [退出(E)/放弃(U)] <退出>。命令行窗口提示如下：

指定第二个点或 [退出(E)/放弃(U)] <退出>:

用此命令绘制的图形如图 5-11 所示。

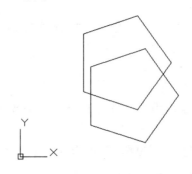

图 5-11　用 Copy 命令绘制的图形

5.4.2　偏移图形

当两个图形严格相似，只是在位置上有偏差时，可以用偏移命令。AutoCAD 提供了偏移命令使用户可以很方便地绘制此类图形，特别是要绘制许多相似的图形时，此命令要比使用复制命令快捷。

执行偏移命令的 3 种方法如下。

(1)　单击【修改】面板中的【偏移】按钮　。

(2)　在命令行中输入"offset"命令后按 Enter 键。

(3)　在菜单栏中，选择【修改】|【偏移】菜单命令。

命令行窗口提示如下：

命令: _offset
当前设置: 删除源=否　图层=源　OFFSETGAPTYPE=0
指定偏移距离或 [通过(T)/删除(E)/图层(L)] <10.0000>:　20

指定偏移距离后绘图区如图 5-12 所示。

选择要偏移的对象，或 [退出(E)/放弃(U)] <退出>:

选择要偏移的对象后绘图区如图 5-13 所示。

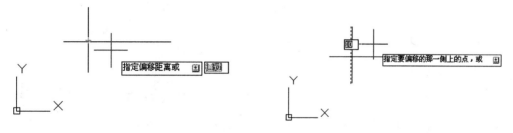

图 5-12　指定偏移距离后绘图区所显示的图形　　图 5-13　选择要偏移的对象后绘图区所显示的图形

指定要偏移的那一侧上的点，或 [退出(E)/多个(M)/放弃(U)] <退出>:

指定要偏移的那一侧上的点后绘制的图形如图 5-14 所示。

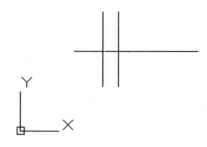

图 5-14　用偏移命令绘制的图形

5.4.3　镜像图形

AutoCAD 为用户提供了镜像命令，把已绘制好的图形复制到其他地方。

执行镜像命令的 3 种方法如下。

(1) 单击【修改】面板中的【镜像】按钮▲。

(2) 在命令行中输入"mirror"命令后按 Enter 键。

(3) 在菜单栏中,选择【修改】|【镜像】菜单命令。

命令行窗口提示如下:

命令: _mirror
选择对象: 找到 1 个

选取实体后绘图区如图 5-15 所示。

选择对象:

在 AutoCAD 中,此命令默认用户会继续选择下一个实体,右击或按 Enter 键即可结束选择。然后在提示下选取镜像线的第 1 点和第 2 点。

指定镜像线的第一点: 指定镜像线的第二点:

指定镜像线的第一点后绘图区如图 5-16 所示。

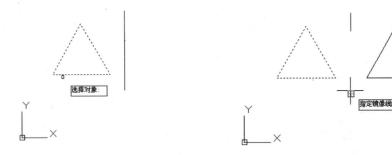

图 5-15　选取实体后绘图区所显示的图形　　图 5-16　指定镜像线的第一点后绘图区所显示的图形

AutoCAD 会询问用户是否要删除原图形,在此输入 N 后按 Enter 键。

要删除源对象吗? [是(Y)/否(N)] <N>: n

用此命令绘制的图形如图 5-17 所示。

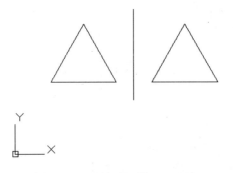

图 5-17　用镜像命令绘制的图形

5.4.4　阵列图形

AutoCAD 为用户提供了阵列命令,把已绘制的图形复制到其他地方。

执行阵列命令的 3 种方法如下。

(1) 单击【修改】工具栏中的【阵列】按钮 ⬚⬚。

(2) 在命令行中输入"arrayclassic"命令后按 Enter 键。

(3) 在菜单栏中，选择【修改】|【阵列】菜单命令。

AutoCAD 会自动打开如图 5-18 所示的【阵列】对话框。

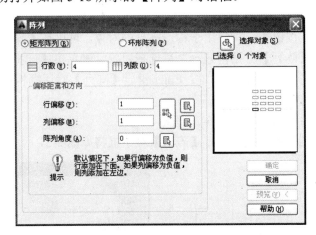

图 5-18 【阵列】对话框

下面介绍【阵列】对话框中各参数项的设置。

在对话框最上面有【矩形阵列】和【环形阵列】两个单选按钮，是阵列的两种方式。使用【矩形阵列】选项创建选定对象的副本的行和列阵列。使用【环形阵列】选项通过围绕圆心复制选定对象来创建阵列。

对话框中的【行数】和【列数】文本框可输入阵列的行数和列数。

(1) 【行偏移】：按单位指定行间距。要向下添加行，指定负值。若要使用定点设备指定行间距，则单击【拾取两者偏移】按钮或【拾取行偏移】按钮。

(2) 【列偏移】：按单位指定列间距。要向左边添加列，指定负值。若要使用定点设备指定列间距，则单击【拾取两者偏移】按钮或【拾取列偏移】按钮。

(3) 【阵列角度】：指定旋转角度。此角度通常为 0，因此行和列与当前 UCS 的 X 和 Y 图形坐标轴正交。使用 UNITS 可以更改测量单位。阵列角度受 ANGBASE 和 ANGDIR 系统变量影响。

(4) 【拾取两个偏移】按钮：如图 5-19 所示。临时关闭【阵列】对话框，这样可以使用定点设备指定矩形的两个斜角，从而设置行间距和列间距。

图 5-19 【拾取两个偏移】按钮

(5) 【拾取行偏移】按钮🔲：临时关闭【阵列】对话框，这样可以使用定点设备来指定行间距。ARRAY 提示用户指定两个点，并使用这两个点之间的距离和方向来指定【行偏移】中的值。

(6) 【拾取列偏移】按钮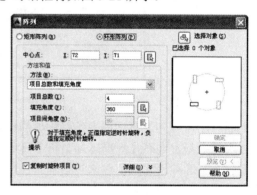：临时关闭【阵列】对话框，这样可以使用定点设备来指定列间距。ARRAY 提示用户指定两个点，并使用这两个点之间的距离和方向来指定【列偏移】中的值。

(7) 【拾取阵列的角度】按钮：临时关闭【阵列】对话框，这样可以输入值或使用定点设备指定两个点，从而指定旋转角度。使用 UNITS 可以更改测量单位。阵列角度受 ANGBASE 和 ANGDIR 系统变量影响。

(8) 【选择对象】按钮：指定用于构造阵列的对象。可以在【阵列】对话框显示之前或之后选择对象。要在【阵列】对话框显示之后选择对象，则单击【选择对象】按钮，【阵列】对话框将暂时关闭。完成对象选择后，按 Enter 键。【阵列】对话框将重新显示，并且选定对象将显示在【选择对象】按钮下面。

用【矩形阵列】绘制的图形如图 5-20 所示。

当选中【环形阵列】单选按钮后，【阵列】对话框将如图 5-21 所示。

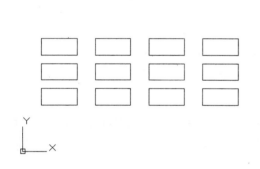

图 5-20　矩形阵列的图形　　　　图 5-21　选中【环形阵列】单选按钮后的【阵列】对话框

(9) 【中心点】：指定环形阵列的中心点。输入 X 和 Y 坐标值，或单击【拾取中心点】按钮以使用定点设备指定中心点。

(10) 【拾取中心点】按钮：将临时关闭【阵列】对话框，以便用户使用定点设备在绘图区域中指定中心点。

(11) 【方法和值】：指定用于定位环形阵列中的对象的方法和值。

(12) 【方法】：设置定位对象所用的方法。此设置控制哪些【方法和值】字段可用于指定值。例如，如果方法为【要填充的项目和角度总数】，则可以使用相关字段来指定值；【项目间的角度】字段不可用。

(13) 【项目总数】：设置在结果阵列中显示的对象数目。默认值为 4。

(14) 【填充角度】：通过定义阵列中第一个和最后一个元素的基点之间的包含角来设置阵列大小。正值指定逆时针旋转。负值指定顺时针旋转。默认值为 360。不允许值为 0。

(15) 【项目间角度】：设置阵列对象的基点和阵列中心之间的包含角。输入一个正值。默认方向值为 90。

注　意

可以选择拾取键并使用定点设备来为【要填充角度】和【项目间角度】指定值。

(16)【拾取要填充的角度】按钮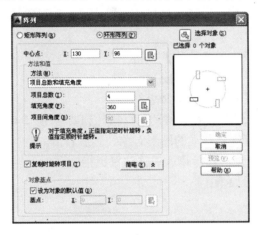：临时关闭【阵列】对话框，这样可以定义阵列中第一个元素和最后一个元素的基点之间的包含角。ARRAY 提示在绘图区域参照一个点选择另一个点。

(17)【拾取项目间角度】按钮：临时关闭【阵列】对话框，这样可以定义阵列对象的基点和阵列中心之间的包含角。ARRAY 提示在绘图区域参照一个点选择另一个点。

(18)【复制时旋转项目】：预览区域所示旋转阵列中的项目。

(19)【详细】/【简略】按钮　详细(0)　：打开和关闭【阵列】对话框中的附加选项的显示。选择【详细】时，将显示附加选项，此按钮名称变为【简略】，如图 5-22 所示。

图 5-22　选择【详细】按钮后附加选项的显示

(20)【对象基点】：相对于选定对象指定新的参照(基准)点，对对象指定阵列操作时，这些选定对象将与阵列中心点保持不变的距离。要构造环形阵列，ARRAY 将确定从阵列中心点到最后一个选定对象上的参照点(基点)之间的距离。所使用的点取决于对象类型。

(21)【设为对象的默认值】：使用对象的默认基点定位阵列对象。若要手动设置基点，则取消启用此复选框。

(22)【基点】：设置新的 X 和 Y 基点坐标。选择【拾取基点】临时关闭对话框，并指定一个点。指定了一个点后，【阵列】对话框将重新显示。

注　意

构造环形阵列而且不旋转对象时，要避免意外结果，请手动设置基点。

用【环形阵列】绘制的图形如图 5-23 所示。

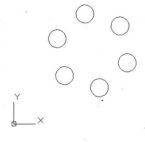

图 5-23　环形阵列的图形

5.5 移动和旋转图形

在绘制图形过程中，经常需要调整图形的位置和方向，这就会涉及对图形对象进行移动、旋转等操作。

5.5.1 移动图形

移动图形对象是使某一图形沿着基点移动一段距离，使对象到达合适的位置。

执行移动命令的 3 种方法如下。

(1) 单击【修改】面板中的【移动】按钮 ✛。
(2) 在命令行中输入"M"命令后按 Enter 键。
(3) 选择【修改】|【移动】菜单命令。

选择【移动】命令后出现 □ 图标，移动鼠标指针到要移动图形对象的位置。单击选择需要移动的图形对象，然后右击。AutoCAD 提示用户选择基点，选择基点后移动鼠标指针至相应的位置。命令行窗口提示如下：

命令: _move
选择对象: 找到 1 个

选取实体后绘图区如图 5-24 所示。

选择对象:
指定基点或 [位移(D)] <位移>: 指定第二个点或 <使用第一个点作为位移>:

指定基点后绘图区如图 5-25 所示。

最终绘制的图形如图 5-26 所示。

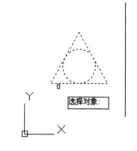

图 5-24 选取实体后绘图区所显示的图形

图 5-25 指定基点后绘图区所显示的图形　　图 5-26 用移动命令将图形对象由原来位置移动到需要的位置

5.5.2 旋转图形

旋转对象是指用户将图形对象转一个角度使之符合用户的要求，旋转后的对象与原对象的距离取决于旋转的基点与被旋转对象的距离。

执行旋转命令的 3 种方法如下。

(1) 单击【修改】面板中的【旋转】按钮 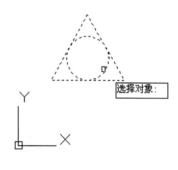。

(2) 在命令行中输入 "rotate" 命令后按 Enter 键。

(3) 在菜单栏中，选择【修改】|【旋转】菜单命令。

执行此命令后出现 ▫ 图标，移动鼠标指针到要旋转的图形对象的位置，单击选择完需要移动的图形对象后右击，AutoCAD 提示用户选择基点，选择基点后移动鼠标指针至相应的位置。命令行窗口提示如下：

命令: _rotate
UCS 当前的正角方向: ANGDIR=逆时针 ANGBASE=0
选择对象: 找到 1 个

此时绘图区如图 5-27 所示。

选择对象:
指定基点:

指定基点后绘图区如图 5-28 所示。

指定旋转角度，或 [复制(C)/参照(R)] <0>:

最终绘制的图形如图 5-29 所示。

图 5-27　选取实体后绘图区所
显示的图形

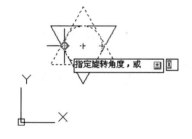

图 5-28　指定基点后绘图区所显示的图形

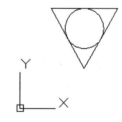

图 5-29　用旋转命令绘制的图形

5.6　修改图形的形状和大小

使用修剪和延伸命令，可以缩短或延长图形对象，使其与其他对象的边相接。也可以使用缩放、拉伸和拉长命令，按比例增大或缩小对象或在一个方向上调整对象的大小。

5.6.1　修剪图形

修剪命令的功能是将一个对象以另一个对象或它的投影面作为边界进行精确的修剪编辑。执行【修剪】命令的 3 种方法如下。

(1) 单击【修改】面板中的【修剪】按钮 。

(2) 在命令行中输入 "trim" 命令后按 Enter 键。

(3) 在菜单栏中，选择【修改】|【修剪】菜单命令。

选择【修剪】命令后出现 ▫ 图标，在命令行中出现如下提示，要求用户选择实体作为将要

被修剪实体的边界，这时可选取修剪实体的边界。

命令行窗口所示如下：

命令: _trim
当前设置:投影=UCS，边=延伸
选择剪切边...
选择对象或 <全部选择>: 找到 1 个

选择对象后绘图区如图 5-30 所示。

选择对象:
选择要修剪的对象，或按住 Shift 键选择要延伸的对象，或
[栏选(F)/窗交(C)/投影(P)/边(E)/删除(R)/放弃(U)]: e

选择边(E)后绘图区如图 5-31 所示。

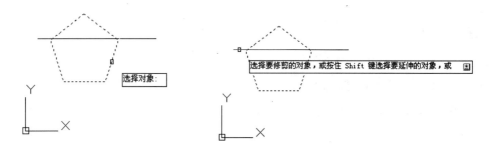

图 5-30 选择对象后绘图区所显示的图形 图 5-31 选择边(E)后绘图区所显示的图形

输入隐含边延伸模式 [延伸(E)/不延伸(N)] <延伸>: N
选择要修剪的对象，或按住 Shift 键选择要延伸的对象，或[栏选(F)/窗交(C)/投影(P)/边(E)/删除(R)/放弃(U)]:

选择要修剪的对象后绘制的图形如图 5-32 所示。

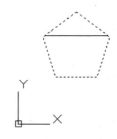

图 5-32 用修剪命令绘制的图形

提 示

在修剪命令中，AutoCAD 会一直认为用户要修剪实体，直至按空格键或 Enter 键为止。

5.6.2 延伸图形

AutoCAD 提供的延伸命令正好与修剪命令相反，它是将一个对象或它的投影面作为边界进行延长编辑。

执行【延伸】命令的 3 种方法如下。

(1) 单击【修改】面板中的【延伸】按钮 。

(2) 在命令行中输入"extend"命令后按 Enter 键。

(3) 在菜单栏中，选择【修改】|【延伸】菜单命令。

执行【延伸】命令后出现捕捉按钮图标 ，在命令行中出现如下提示，要求用户选择实体作为将要被延伸的边界，这时可选取延伸实体的边界。

命令行窗口提示如下：

命令: _extend
当前设置:投影=视图，边=延伸
选择边界的边...
选择对象或 <全部选择>: 找到 1 个

选取对象后绘图区如图 5-33 所示。

选择对象:
选择要延伸的对象，或按住 Shift 键选择要修剪的对象。

或

[栏选(F)/窗交(C)/投影(P)/边(E)/放弃(U)]: e

选择边(E)后绘图区如图 5-34 所示。

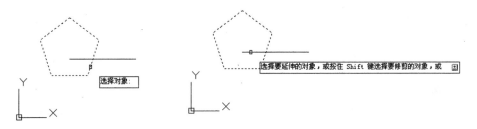

图 5-33 选取对象后绘图区所显示的图形　　图 5-34 选择边(E)后绘图区所显示的图形

输入隐含边延伸模式 [延伸(E)/不延伸(N)] <延伸>:e
选择要延伸的对象，或按住 Shift 键选择要修剪的对象，或[栏选(F)/窗交(C)/投影(P)/边(E)/放弃(U)]:

用延伸命令绘制的图形如图 5-35 所示。

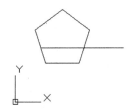

图 5-35 用延伸命令绘制的图形

提 示

在延伸命令中，AutoCAD 会一直认为用户要延伸实体，直至用户按空格键或按 Enter 键为止。

5.6.3 缩放图形

在 AutoCAD 中，可以通过缩放命令来使实际的图形对象放大或缩小。

执行缩放命令的 3 种方法如下。

(1) 单击【修改】面板中的【缩放】按钮 🔲。

(2) 在命令行中输入 "scale" 命令后按 Enter 键。

(3) 在菜单栏中，选择【修改】|【缩放】菜单命令。

执行此命令后出现 🔲 图标，AutoCAD 提示用户选择需要缩放的图形对象后移动鼠标指针到要缩放的图形对象位置。单击选择需要缩放的图形对象后右击，AutoCAD 提示用户选择基点。选择基点后在命令行中输入缩放比例系数后按 Enter 键，缩放完毕。命令行窗口提示如下：

```
命令: _scale
选择对象: 找到 1 个
```

选取实体后绘图区如图 5-36 所示。

```
选择对象:
指定基点:
```

指定基点后绘图区如图 5-37 所示。

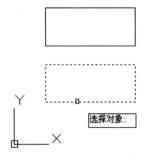

图 5-36 选取实体后绘图区所显示的图形　　图 5-37 指定基点后绘图区所显示的图形

```
指定比例因子或 [复制(C)/参照(R)] <1.5000>:
```

绘制的图形如图 5-38 所示。

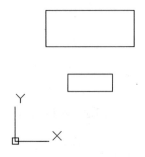

图 5-38 用缩放命令将图形对象缩小的最终效果

5.6.4　拉伸图形

在 AutoCAD 中，允许将对象端点拉伸到不同的位置。当将对象的端点放在交选框的内部时，可以单方向拉伸图形对象，而将新的对象与原对象的关系保持不变。

执行【拉伸】命令的 3 种方法如下。

(1)　单击【修改】面板中的【拉伸】按钮 ⬚。

(2)　在命令行中输入"stretch"命令后按 Enter 键。

(3)　在菜单栏中，选择【修改】|【拉伸】菜单命令。

选择【拉伸】命令后出现 ⬚ 图标，命令行窗口提示如下：

命令: _stretch
以交叉窗口或交叉多边形选择要拉伸的对象...
选择对象:

选择对象后绘图区如图 5-39 所示。

指定对角点: 找到 1 个, 总计 1 个

指定对角点后绘图区如图 5-40 所示。

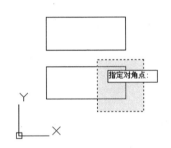

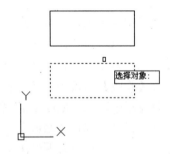

图 5-39　选择对象后绘图区所显示的图形　　图 5-40　指定对角点后绘图区所显示的图形

选择对象:
指定基点或 [位移(D)] <位移>:

指定基点后绘图区如图 5-41 所示。

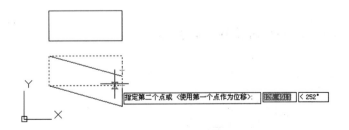

图 5-41　指定基点后绘图区所显示的图形

指定第二个点或 <使用第一个点作为位移>:

指定第二个点后绘制的图形如图 5-42 所示。

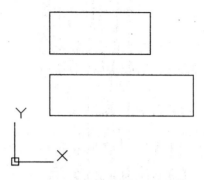

图 5-42　用拉伸命令绘制的图形

> **提　示**
>
> 　　圆等不能拉伸，选择拉伸命令时圆、点、块以及文字是特例。当基点在圆心、点的中心、块的插入点或文字行的最左边的点时是移动图形对象而不会拉伸。当基点在此中心之外，不会产生任何影响。

5.6.5　拉长图形

在已绘制好的图形上，有时用户需要将图形的直线、圆弧的尺寸放大或缩小，或者要知道直线的长度值，可以用拉长命令来改变长度或读出长度值。

执行【拉长】命令的 3 种方法如下。

(1)　单击【修改】面板中的【拉长】按钮 ⬚。

(2)　在命令行中输入"lengthen"命令后按 Enter 键。

(3)　在菜单栏中，选择【修改】|【拉长】菜单命令。

选择【拉长】命令后出现 ⬚ 图标，这时在命令行中显示如下提示信息：

命令: _lengthen
选择对象或 [增量(DE)/百分数(P)/全部(T)/动态(DY)]: DE
输入长度增量或 [角度(A)] <26.7937>: 50

输入长度增量后绘图区如图 5-43 所示。

选择要修改的对象或 [放弃(U)]:

单击要修改的对象后绘制的图形如图 5-44 所示。

图 5-43　输入长度增量后绘图区所显示的图形　　　　图 5-44　用拉长命令绘制的图形

在执行【拉长】命令时，会出现部分让用户选择的命令，分别介绍如下。

- 【增量】：是差值(当前长度与拉长后长度的差值)。
- 【百分数】：选择百分数命令后，在【命令行】输入大于 100 的数值就会拉长对象；反之输入小于 100 的数值就会缩短对象。
- 【全部】：是总长(拉长后图形对象的总长)。
- 【动态】：是动态拉长(动态地拉长或缩短图形实体)。

提 示

所有的将要被拉长的图形实体的端点是对象上离选择点最近的端点。

5.7 设计范例——绘制平板

本范例完成文件：\05\5-1.dwg
多媒体教学路径：光盘→多媒体教学→第 5 章

5.7.1 实例介绍与展示

本节通过一个平板平面图的具体案例，介绍编辑图形的方法。绘制平面图形之前要先对图形进行分析，一般都是按照一定的顺序来绘制的，对于那些定形和定位尺寸齐全的图线，一般称它们为已知线段，应该首先绘制，尺寸不齐全的线段后绘制。这个范例的效果如图 5-45 所示。下面来具体介绍其绘制步骤。

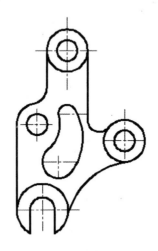

图 5-45　平板效果

5.7.2 绘制平板轮廓

步骤01　绘制中心线

❶首先要绘制水平和竖直直线作为中心线，从而通过它们的交点确定圆心位置，简单的直线绘制在前面的章节中已经介绍了，这里不再赘述。

❷绘制直线后，单击【修改】面板中的【偏移】按钮，分别将水平线向上偏移 50、110。将垂直线向右偏移 20、60。命令行提示如下：

```
命令:_offset                                          \\使用偏移命令
当前设置: 删除源=否   图层=源   OFFSETGAPTYPE=0
指定偏移距离或 [通过(T)/删除(E)/图层(L)] <通过>:  60    \\指定偏移的距离
选择要偏移的对象，或 [退出(E)/放弃(U)] <退出>:         \\选择绘制好的中心线
指定要偏移的那一侧上的点，或 [退出(E)/多个(M)/放弃(U)] <退出>:  \\指定一点
```

按此方法绘制的中心线如图 5-46 所示。

步骤02 绘制圆

单击【绘图】面板中的【圆】按钮，以第 1 个中心线交点为圆心绘制直径为 14、28 的同心圆，以第 2 个中心线交点为圆心绘制直径为 14、28 同心圆，再以第 3 个中心线交点为圆心绘制直径为 17、35 的同心圆，如图 5-47 所示。命令行提示如下：

```
命令:_circle                                          \\使用圆命令
[三点(3P)/两点(2P)/切点、切点、半径(T)]:
                                                     \\选择刚才绘制的中心线的交点
指定圆的半径或 [直径(D)] <46.0000>: d                  \\指定为直径方式
指定圆的直径 <92.0000>:14                              \\输入直径数值
```

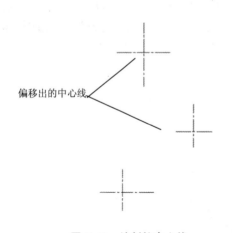

图 5-46 绘制的中心线

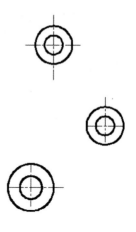

图 5-47 绘制的圆

步骤03 绘制垂直线

单击【绘图】面板中的【直线】按钮，以圆的两个象限点为起点和终点，绘制两条垂直线，如图 5-48 所示。命令行提示如下：

```
命令:_line                                            \\使用直线命令
指定第一点:                                            \\捕捉圆的象限点
指定下一点或 [放弃(U)]:                                 \\指定直线端点
```

重复执行【直线】命令，绘制剩余的垂直线，如图 5-49 所示。

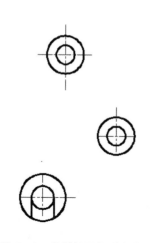
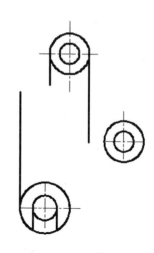

图 5-48　绘制的两条垂直线　　　　图 5-49　绘制其余的垂直线

5.7.3　绘制平板细节

步骤01　修剪

单击【修改】面板中的【修剪】按钮，选择需要修剪的线段，进行修剪，如图 5-50 所示。命令行提示如下：

命令: _trim　　　　　　　　　　　　　　　　　\\使用修剪命令
当前设置:投影=UCS，边=无
选择剪切边...
选择对象或 <全部选择>:
选择要修剪的对象，或按住 Shift 键选择要延伸的对象，或　　\\选择要修剪的对象
[栏选(F)/窗交(C)/投影(P)/边(E)/删除(R)/放弃(U)]:　　　　\\执行修剪操作

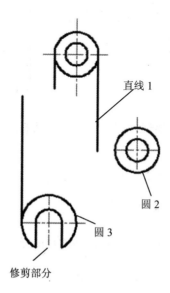

直线 1

圆 2

圆 3

修剪部分

图 5-50　修剪完成的图形

步骤02 倒圆

单击【修改】面板中的【圆角】按钮 ，选择直线 1 和圆 2，指定圆角半径为 8，对图形倒圆角。命令行提示如下：

命令: _fillet   \\使用圆角命令
当前设置: 模式 = 修剪，半径 = 21.0000
选择第一个对象或 [放弃(U)/多段线(P)/半径(R)/修剪(T)/多个(M)]: r
指定圆角半径 <21.0000>: 8   \\输入半径值
选择第一个对象或 [放弃(U)/多段线(P)/半径(R)/修剪(T)/多个(M)]:   \\选择直线 1
选择第二个对象，或按住 Shift 键选择要应用角点的对象: \\选择圆 2

按照此方法对圆 2、圆 3 倒圆角，指定圆角半径为 49。结果如图 5-51 所示。

步骤03 绘制中心线

单击【修改】面板中的【偏移】按钮 ，将水平线向上偏移 32、57、64，将垂直线向左偏移 3.5，向右偏移 11。绘制的中心线如图 5-52 所示。命令行提示如下。

命令: _offset   \\使用偏移命令
当前设置: 删除源=否   图层=源   OFFSETGAPTYPE=0
指定偏移距离或 [通过(T)/删除(E)/图层(L)] <通过>: 32   \\指定偏移的距离
选择要偏移的对象，或 [退出(E)/放弃(U)] <退出>:   \\选择水平中心线
指定要偏移的那一侧上的点，或 [退出(E)/多个(M)/放弃(U)] <退出>:   \\指定一点

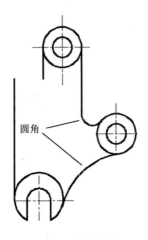

图 5-51　进行倒圆

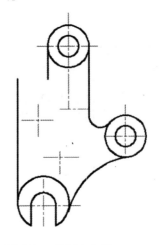

图 5-52　绘制中心线

步骤04 绘制圆

单击【绘图】面板中的【圆】按钮 ，分别以中心线交点为圆心绘制半径为 6、7、11、14 的圆，如图 5-53 所示。命令行提示如下：

命令: _circle
指定圆的圆心或 [三点(3P)/两点(2P)/切点、切点、半径(T)]:
                                                      \\选择刚才绘制的中心线的交点
指定圆的半径或 [直径(D)] <6.0000>: 11   \\指定半径

步骤05 绘制其他圆

单击【绘图】面板中的【圆】按钮 ，运用【相切，相切，半径】方式，选择切点，分

别绘制半径为 21、36 的圆，如图 5-54 所示。命令行提示如下：

命令: _circle   \\使用圆命令
指定圆的圆心或 [三点(3P)/两点(2P)/切点、切点、半径(T)]: _T
指定对象与圆的第一个切点: \\确定第 1 相切点
指定对象与圆的第二个切点: \\确定第 2 个相切点
指定圆的半径 <11.0000>: 21   \\指定圆半径

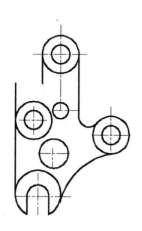

图 5-53　绘制的圆

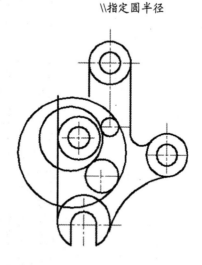

图 5-54　绘制的其他圆

步骤06　修剪轮廓线

单击【修改】面板中的【修剪】按钮 ，选择需要修剪的线段，进行修剪，如图 5-55 所示。命令行提示如下：

命令: _trim   \\使用修剪命令
当前设置:投影=UCS，边=无
选择剪切边...
选择对象或 <全部选择>:
选择要修剪的对象，或按住 Shift 键选择要延伸的对象，或   \\选择要修剪的对象
[栏选(F)/窗交(C)/投影(P)/边(E)/删除(R)/放弃(U)]:   \\执行修剪操作

直线 1

曲线 2

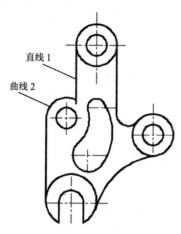

图 5-55　修剪完成的轮廓

步骤07 倒圆

单击【修改】面板中的【倒圆】按钮，选择需要倒圆的直线 1 和曲线 2，进行倒圆。
命令行提示如下：

```
命令: _fillet                                                       \\使用圆角命令
当前设置: 模式 = 修剪，半径 = 8.0000
选择第一个对象或 [放弃(U)/多段线(P)/半径(R)/修剪(T)/多个(M)]: r
指定圆角半径 <8.0000>: 11                                           \\输入半径值
选择第一个对象或 [放弃(U)/多段线(P)/半径(R)/修剪(T)/多个(M)]:        \\选择直线 1
选择第二个对象，或按住 Shift 键选择要应用角点的对象:                  \\选择曲线 2
```

至此，完成平板图形的绘制，如图 5-56 所示。

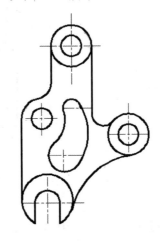

图 5-56　倒圆完成最终效果图

5.8　本章小结

　　本章主要介绍了在 AutoCAD 2014 中如何更加快捷地选择图形以及图形编辑命令，并对 AutoCAD 的图形编辑技巧进行了详细的讲解，包括删除图形、恢复图形、复制图形、镜像图形以及修改图形等。通过本章的学习，读者应熟练掌握运用 AutoCAD 2014 选择、编辑图形的方法。

第6章

机械尺寸标注与技术文字说明

本章导读：

尺寸标注和创建文字是图形绘制的一个重要组成部分，它是图形的测量注释，可以测量和显示对象的长度、角度等测量值。AutoCAD 提供了多种标注样式和多种设置标注和文字格式的方法，可以满足建筑、机械、电子等大多数应用领域的要求。在绘图时使用尺寸标注，能够对图形的各个部分添加提示和解释等辅助信息，既方便用户绘制，又方便使用者阅读。本章将讲述自行设置尺寸标注样式的方法、对图形进行尺寸标注的方法、设置文字样式，以及修改和编辑文字的方法的技巧。

6.1 尺寸标注样式

在 AutoCAD 中，要使标注的尺寸符合要求，就必须先设置尺寸样式，即确定 4 个基本元素的大小及相互之间的基本关系。本节将对尺寸标注样式管理、创建及其具体设置作详尽的讲解。

6.1.1 标注样式的管理

设置尺寸标注样式有以下几种方法。

(1) 在菜单栏中，选择【标注】|【标注样式】菜单命令。

(2) 在命令行中输入"ddim"命令后按 Enter 键。

(3) 单击【默认】选项卡中的【注释】面板中的【标注样式】按钮。

无论使用上述任何一种方法，AutoCAD 都会打开如图 6-1 所示的【标注样式管理器】对话框。在其中，显示当前可以选择的尺寸样式名，可以查看所选择样式的预览图。

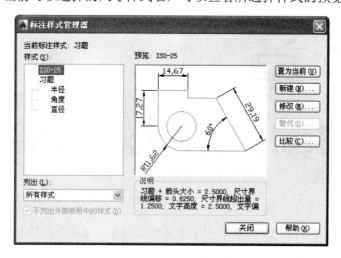

图 6-1 【标注样式管理器】对话框

下面对【标注样式管理器】对话框的各项功能进行具体介绍。

(1) 【置为当前】按钮：用于建立当前尺寸标注类型。

(2) 【新建】按钮：用于新建尺寸标注类型。单击该按钮，将打开【创建新标注样式】对话框，其具体应用将在下一节中作介绍。

(3) 【修改】按钮：用于修改尺寸标注类型。单击该按钮，将打开如图 6-2 所示的【修改标注样式】对话框，此图显示的是对话框中【线】选项卡的内容。

(4) 【替代】按钮：替代当前尺寸标注类型。单击该按钮，将打开【替代当前样式】对话框，其中的选项与【修改标注样式】对话框中的内容一致。

(5) 【比较】按钮：比较尺寸标注样式。单击该按钮，将打开如图 6-3 所示的【比较标注样式】对话框。比较功能可以帮助用户快速地比较几个标注样式在参数上的不同。

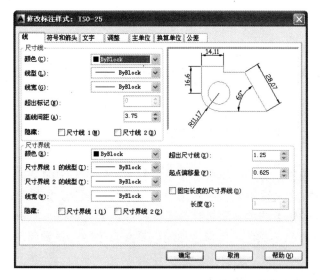

图 6-2　【修改标注样式】对话框中的【线】选项卡

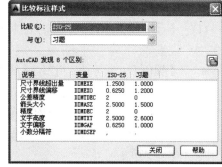

图 6-3　【比较标注样式】对话框

6.1.2　创建新标注样式

单击【标注样式管理器】对话框中的【新建】按钮，出现如图 6-4 所示的【创建新标注样式】对话框。

图 6-4　【创建新标注样式】对话框

在该对话框中，可以进行以下设置：

(1)　在【新样式名】文本框中输入新的尺寸样式名。

(2)　在【基础样式】下拉列表框中选择相应的标准。

(3)　在【用于】下拉列表框中选择需要将此尺寸样式应用到相应尺寸标注上。

设置完毕后单击【继续】按钮即可进入【新建标注样式】对话框进行各项设置，其内容与【修改标注样式】对话框中的内容一致。

CAD 中存在标注样式的导入、导出功能，可以用标注样式的导入、导出功能实现在新建图形中引用当前图形中的标注样式或者导入样式应用标注，后缀名为 dim。

6.1.3　标注样式的设置

【新建标注样式】对话框、【修改标注样式】对话框与【替代当前样式】对话框中的内容是一致的，包括 7 个选项卡，下面对其设置作详细的讲解。

1. 【线】选项卡

此选项卡用来设置尺寸线和尺寸界线的格式和特性。

单击【修改标注样式】对话框中的【线】标签，切换到【线】选项卡。在此选项卡中，用户可以设置尺寸的几何变量。

此选项卡各选项内容如下。

(1) 【尺寸线】：设置尺寸线的特性。在此选项中，AutoCAD 为用户提供了以下 6 项内容供用户设置。

● 【颜色】：显示并设置尺寸线的颜色。用户可以选择【颜色】下拉列表框中的某种颜色作为尺寸线的颜色，或在列表框中直接输入颜色名来获得尺寸线的颜色。如果单击【颜色】下拉列表框中的【选择颜色】选项，则会打开【选择颜色】对话框，用户可以从 288 种 AutoCAD 颜色索引(ACI)颜色、真彩色和配色系统颜色中选择颜色，如图 6-5 所示。

图 6-5 　【选择颜色】对话框

● 【线型】：设置尺寸线的线型。用户可以选择【线型】下拉列表框中的某种线型作为尺寸线的线型。

● 【线宽】：设置尺寸线的线宽。用户可以选择【线宽】下拉列表框中的某种属性来设置线宽，如 ByLayer(随层)、ByBlock(随块)及默认或一些固定的线宽等。

● 【超出标记】：显示的是当用短斜线代替尺寸箭头使用倾斜、建筑标记、积分和无标记时尺寸线超过尺寸界线的距离，用户可以在此输入自己的预定值。默认情况下为 0。为预定值设定为 3 时尺寸线超出尺寸界线的距离如图 6-6 所示。

【超出标记】预定值为 0 时的效果　　　　【超出标记】预定值为 3 时的效果

图 6-6　输入【超出标记】预定值的前后对比

- 【基线间距】：显示的是两尺寸线之间的距离，用户可以在此输入自己的预定值。该值将在进行连续和基线尺寸标注时用到。
- 【隐藏】：不显示尺寸线。当标注文字在尺寸线中间时，如果启用【尺寸线 1】复选框，将隐藏前半部分尺寸线；如果启用【尺寸线 2】复选框，则隐藏后半部分尺寸线，如图 6-7 所示。如果同时启用两个复选框，则尺寸线将被全部隐藏。

隐藏前半部分尺寸线的尺寸标注　　　　隐藏后半部分尺寸线的尺寸标注

图 6-7　隐藏部分尺寸线的尺寸标注

(2) 【尺寸界线】：控制尺寸界线的外观。在此选项中，AutoCAD 为用户提供了以下 8 项内容供用户设置。

- 【颜色】：显示并设置尺寸界线的颜色。用户可以选择【颜色】下拉列表框中的某种颜色作为尺寸界线的颜色，或在列表框中直接输入颜色名来获得尺寸界线的颜色。如果单击【颜色】下拉列表框中的【选择颜色】选项，则会打开【选择颜色】对话框，用户可以从 288 种 AutoCAD 颜色索引(ACI)颜色、真彩色和配色系统颜色中选择颜色。
- 【尺寸界线 1 的线型】及【尺寸界线 2 的线型】：设置尺寸界线的线型。用户可以选择其下拉列表框中的某种线型作为尺寸界线的线型。
- 【线宽】：设置尺寸界线的线宽。用户可以选择【线宽】下拉列表框中的某种属性来设置线宽，如 ByLayer(随层)、ByBlock(随块)及默认或一些固定的线宽等。
- 【隐藏】：不显示尺寸界线。如果启用【尺寸界线 1】复选框，将隐藏第一条尺寸界线；如果启用【尺寸界线 2】复选框，则隐藏第二条尺寸界线，如图 6-8 所示。如果同时选中两个复选框，则尺寸界线将被全部隐藏。

隐藏第一条尺寸界线的尺寸标注　　　　隐藏第二条尺寸界线的尺寸标注

图 6-8　隐藏部分尺寸界线的尺寸标注

- 【超出尺寸线】：显示的是尺寸界线超过尺寸线的距离。用户可以在此输入自己的预定值。为预定值设定为 3 时尺寸界线超出尺寸线的距离如图 6-9 所示。
- 【起点偏移量】：用于设置自图形中定义标注的点到尺寸界线的偏移距离。一般来说，尺寸界线与所标注的图形之间有间隙，该间隙即为起点偏移量，即在【起点偏移量】微调框中所显示的数值，用户也可以把它设为另外一个值。

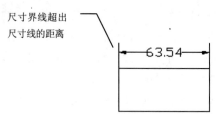

【超出尺寸线】预定值为 0 时的效果　　　　【超出尺寸线】预定值为 3 时的效果

图 6-9　输入【超出尺寸线】预定值的前后对比

● 【固定长度的尺寸界线】：用于设置尺寸界线从尺寸线开始到标注原点的总长度。如图 6-10 所示为设定固定长度的尺寸界线前后的对比。无论是否设置了固定长度的尺寸界线，尺寸界线偏移都将设置从尺寸界线原点开始的最小偏移距离。

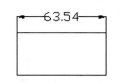

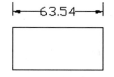

设定固定长度的尺寸界线前　　　　　　设定固定长度的尺寸界线后

图 6-10　设定固定长度的尺寸界线前后

2. 【符号和箭头】选项卡

此选项卡用来设置箭头、圆心标记、折断标注、弧长符号、半径折弯标注和线性折弯标注的格式和位置。

单击【修改标注样式】对话框中的【符号和箭头】标签，切换到【符号和箭头】选项卡，如图 6-11 所示。

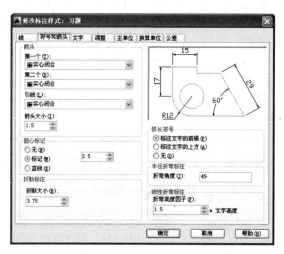

图 6-11　【符号和箭头】选项卡

此选项卡各选项内容如下。

(1) 【箭头】：控制标注箭头的外观。在此选项中，AutoCAD 为用户提供了以下 4 项内容供用户设置。

- 【第一个】：用于设置第一条尺寸线的箭头。当改变第一个箭头的类型时，第二个箭头将自动改变以便同第一个箭头相匹配。
- 【第二个】：用于设置第二条尺寸线的箭头。
- 【引线】：用于设置引线尺寸标注的指引箭头类型。
  若用户要指定自己定义的箭头块，可分别单击上述三项下拉列表框中的【用户箭头】选项，则显示【选择自定义箭头块】对话框。用户选择自己定义的箭头块的名称(该块必须在图形中)。
- 【箭头大小】：在此微调框中显示的是箭头的大小值，用户可以单击上下移动的箭头选择相应的大小值，或直接在微调框中输入数值以确定箭头的大小值。

另外，在 AutoCAD 2014 版本中的 "翻转标注箭头"的功能，用户可以更改标注上每个箭头的方向。如图 6-12 所示，先选择要改变其方向的箭头，然后将光标移至箭头处，在打开的快捷菜单中单击【翻转箭头】命令。翻转后的箭头如图 6-13 所示。

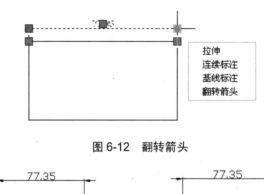

图 6-12　翻转箭头

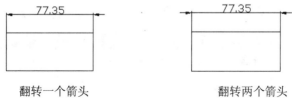

翻转一个箭头　　　　　　　　　翻转两个箭头

图 6-13　翻转后的箭头

(2) 【圆心标记】：控制直径标注和半径标注的圆心标记和中心线的外观。在此选项中，AutoCAD 为用户提供了以下 3 项内容供用户设置。

- 【无】：不创建圆心标记或中心线，其存储值为 0。
- 【标记】：创建圆心标记，其大小存储为正值。
- 【直线】：创建中心线，其大小存储为负值。

(3) 【折断标注】：在此微调框中显示和设置圆心标记或中心线的大小。

用户可以在【折断大小】微调框中通过上下箭头选择一个数值或直接在微调框中输入相应的数值来表示圆心标记的大小。

(4) 【弧长符号】：控制弧长标注中圆弧符号的显示。在此选项中，AutoCAD 为用户提供了以下 3 项内容供用户设置。

- 【标注文字的前缀】：将弧长符号放置在标注文字的前面。

- 【标注文字的上方】：将弧长符号放置在标注文字的上方。
- 【无】：不显示弧长符号。

(5) 【半径折弯标注】：控制折弯(Z 字形)半径标注的显示。半径折弯标注通常在中心点位于页面外部时创建。

【折弯角度】：用于确定连接半径标注的尺寸界线和尺寸线的横向直线的角度，如图 6-14 所示。

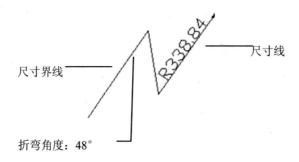

图 6-14　折弯角度

(6) 【线性折弯标注】：控制线性标注折弯的显示。

用户可以在【折弯高度因子】微调框中通过上下箭头选择一个数值或直接在微调框中输入相应的数值来表示文字高度的大小。

3. 【文字】选项卡

此选项卡用来设置标注文字的外观、位置和对齐。

单击【修改标注样式】对话框中的【文字】标签，切换到【文字】选项卡，如图 6-15 所示。

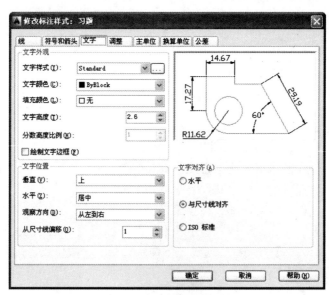

图 6-15　【文字】选项卡

此选项卡各选项内容如下。

（1）【文字外观】：设置标注文字的样式、颜色和大小等属性。在此选项中，AutoCAD 为用户提供了以下 6 项内容供用户设置。

- 【文字样式】：用于显示和设置当前标注文字样式。用户可以从其下拉列表框中选择一种样式。若用户要创建和修改标注文字样式，可以单击下拉列表框旁边的【文字样式】按钮 ，打开【文字样式】对话框，如图 6-16 所示，从中进行标注文字样式的创建和修改。

图 6-16 【文字样式】对话框

- 【文字颜色】：用于设置标注文字的颜色。用户可以选择其下拉列表框中的某种颜色作为标注文字的颜色，或在列表框中直接输入颜色名来获得标注文字的颜色。如果单击其下拉列表框中的"选择颜色"选项，则会打开【选择颜色】对话框，用户可以从 288 种 AutoCAD 颜色索引(ACI)颜色、真彩色和配色系统颜色中选择颜色。

- 【填充颜色】：用于设置标注文字背景的颜色。用户可以选择其下拉列表框中的某种颜色作为标注文字背景的颜色，或在列表框中直接输入颜色名来获得标注文字背景的颜色。如果单击其下拉列表框中的"选择颜色"选项，则会打开【选择颜色】对话框，用户可以从 288 种 AutoCAD 颜色索引(ACI)颜色、真彩色和配色系统颜色中选择颜色。

- 【文字高度】：用于设置当前标注文字样式的高度。用户可以直接在文本框输入需要的数值。如果用户在【文字样式】选项中将文字高度设置为固定值(即文字样式高度大于 0)，则该高度将替代此处设置的文字高度。如果要使用在【文字】选项卡上设置的高度，必须确保【文字样式】中的文字高度设置为 0。

- 【分数高度比例】：用于设置相对于标注文字的分数比例在公差标注中，当公差样式有效时可以设置公差的上下偏差文字与公差的尺寸高度的比例值。另外，只有在【主单位】选项卡上选择【分数】作为【单位格式】时，此选项才可应用。在此微调框中输入的值乘以文字高度，可确定标注分数相对于标注文字的高度。

- 【绘制文字边框】：某种特殊的尺寸需要使用文字边框。例如基本公差，如果选择此选项将在标注文字周围绘制一个边框。如图 6-17 所示为有文字边框和无文字边框的尺寸标注效果。

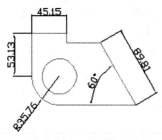

无文字边框的尺寸标注

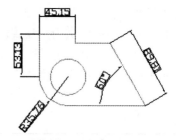

有文字边框的尺寸标注

图 6-17 有无文字边框尺寸标注的比较

(2) 【文字位置】：用于设置标注文字的位置。在此选项中，AutoCAD 为用户提供了以下 4 项内容供用户设置。

- 【垂直】：用来调整标注文字与尺寸线在垂直方向的位置。用户可以在此下拉列表框中选择当前的垂直对齐位置，此下拉列表框中共有 4 个选项供用户选择。【置中】：将文本置于尺寸线的中间。【上方】：将文本置于尺寸线的上方。从尺寸线到文本的最低基线的距离就是当前的文字间距。【外部】：将文本置于尺寸线上远离第一个定义点的一边。JIS：按日本工业的标准放置。

- 【水平】：用来调整标注文字与尺寸线在平行方向的位置。用户可以在此下拉列表框中选择当前的水平对齐位置，此下拉列表框中共有 5 个选项供用户选择。【居中】：将文本置于尺寸界线的中间。【第一条尺寸界线】：将标注文字沿尺寸线与第一条尺寸界线左对正。尺寸界线与标注文字的距离是箭头大小加上文字间距之和的两倍。【第二条尺寸界线】：将标注文字沿尺寸线与第二条尺寸界线右对正。尺寸界线与标注文字的距离是箭头大小加上文字间距之和的两倍。【第一条尺寸界线上方】：沿第一条尺寸界线放置标注文字或将标注文字放置在第一条尺寸界线之上。【第二条尺寸界线上方】：沿第二条尺寸界线放置标注文字或将标注文字放置在第二条尺寸界线之上。

- 【观察方向】：用于控制标注文字的观察方向。【从左到右】：按从左到右阅读的方式放置文字。【从右到左】：按从右到左阅读的方式放置文字。

- 【从尺寸线偏移】：用于调整标注文字与尺寸线之间的距离，即文字间距。此值也可用作尺寸线段所需的最小长度。

另外，只有当生成的线段至少与文字间隔同样长时，才会将文字放置在尺寸界线内侧。当箭头、标注文字以及页边距有足够的空间容纳文字间距时，才会将尺寸线上方或下方的文字置于内侧。

(3) 【文字对齐】：用于控制标注文字放在尺寸界线外边或里边时的方向是保持水平还是与尺寸界线平行。在此选项中，AutoCAD 为用户提供了以下 3 项内容供用户设置。

- 【水平】：选中此单选按钮表示无论尺寸标注为何种角度，它的标注文字总是水平的。

- 【与尺寸线对齐】：选中此单选按钮表示尺寸标注为何种角度时，它的标注文字即为何种角度，文字方向总是与尺寸线平行。

- 【ISO 标准】：选中此单选按钮表示标注文字方向遵循 ISO 标准。当文字在尺寸界线内时，文字与尺寸线对齐；当文字在尺寸界线外时，文字水平排列。

国家制图标准专门对文字标注做出了规定，其主要内容如下。

① 字体的号数有 20、14、10、7、8、3.8、2.8 共 7 种，其号数即为字的高度(单位为 mm)。字的宽度约等于字体高度的 2/3。对于汉字，因笔画较多，不宜采用 2.8 号字。

② 文字中的汉字应采用长仿宋体；拉丁字母分大、小写 2 种，而这 2 种字母又可分别写成直体(正体)和斜体形式。斜体字的字头向右侧倾斜，与水平线约成 78°；阿拉伯数字也有直体和斜体 2 种形式。斜体数字与水平线也成 78°。实际标注中，有时需要将汉字、字母和数字组合起来使用。例如，标注"4-M8 深 18"时，就用到了汉字、字母和数字。

以上简要介绍了国家制图标准对文字标注要求的主要内容。其详细要求请参考相应的国家制图标准。下面介绍如何为 AutoCAD 创建符合国标要求的文字样式。

要创建符合国家要求的文字样式，关键是要有相应的字库。AutoCAD 支持 TRUETYPE 字体，如果用户的计算机中已安装 TRUETYPE 形式的长仿宋体，按前面创建 STHZ 文字样式的方法创建相应文字样式，即可标注出长仿宋体字。此外，用户也可以采用宋体或仿宋体字体作为近似字体，但此时要设置合适的宽度比例。

4. 【调整】选项卡

此选项卡用来设置标注文字、箭头、引线和尺寸线的放置位置。

单击【修改标注样式】对话框中的【调整】标签，切换到【调整】选项卡，如图 6-18 所示。

图 6-18 【调整】选项卡

此选项卡各选项内容如下。

(1) 【调整选项】：用于在特殊情况下调整尺寸的某个要素的最佳表现方式。在此选项中，AutoCAD 为用户提供了以下 6 项内容供用户设置。

● 【文字或箭头(最佳效果)】：选中此单选按钮表示 AutoCAD 会自动选取最优的效果，当没有足够的空间放置文字和箭头时，AutoCAD 会自动把文字或箭头移出尺寸界线。

- 【箭头】：选中此单选按钮表示在尺寸界线之间如果没有足够的空间放置文字和箭头时，将首先把箭头移出尺寸界线。
- 【文字】：选中此单选按钮表示在尺寸界线之间如果没有足够的空间放置文字和箭头时，将首先把文字移出尺寸界线。
- 【文字和箭头】：选中此单选按钮表示在尺寸界线之间如果没有足够的空间放置文字和箭头时，将会把文字和箭头同时移出尺寸界线。
- 【文字始终保持在尺寸界线之间】：选中此单选按钮表示在尺寸界线之间如果没有足够的空间放置文字和箭头时，文字将始终留在尺寸界线内。
- 【若箭头不能放在尺寸界线内，则将其消除】：启用此复选框，表示当文字和箭头在尺寸界线放置不下时，则消除箭头，即不画箭头。如图 6-19 所示的 R11.17 的半径标注为启用此复选框的前后对比。

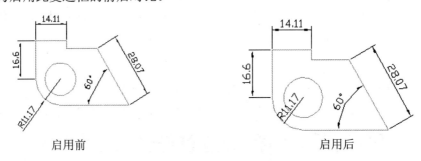

启用前   启用后

图 6-19 选中【若箭头不能放在尺寸界线内，则将其消除】复选框的前后对比

(2) 【文字位置】：用于设置标注文字从默认位置(由标注样式定义的位置)移动时标注文字的位置。在此选项中，AutoCAD 为用户提供了以下 3 项内容供用户设置。

- 【尺寸线旁边】：当标注文字不在默认位置时，将文字标注在尺寸线旁。这是默认的选项。
- 【尺寸线上方，带引线】：当标注文字不在默认位置时，将文字标注在尺寸线的上方，并加一条引线。
- 【尺寸线上方，不带引线】：当标注文字不在默认位置时，将文字标注在尺寸线的上方，不加引线。

(3) 【标注特征比例】：用于设置全局标注比例值或图纸空间比例。在此选项中，AutoCAD 为用户提供了以下 3 项内容供用户设置。

- 【注释性】：指定标注为注释性。单击信息图标以了解有关注释性对象的详细信息。
- 【使用全局比例】：表示整个图形的尺寸比例，比例值越大表示尺寸标注的字体越大。选中此单选按钮后，用户可以在其微调框中选择某一个比例或直接在微调框中输入一个数值表示全局的比例。
- 【将标注缩放到布局】：表示以相对于图纸的布局比例来缩放尺寸标注。

(4) 【优化】：提供用于放置标注文字的其他选项。在此选项中，AutoCAD 为用户提供了以下 2 项内容供用户设置。

- 【手动放置文字】：启用此复选框表示每次标注时总是需要用户设置放置文字的位置，反之则在标注文字时使用默认设置。

● 【在尺寸界线之间绘制尺寸线】：选中该复选框表示当尺寸界线距离比较近时，在界线之间也要绘制尺寸线，反之则不绘制。

5. 【主单位】选项卡

此选项卡用来设置主标注单位的格式和精度，并设置标注文字的前缀和后缀。

单击【修改标注样式】对话框中的【主单位】标签，切换到【主单位】选项卡，如图6-20所示。

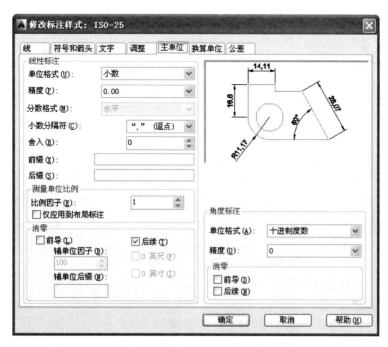

图 6-20 【主单位】选项卡

此选项卡各选项内容如下。

(1) 【线性标注】：用于设置线性标注的格式和精度。在此选项中，AutoCAD 为用户提供了以下9项内容供用户设置。

● 【单位格式】：设置除角度之外的所有尺寸标注类型的当前单位格式。其中的选项共有6项，它们是：【科学】、【小数】、【工程】、【建筑】、【分数】和【Windows 桌面】。

● 【精度】：设置尺寸标注的精度。用户可以通过在其下拉列表框中选择某一项作为标注精度。

● 【分数格式】：设置分数的表现格式。此选项只有当【单位格式】选中的是"分数"时才有效，它包括【水平】、【对角】、【非堆叠】3项。

● 【小数分隔符】：设置用于十进制格式的分隔符。此选项只有当【单位格式】选中的是【小数】时才有效，它包括"."(句点)、","(逗点)、" "(空格)3项。

● 【舍入】：设置四舍五入的位数及具体数值。用户可以在其微调框中直接输入相应的数值来设置。如果输入 0.28，则所有标注距离都以 0.28 为单位进行舍入；如果输入 1.0，则所有标注距离都将舍入为最接近的整数。小数点后显示的位数取决于【精度】

设置。

- 【前缀】：在此文本框中用户可以为标注文字输入一定的前缀，可以输入文字或使用控制代码显示特殊符号。如图 6-21 所示，在【前缀】文本框中输入%%C 后，标注文字前加表示直径的前缀"φ"号。
- 【后缀】：在此文本框中用户可以为标注文字输入一定的后缀，可以输入文字或使用控制代码显示特殊符号。如图 6-22 所示，在【后缀】文本框中输入 cm 后，标注文字后加后缀 cm。

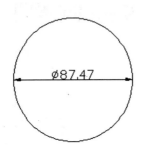

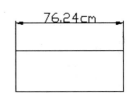

图 6-21　加入前缀%%C 的尺寸标注　　　　图 6-22　加入后缀 cm 的尺寸标注

提　示

当输入前缀或后缀时，输入的前缀或后缀将覆盖在直径和半径等标注中使用的任何默认前缀或后缀。如果指定了公差，前缀或后缀将添加到公差和主标注中。

- 【测量单位比例】：定义线性比例选项，主要应用于传统图形。
  用户可以通过在【比例因子】微调框中输入相应的数字表示设置比例因子。但是建议不要更改此值的默认值 1.00。例如，如果输入 2，则 1 英寸直线的尺寸将显示为 2 英寸。该值不应用到角度标注，也不应用到舍入值或者正负公差值。
  用户也可以启用【仅应用到布局标注】复选框或不启用使设置应用到整个图形文件中。
- 【消零】：用来控制不输出前导零、后续零以及零英尺、零英寸部分，即在标注文字中不显示前导零、后续零以及零英尺、零英寸部分。

(2)　【角度标注】：用于显示和设置角度标注的当前角度格式。在此选项中，AutoCAD 为用户提供了以下 3 项内容供用户设置。

- 【单位格式】：设置角度单位格式。其中的选项共有 4 项，它们是：【十进制度数】、【度/分/秒】、【百分度】和【弧度】。
- 【精度】：设置角度标注的精度。用户可以通过在其下拉列表框中选择某一项作为标注精度。
- 【消零】：用来控制不输出前导零、后续零，即在标注文字中不显示前导零、后续零。

6. 【换算单位】选项卡

此选项卡用来设置标注测量值中换算单位的显示并设置其格式和精度。

单击【修改标注样式】对话框中的【换算单位】标签，切换到【换算单位】选项卡，如图 6-23 所示。

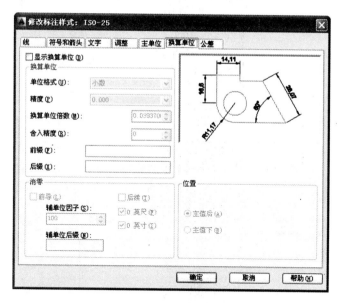

图 6-23 【换算单位】选项卡

此选项卡各选项内容如下。

(1) 【显示换算单位】：用于向标注文字添加换算测量单位。只有当用户启用此复选框时，【换算单位】选项卡的所有选项才有效；否则即为无效，即在尺寸标注中换算单位无效。

(2) 【换算单位】：用于显示和设置角度标注的当前角度格式。在此选项中，AutoCAD为用户提供了以下 6 项内容供用户设置。

● 【单位格式】：设置换算单位格式。此项与主单位的单位格式设置相同。

● 【精度】：设置换算单位的尺寸精度。此项也与主单位的精度设置相同。

● 【换算单位倍数】：设置换算单位之间的比例，用户可以指定一个乘数，作为主单位和换算单位之间的换算因子使用。例如，要将英寸转换为毫米，则输入 28.4。此值对角度标注没有影响，而且不会应用于舍入值或者正、负公差值。

● 【舍入精度】：设置四舍五入的位数及具体数值。如果输入 0.28，则所有标注测量值都以 0.28 为单位进行舍入；如果输入 1.0，则所有标注测量值都将舍入为最接近的整数。小数点后显示的位数取决于【精度】设置。

● 【前缀】：在此文本框中用户可以为尺寸换算单位输入一定的前缀，可以输入文字或使用控制代码显示特殊符号。如图 6-24 所示，在【前缀】文本框中输入%%C 后，换算单位前加表示直径的前缀 "φ" 号。

● 【后缀】：在此文本框中用户可以为尺寸换算单位输入一定的后缀，可以输入文字或使用控制代码显示特殊符号。如图 6-25 所示，在【后缀】文本框中输入 cm 后，换算单位后加后缀 cm。

(3) 【消零】：用来控制不输出前导零、后续零以及零英尺、零英寸部分，即在换算单位中不显示前导零、后续零以及零英尺、零英寸部分。

(4) 【位置】：用于设置标注文字中换算单位的放置位置。在此选项中，有以下两个单选按钮。

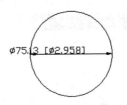

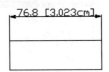

图 6-24　加入前缀的换算单位示意图　　　图 6-25　加入后缀的换算单位示意图

- 【主值后】：选中此单选按钮表示将换算单位放在标注文字中的主单位之后。
- 【主值下】：选中此单选按钮表示将换算单位放在标注文字中的主单位下面。

如图 6-26 所示为换算单位放置在主单位之后和主单位下面的尺寸标注对比。

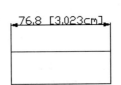

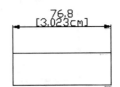

将换算单位放置在主单位之后的尺寸标注　　　　将换算单位放置在主单位下面的尺寸标注

图 6-26　换算单位放置在主单位之后和主单位下面的尺寸标注

7. 【公差】选项卡

此选项卡用来设置公差格式及换算公差等。

单击【修改标注样式】对话框中的【公差】标签，切换到【公差】选项卡，如图 6-27 所示。

图 6-27　【公差】选项卡

此选项卡各选项内容如下。

(1) 【公差格式】：用于设置标注文字中公差的格式及显示。在此选项中，AutoCAD 为用户提供了以下 8 项内容供用户设置。

- 【方式】：设置公差格式。用户可以在其下拉列表框中选择其一作为公差的标注格式。

其中的选项共有 5 项，它们是：【无】、【对称】、【极限偏差】、【极限尺寸】和【基本尺寸】。

【无】：不添加公差。

【对称】：添加公差的正/负表达式，其中一个偏差量的值应用于标注测量值。标注后面将显示加号或减号。在【上偏差】中输入公差值。

【极限偏差】：添加正/负公差表达式。不同的正公差和负公差值将应用于标注测量值。在【上偏差】中输入的公差值前面将显示正号(+)。在【下偏差】中输入的公差值前面将显示负号(-)。

【极限尺寸】：创建极限标注。 在此类标注中，将显示一个最大值和一个最小值，一个在上，另一个在下。最大值等于标注值加上在【上偏差】中输入的值。最小值等于标注值减去在【下偏差】中输入的值。

【基本尺寸】：创建基本标注，这将在整个标注范围周围显示一个框。

- 【精度】：设置公差的小数位数。
- 【上偏差】：设置最大公差或上偏差。如果在【方式】中选择"对称"，则此项数值将用于公差。
- 【下偏差】：设置最小公差或下偏差。
- 【高度比例】：设置公差文字的当前高度。
- 【垂直位置】：设置对称公差和极限公差的文字对正。
- 【公差对齐】：对齐小数分隔符或运算符。
- 【消零】：用来控制不输出前导零、后续零以及零英尺、零英寸部分，即在公差中不显示前导零、后续零以及零英尺、零英寸部分。

(2) 【换算单位公差】：用于设置换算公差单位的格式。在此选项中的【精度】、【消零】的设置与前面的设置相同。

设置各选项后，单击任一选项卡的【确定】按钮，然后单击【标注样式管理器】对话框中的【关闭】按钮即完成设置。

6.2　创建尺寸标注

尺寸标注是图形设计中基本的设计步骤和过程，其随图形的多样性而有多种不同的标注。AutoCAD 提供了多种标注类型，包括线性尺寸标注、对齐尺寸标注等。通过了解这些尺寸标注，可以灵活地给图形添加尺寸标注。下面将介绍 AutoCAD 2014 的尺寸标注方法和规则。

6.2.1　线性标注

线性尺寸标注用来标注图形的水平尺寸、垂直尺寸，如图 6-28 所示。

创建线性尺寸标注有以下 3 种方法。

(1) 在菜单栏中，选择【标注】|【线性】菜单命令。

(2) 在命令行中输入"dimlinear"命令后按 Enter 键。

(3) 单击【标注】面板中的【线性】按钮 ⊢⊣ 。

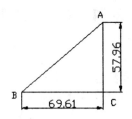

图 6-28　线性尺寸标注

执行上述任一操作后，命令行窗口提示如下：

命令: _dimlinear
指定第一条尺寸界线原点或 <选择对象>:　　//选择 A 点后单击
指定第二条尺寸界线原点:　　　　　　　//选择 C 点后单击
指定尺寸线位置或[多行文字(M)/文字(T)/角度(A)/水平(H)/垂直(V)/旋转(R)]:　标注文字 = 57.96
　　　　　　　　　　　　//按住鼠标左键不放拖曳尺寸线移动到合适的位置后单击

以上命令行窗口提示选项解释如下。

- 【多行文字】：用户可以在标注的同时输入多行文字。
- 【文字】：用户只能输入一行文字。
- 【角度】：输入标注文字的旋转角度。
- 【水平】：标注水平方向距离尺寸。
- 【垂直】：标注垂直方向距离尺寸。
- 【旋转】：输入尺寸线的旋转角度。

在 AutoCAD 标注文字时，有很多特殊的字符和标注。这些特殊字符和标注由控制字符来实现，AutoCAD 的特殊字符及其对应的控制字符如表 6-1 所示。

表 6-1　特殊字符及其对应的控制字符表

特殊符号或标注	控制字符	示　例
圆直径标注符号(φ)	%%c	φ48
百分号	%%%	%30
正/负公差符号(±)	%%p	20±0.8
度符号(°)	%%d	48°
字符数 nnn	%%nnn	Abc
加上划线	%%o	1̄2̄3̄
加下划线	%%u	123

在 AutoCAD 实际操作中也会遇到要求对数据标注上下标，下面介绍一下数据标注上下标的方法。

(1) 上标：编辑文字时，输入 2^，然后选中 2^，按 a/b 键，即可。

(2) 下标：编辑文字时，输入^2，然后选中^2，按 a/b 键，即可。

(3) 上下标：编辑文字时，输入 2^2，然后选中 2^2，按 a/b 键，即可。

6.2.2 对齐标注

对齐尺寸标注是指标注两点间的距离，标注的尺寸线平行于两点间的连线，如图 6-29 所示为线性尺寸标注与对齐尺寸标注的区别。

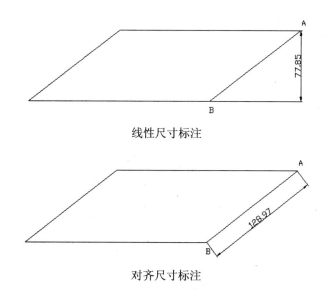

图 6-29 线性尺寸标注与对齐尺寸标注的对比

创建对齐尺寸标注有以下 3 种方法。

(1) 在菜单栏中，选择【标注】|【对齐】菜单命令。

(2) 在命令行中输入"dimaligned"命令后按 Enter 键。

(3) 单击【标注】面板中的【对齐】按钮 。

执行上述任一操作后，命令行窗口提示如下：

```
命令: _dimaligned
指定第一条尺寸界线原点或 <选择对象>:     //选择 A 点后单击
指定第二条尺寸界线原点:                   //选择 B 点后单击
指定尺寸线位置或[多行文字(M)/文字(T)/角度(A)]:  标注文字 = 128.97
                              //按住鼠标左键不放拖曳尺寸线移动到合适的位置后单击
```

6.2.3 半径标注

半径尺寸标注用来标注圆或圆弧的半径，如图 6-30 所示。

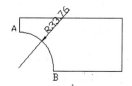

图 6-30 半径尺寸标注

创建半径尺寸标注有以下 3 种方法。

(1) 在菜单栏中,选择【标注】|【半径】菜单命令。

(2) 在命令行中输入"dimradius"命令后按 Enter 键。

(3) 单击【注释】面板中的【半径】按钮◎。

执行上述任一操作后,命令行窗口提示如下:

```
命令: _dimradius
选择圆弧或圆:                                    //选择圆弧 AB 后单击
标注文字 = 33.76
指定尺寸线位置或 [多行文字(M)/文字(T)/角度(A)]:   //移动尺寸线至合适位置后单击
```

6.2.4 直径标注

直径尺寸标注用来标注圆的直径,如图 6-31 所示。

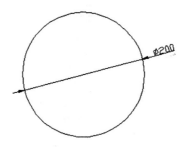

图 6-31 直径尺寸标注

创建直径尺寸标注有以下 3 种方法。

(1) 在菜单栏中,选择【标注】|【直径】菜单命令。

(2) 在命令行中输入"dimdiameter"命令后按 Enter 键。

(3) 单击【注释】面板中的【直径】按钮◎。

执行上述任一操作后,命令行窗口提示如下:

```
命令: _dimdiameter
选择圆弧或圆:                                    //选择圆后单击
标注文字 = 200
指定尺寸线位置或 [多行文字(M)/文字(T)/角度(A)]:   //移动尺寸线至合适位置后单击
```

6.2.5 角度标注

角度尺寸标注用来标注两条不平行线的夹角或圆弧的夹角。如图 6-32 所示为不同图形的角度尺寸标注。

创建角度尺寸标注有以下 3 种方法。

(1) 在菜单栏中,选择【标注】|【角度】菜单命令。

(2) 在命令行中输入"dimangular"命令后按 Enter 键。

(3) 单击【注释】面板中的【角度】按钮△。

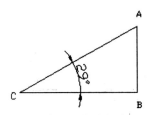 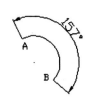 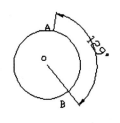

选择两条直线的角度尺寸标注　　选择圆弧的角度尺寸标注　　选择圆的角度尺寸标注

图 6-32　角度尺寸标注

如果选择直线，执行上述任一操作后，命令行窗口提示如下：

命令: _dimangular
选择圆弧、圆、直线或 <指定顶点>:　　　　　　　//选择直线 AC 后单击
选择第二条直线:　　　　　　　　　　　　　//选择直线 BC 后单击
指定标注弧线位置或 [多行文字(M)/文字(T)/角度(A)]:　　//选定标注位置后单击
标注文字 = 29

如果选择圆弧，执行上述任一操作后，命令行窗口提示如下：

命令: _dimangular
选择圆弧、圆、直线或 <指定顶点>:　　　　　　　//选择直线 AB 后单击
指定标注弧线位置或 [多行文字(M)/文字(T)/角度(A)]:　　//选定标注位置后单击
标注文字 = 157

如果选择圆，执行上述任一操作后，命令行窗口提示如下：

命令: _dimangular
选择圆弧、圆、直线或 <指定顶点>:　　　　　　　//选择圆 O 并指定 A 点后单击
指定角的第二个端点:　　　　　　　　　　　//选择点 B 后单击
指定标注弧线位置或 [多行文字(M)/文字(T)/角度(A)]:　　//选定标注位置后单击
标注文字 = 129

6.2.6　基线标注

基线尺寸标注用来标注以同一基准为起点的一组相关尺寸，如图 6-33 所示。

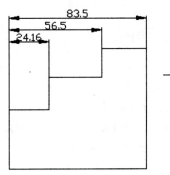
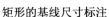
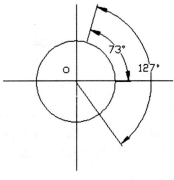

矩形的基线尺寸标注　　　　　　圆的基线尺寸标注

图 6-33　基线尺寸标注

创建基线尺寸标注有以下 2 种方法。

(1) 在菜单栏中,选择【标注】|【基线】菜单命令。

(2) 在命令行中输入"dimbaseline"命令后按 Enter 键。

如果当前任务中未创建任何标注,执行上述任一操作后,系统将提示用户选择线性标注、坐标标注或角度标注,以用作基线标注的基准。命令行窗口提示如下:

选择基准标注: //选择线性标注、坐标标注或角度标注

否则,系统将跳过该提示,并使用上次在当前任务中创建的标注对象。如果基准标注是线性标注或角度标注,将显示下列提示:

命令: _dimbaseline
指定第二条尺寸界线原点或 [放弃(U)/选择(S)] <选择>: //选定第二条尺寸界线原点后单击或按 Enter 键
标注文字 = 56.5 或 127
指定第二条尺寸界线原点或 [放弃(U)/选择(S)] <选择>: //选定第三条尺寸界线原点后按 Enter 键
标注文字 = 83.5

如果基准标注是坐标标注,将显示下列提示:

指定点坐标或 [放弃(U)/选择(S)] <选择>:

6.2.7 连续标注

连续尺寸标注用来标注一组连续相关尺寸,即前一尺寸标注是后一尺寸标注的基准,如图 6-34 所示。

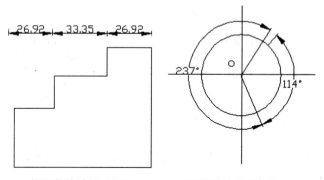

矩形的连续尺寸标注   圆的连续尺寸标注

图 6-34 连续尺寸标注

创建连续尺寸标注有以下 2 种方法。

(1) 在菜单栏中,选择【标注】|【连续】菜单命令。

(2) 在命令行中输入"dimcontinue"命令后按 Enter 键。

如果当前任务中未创建任何标注,执行上述任一操作后,系统将提示用户选择线性标注、坐标标注或角度标注,以用作连续标注的基准。命令行窗口提示如下:

选择连续标注: //选择线性标注、坐标标注或角度标注

否则,系统将跳过该提示,并使用上次在当前任务中创建的标注对象。如果连续标注是线

性标注或角度标注，将显示下列提示：

命令：_dimcontinue
指定第二条尺寸界线原点或 [放弃(U)/选择(S)] <选择>：　　//选定第二条尺寸界线原点后单击或按 Enter 键
标注文字 = 33.35 或 237
指定第二条尺寸界线原点或 [放弃(U)/选择(S)] <选择>：　　//选定第三条尺寸界线原点后按 Enter 键
标注文字 = 26.92

如果连续标注是坐标标注，将显示下列提示：

指定点坐标或 [放弃(U)/选择(S)] <选择>：

6.2.8　圆心标记

圆心标记用来绘制圆或者圆弧的圆心十字形标记或是中心线。

如果用户既需要绘制十字形标记又需要绘制中心线，则首先必须在【修改标注样式】对话框的【符号和箭头】选项卡中选择【圆心标记】为【直线】选项，并在【大小】微调框中输入相应的数值来设定圆心标记的大小(若只需要绘制十字形标记则选择【圆心标记】为【标记】选项)，如图 6-35 所示。

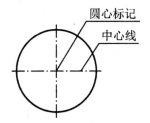

图 6-35　圆心标记

然后进行圆心标记的创建，方法有以下 2 种。

(1)　在菜单栏中，选择【标注】|【圆心标记】菜单命令。

(2)　在命令行中输入"dimcenter"命令后按 Enter 键。

执行上述任一操作后，命令行窗口提示如下：

命令：_dimcenter
选择圆弧或圆：　　　　　　//选择圆或圆弧后单击

6.2.9　引线标注

引线尺寸标注是从图形上的指定点引出连续的引线，用户可以在引线上输入标注文字，如图 6-36 所示。

创建引线尺寸标注的方法：在命令行中输入"qleader"命令后按 Enter 键。

执行上述操作后，命令行窗口提示如下：

命令：_qleader
指定第一个引线点或 [设置(S)] <设置>：　　　　　　//选定第一个引线点
指定下一点：　　　　　　　　　　　　　　　　//选定第二个引线点
指定下一点：
指定文字宽度 <0>:8　　　　　　　　　　　//输入文字宽度 8

输入注释文字的第一行 <多行文字(M)>: R0.25   //输入注释文字 R0.25 后连续两次按 Enter 键

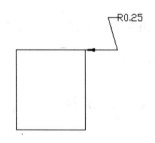

图 6-36　引线尺寸标注

若用户执行"设置"操作，即在【命令行】中输入 S：

命令: _qleader
指定第一个引线点或 [设置(S)] <设置>: S   //输入 S 后按 Enter 键

此时打开【引线设置】对话框，如图 6-37 所示。在其中的【注释】选项卡中可以设置引线注释类型、指定多行文字选项，并指明是否需要重复使用注释；在【引线和箭头】选项卡中可以设置引线和箭头格式；在【附着】选项卡中可以设置引线和多行文字注释的附着位置(只有在【注释】选项卡上选定【多行文字】时，此选项卡才可用)。

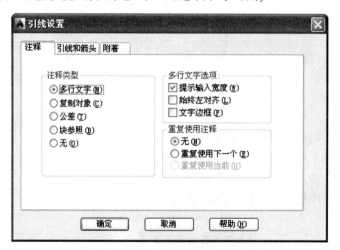

图 6-37　【引线设置】对话框

6.2.10　坐标标注

坐标尺寸标注用来标注指定点到用户坐标系(UCS)原点的坐标方向距离。如图 6-38 所示，圆心沿横向坐标方向的坐标距离为 13.24，圆心沿纵向坐标方向的坐标距离为 480.24。

创建坐标尺寸标注有以下 3 种方法。

(1)　在菜单栏中，选择【标注】|【坐标】菜单命令。

(2)　在命令行中输入"dimordinate"命令后按 Enter 键。

(3)　单击【注释】面板中的【坐标】按钮。

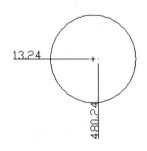

图 6-38 坐标尺寸标注

执行上述任一操作后，命令行窗口提示如下：

命令: _dimordinate
指定点坐标: //选定圆心后单击
指定引线端点或 [X 基准(X)/Y 基准(Y)/多行文字(M)/文字(T)/角度(A)]: 标注文字 = 13.24
//拖曳鼠标确定引线端点至合适位置后单击

6.2.11 快速标注

快速尺寸标注用来标注一系列图形对象，比如为一系列圆进行标注，如图 6-39 所示。

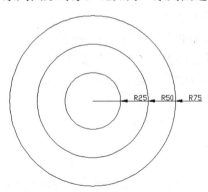

图 6-39 快速尺寸标注

创建快速尺寸标注有以下两种方法。

(1) 在菜单栏中，选择【标注】|【快速标注】菜单命令。

(2) 在命令行中输入"qdim"命令后按 Enter 键。

执行上述任一操作后，命令行窗口提示如下：

命令: _qdim
关联标注优先级 = 端点
选择要标注的几何图形: 找到 1 个
选择要标注的几何图形: 找到 1 个,总计 2 个
选择要标注的几何图形: 找到 1 个,总计 3 个
选择要标注的几何图形:
指定尺寸线位置或 [连续(C)/并列(S)/基线(B)/坐标(O)/半径(R)/直径(D)/基准点(P)/编辑(E)/设置(T)]
<半径>:   //标注一系列半径型尺寸标注并移动尺寸线至合适位置后单击

命令行中选项的含义如下。

- 【连续】：标注一系列连续型尺寸标注；
- 【并列】：标注一系列并列型尺寸标注；
- 【基线】：标注一系列基线型尺寸标注；
- 【坐标】：标注一系列坐标型尺寸标注；
- 【半径】：标注一系列半径型尺寸标注；
- 【直径】：标注一系列直径型尺寸标注；
- 【基准点】：为基线和坐标标注设置新的基准点；
- 【编辑】：编辑标注。

6.3　编辑尺寸标注

与绘制图形相似的是，用户在标注的过程中难免会出现差错，这时就需要用到尺寸标注的编辑。

6.3.1　编辑标注

编辑标注是用来编辑标注文字的位置和标注样式，以及创建新标注。

编辑标注的操作方法有以下 2 种。

(1)　在命令行中输入"dimedit"命令后按 Enter 键。

(2)　在菜单栏中，选择【标注】|【倾斜】菜单命令。

执行上述任一操作后，命令行窗口提示如下：

命令: dimedit
输入标注编辑类型 [默认(H)/新建(N)/旋转(R)/倾斜(O)] <默认>:
选择对象:

命令行中选项的含义如下。

- 【默认】：用于将指定对象中的标注文字移回到默认位置。
- 【新建】：选择该项将调用多行文字编辑器，用于修改指定对象的标注文字。
- 【旋转】：用于旋转指定对象中的标注文字，选择该项后系统将提示用户指定旋转角度，如果输入 0 则把标注文字按默认方向放置。
- 【倾斜】：调整线性标注尺寸界线的倾斜角度，选择该项后系统将提示用户选择对象并指定倾斜角度。示意如图 6-40 所示。

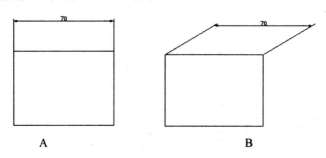

A 　　　　　　　　　　　　　　　　B

图 6-40　倾斜尺寸标注示意图

6.3.2　编辑标注文字

编辑标注文字用来编辑标注的文字的位置和方向。

编辑标注文字的操作方法有以下 3 种。

(1)　在菜单栏中，选择【标注】|【对齐文字】|【默认】、【角度】、【左对齐】、【居中】、【右对齐】菜单命令。

(2)　在命令行中输入"dimtedit"命令后按 Enter 键。

(3)　单击【标注】面板中的【默认】、【角度】、【左对正】、【居中对正】、【右对正】各项按钮。

执行上述任一操作后，命令行窗口提示如下：

命令: _dimtedit
选择标注:
指定标注文字的新位置或 [左对齐(L)/右对齐(R)/居中(C)/默认(H)/角度(A)]: _a

命令行中选项的含义如下。

- 　【左对齐】：沿尺寸线左移标注文字。本选项只适用于线性、直径和半径标注。
- 　【右对齐】：沿尺寸线右移标注文字。本选项只适用于线性、直径和半径标注。
- 　【居中】：标注文字位于两尺寸边界线中间。
- 　【默认】：将标注文字移回默认位置。
- 　【角度】：指定标注文字的角度。当输入零度角将使标注文字以默认方向放置，如图 6-41 所示。

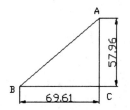

图 6-41　对齐文字标注示意图

6.3.3　替代

使用标注样式替代，无须更改当前标注样式便可临时更改标注系统变量。

标注样式替代是对当前标注样式中的指定设置所做的修改，它在不修改当前标注样式的情况下修改尺寸标注系统变量。可以为单独的标注或当前的标注样式定义标注样式替代。

某些标注特性对图形或尺寸标注的样式来说是通用的，因此适合作为永久标注样式设置。其他标注特性一般基于单个基准应用，因此可以作为替代以便更有效地应用。例如，图形通常使用单一箭头类型，因此将箭头类型定义为标注样式的一部分是有意义的。但是，隐藏尺寸界线通常只应用于个别情况，更适于标注样式替代。

有几种设置标注样式替代的方式：可以通过修改对话框中的选项或修改命令输入行的系统变量设置。可以通过将修改的设置返回其初始值来撤销替代。替代将应用到正在创建的标注以

及所有使用该标注样式所后创建的标注，直到撤销替代或将其他标注样式置为当前为止。

1. 替代的操作方法

- 在命令行中输入"dimoverride"命令后按 Enter 键。
- 在菜单栏中，选择【标注】|【替代】菜单命令。

可以通过在命令行中输入标注系统变量的名称创建标注的同时，替代当前标注样式。如本例中，尺寸线颜色发生改变。改变将影响随后创建的标注，直到撤销替代或将其他标注样式置为当前。命令行窗口提示如下：

```
命令: dimoverride
输入要替代的标注变量名或 [清除替代(C)]:      //输入值或按 Enter 键
选择对象:                          //使用对象选择方法选择标注
```

2. 设置标注样式替代的步骤

(1) 选择【标注】|【标注样式】菜单命令，打开【标注样式管理器】对话框。

(2) 在【标注样式管理器】对话框中的【样式】选项下，选择要为其创建替代的标注样式，单击【替代】按钮，打开【替代当前样式】对话框。

(3) 在【替代当前样式】对话框中单击相应的选项卡来修改标注样式。

(4) 单击【确定】按钮返回【标注样式管理器】对话框。这时在【标注样式名称】列表中修改的样式下，列出了"标注样式替代"。

(5) 单击【关闭】按钮。

3. 应用标注样式替代的步骤

(1) 选择【标注】|【标注样式】菜单命令，打开【标注样式管理器】对话框。

(2) 在【标注样式管理器】对话框中单击【替代】按钮，打开【替代当前样式】对话框。

(3) 在【替代当前样式】对话框中在输入样式替代。单击【确定】按钮返回【标注样式管理器】对话框。

程序将在【标注样式管理器】对话框中的【标注样式名称】下显示 <样式替代>。

创建标注样式替代后，可以继续修改标注样式，将它们与其他标注样式进行比较，或者删除或重命名该替代。

其实我们还有其他编辑标注的方法，可以使用 AutoCAD 的编辑命令或夹点来编辑标注的位置。如可以使用夹点或者"stretch"命令拉伸标注；可以使用"trim"和"extend"命令来修剪和延伸标注。此外，还通过"Properties(特性)"窗口来编辑包括标注文字在内的任何标注特性。

6.4 文 字 样 式

在 AutoCAD 图形中，所有的文字都有与之相关的文字样式。当输入文字时，AutoCAD 会使用当前的文字样式作为其默认的样式，该样式可以包括字体、样式、高度、宽度比例和其他文字特性。

6.4.1　打开【文字样式】对话框的方法

打开【文字样式】对话框有以下几种方法。

(1)　在命令行中输入"style"后按 Enter 键。

(2)　在【默认】选项卡的【注释】面板中单击【文字样式】按钮 A。

(3)　在菜单栏中选择【格式】|【文字样式】菜单命令。

【文字样式】对话框如图 6-42 所示，它包含了 4 组参数选项组：【样式】选项组、【字体】选项组、【大小】选项组和【效果】选项组。由于【大小】选项组中的参数通常会按照默认进行设置，不做修改。因此，下面着重介绍一下其他 3 个选项组的参数设置方法。

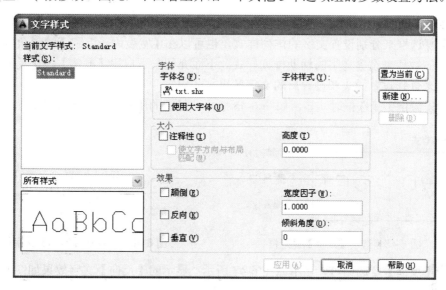

图 6-42　【文字样式】对话框

6.4.2　【样式】选项组参数设置

在【样式】选项组中可以新建、重命名和删除文字样式。用户可以从左边的下拉列表框中选择相应的文字样式名称，可以单击【新建】按钮来新建一种文字样式的名称，可以右击选择的样式，在右键快捷菜单中选择【重命名】命令为某一文字样式重新命名，还可以单击【删除】按钮删除某一文字样式的名称。

图 6-43　【新建文字样式】对话框

当用户所需的文字样式不够使用时，需要创建一个新的文字样式。具体操作步骤如下。

(1)　在命令输入行中输入"style"命令后按 Enter 键。或者在打开的【文字样式】对话框中，单击【新建】按钮，打开如图 6-43 所示的【新建文字样式】对话框。

(2)　在【样式名】文本框中输入新创建的文字样式的名称后，单击【确定】按钮。若未输入文字样式的名称，则 AutoCAD 会自动将该样式命名为样式 1(AutoCAD 会自动地为每一个新命名的样式加 1)。

6.4.3 【字体】选项组参数设置

在【字体】选项组中可以设置字体的名称和字体样式
等。AutoCAD 为用户提供了许多不同的字体，用户可以
在如图 6-44 所示的【字体名】下拉列表框中选择要使用的
字体。另外，可以在【字体样式】下拉列表框中选择要使
用的字体样式。

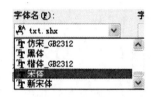

图 6-44 【字体名】下拉列表框

6.4.4 【效果】选项组参数设置

在【效果】选项组中可以设置字体的排列方法和距离等。用户可以启用【颠倒】、【反向】
和【垂直】复选框来分别设置文字的排列样式，也可以在【宽度因子】和【倾斜角度】文本框
中输入相应的数值来设置文字的辅助排列样式。下面介绍一下启用【颠倒】、【反向】和【垂
直】复选框来分别设置样式和设置后的文字效果。

当选中【颠倒】复选框时，显示如图 6-45 所示；显示的【颠倒】文字效果如图 6-46 所示。

图 6-45 选中【颠倒】复选框

图 6-46 显示的【颠倒】文字效果

当选中【反向】复选框时，显示如图 6-47 所示；显示的【反向】文字效果如图 6-48 所示。

图 6-47 选中【反向】复选框

图 6-48 显示的【反向】文字效果

当选中【垂直】复选框时，显示如图 6-49 所示；显示的【垂直】文字效果如图 6-50 所示。

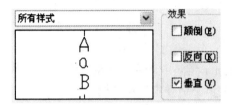

图 6-49 选中【垂直】复选框

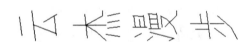

图 6-50 显示的【垂直】文字效果

6.5 文 本 标 注

在 AutoCAD 2014 中，用户可以创建两种性质的文字，分别是单行文字和多行文字。其中，单行文字常用于不需要使用多种字体的简短内容中；多行文字主要用于一些复杂的说明性文字中，用户可为其中的不同文字设置不同的字体和大小，也可以方便地在文本中添加特殊符号等。

6.5.1 创建单行文字

单行文字一般用于对图形对象的规格说明、标题栏信息和标签等，也可以作为图形的一个有机组成部分。对于这种不需要使用多种字体的简短内容，可以使用【单行文字】命令建立单行文字。

创建单行文字的几种方法。

(1) 在命令行中输入"dtext"命令后按 Enter 键。

(2) 在【默认】选项卡中的【注释】面板或【注释】选项卡中的【文字】面板中单击【单行文字】按钮 **A**。

(3) 在菜单栏中选择【绘图】|【文字】|【单行文字】菜单命令。

每行文字都是独立的对象，可以重新定位、调整格式或进行其他修改。

创建单行文字时，要指定文字样式并设置对正方式。文字样式设置文字对象的默认特征。对正决定字符的哪一部分与插入点对正。

执行此命令后，命令行窗口提示如下：

```
命令:_dtext
当前文字样式: "Standard" 文字高度: 2.5000 注释性: 否
指定文字的起点或 [对正(J)/样式(S)]:
```

此命令行各选项的含义如下。

(1) 默认情况下提示用户输入单行文字的起点。

(2) 【对正】：用来设置文字对齐的方式，AutoCAD 默认的对齐方式为左对齐。由于此项的内容较多，在后面会有详细的说明。

(3) 【样式】：用来选择文字样式。

在命令行中输入 S 并按 Enter 键，执行此命令，AutoCAD 会出现如下信息：

```
输入样式名或 [?] <Standard>:
```

此信息提示用户在输入样式名或 [?] <Standard>后输入一种文字样式的名称(默认值是当前样式名)。

输入样式名称后，AutoCAD 又会出现指定文字的起点或 [对正(J)/样式(S)]的提示，提示用户输入起点位置。输入完起点坐标后按 Enter 键，AutoCAD 会出现如下提示：

```
指定高度 <2.5000>:
```

提示用户指定文字的高度。指定高度后按 Enter 键，命令行窗口所示如下：

```
指定文字的旋转角度 <0>:
```

指定角度后按 Enter 键，这时用户就可以输入文字内容。

在指定文字的起点或 [对正(J)/样式(S)]后输入 J 后按 Enter 键，AutoCAD 会在【命令行】中出现如下信息：

输入选项
[对齐(A)/布满(F)/居中(C)/中间(M)/右对齐(R)/左上(TL)/中上(TC)/右上(TR)/左中(ML)/正中(MC)/右中(MR)/左下(BL)/中下(BC)/右下(BR)]:

即用户可以有以上多种对齐方式选择，各种对齐方式及其说明如表 6-2 所示。

表 6-2　各种对齐方式及其说明

对齐方式	说　明
对齐(A)	提供文字基线的起点和终点，文字在此基线上均匀排列，这时可以调整字高比例以防止字符变形
布满(F)	给定文字基线的起点和终点。文字在此基线上均匀排列，而文字的高度保持不变，这时字型的间距要进行调整
居中(C)	给定一个点的位置，文字在该点为中心水平排列
中间(M)	指定文字串的中间点
右对齐(R)	指定文字串的右基线点
左上(TL)	指定文字串的顶部左端点与大写字母顶部对齐
中上(TC)	指定文字串的顶部中心点与大写字母顶部为中心点
右上(TR)	指定文字串的顶部右端点与大写字母顶部对齐
左中(ML)	指定文字串的中部左端点与大写字母和文字基线之间的线对齐
正中(MC)	指定文字串的中部中心点与大写字母和文字基线之间的中心线对齐
右中(MR)	指定文字串的中部右端点与大写字母和文字基线之间的一点对齐
左下(BL)	指定文字左侧起始点，与水平线的夹角为字体的选择角，且过该点的直线就是文字中最低字符字底的基线
中下(BC)	指定文字沿排列方向的中心点，最低字符字底基线与 BL 相同
右下(BR)	指定文字串的右端底部是否对齐

提示

要结束单行输入，在一空白行处按 Enter 键即可。

如图 6-51 所示的即为 4 种对齐方式的示意图，分别为对齐方式、中间方式、右上方式、左下方式。

图 6-51　单行文字的 4 种对齐方式

6.5.2　创建多行文字

对于较长和较为复杂的内容，可以使用【多行文字】命令来创建多行文字。多行文字可以布满指定的宽度，在垂直方向上无限延伸。用户可以自行设置多行文字对象中的单个字符的格式。

多行文字由任意数目的文字行或段落组成，与单行文字不同的是在一个多行文字编辑任务中创建的所有文字行或段落都被当作同一个多行文字对象。多行文字可以被移动、旋转、删除、复制、镜像、拉伸或比例缩放。

可以将文字高度、对正、行距、旋转、样式和宽度应用到文字对象中或将字符格式应用到特定的字符中。对齐方式要考虑文字边界以决定文字要插入的位置。

与单行文字相比，多行文字具有更多的编辑选项。可以将下划线、字体、颜色和高度变化应用到段落中的单个字符、词语或词组。

单击【多行文字】按钮，在主窗口会打开如图 6-52 所示的【文字编辑器】选项卡，以及如图 6-53 所示的【在位文字编辑器】及其【标尺】。

图 6-52　【文字编辑器】选项卡

图 6-53　【在位文字编辑器】及其【标尺】

其中，在【文字编辑器】选项卡中包括【样式】、【格式】、【段落】、【插入】、【拼写检查】、【工具】、【选项】、【关闭】8 个面板，可以根据不同的需要对多行文字进行编辑和修改。下面将对它们进行具体的介绍。

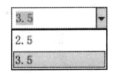

图 6-54　【文字高度】
下拉列表框

1．【样式】面板

在【样式】面板中可以选择文字样式，选择或输入文字高度，其中【文字高度】下拉列表框如图 6-54 所示。

2．【格式】面板

在【格式】面板中可以对字体进行设置，如可以修改为粗体、斜体等。用户还可以选择自己需要的字体及颜色，其【字体】下拉列表框如图 6-55 所示，【颜色】下拉列表框如图 6-56 所示。

3．【段落】面板

在【段落】面板中可以对段落进行设置，包括对正、编号、分布、对齐等的设置，其中【对正】下拉列表框如图 6-57 所示。

4．【插入】面板

在【插入】面板中可以插入符号、字段，进行分栏设置，其中【符号】下拉列表框如图 6-58 所示。

图 6-55 【字体】下拉列表框

图 6-56 【颜色】下拉列表框

图 6-57 【对正】下拉列表框

图 6-58 【符号】下拉列表框

5. 【拼写检查】面板

在【拼写检查】面板中将文字输入图形中时可以检查所有文字的拼写。也可以指定已使用的特定语言的词典并自定义和管理多个自定义拼写词典。

可以检查图形中所有文字对象的拼写，包括：单行文字和多行文字；标注文字；多重引线文字；块属性中的文字；外部参照中的文字。

使用拼写检查，将搜索用户指定的图形或图形的文字区域中拼写错误的词语。如果找到拼写错误的词语，则将亮显该词语并且绘图区域将缩放为便于读取该词语的比例。

6. 【工具】面板

在【工具】面板中可以搜索指定的文字字符串并用新文字进行替换。

7. 【选项】面板

在【选项】面板中可以显示其他文字选项列表，如图 6-59 所示。其中，选择【选项】|【编辑器设置】|【显示工具栏】菜单命令，如图 6-60 所示，打开如图 6-61 所示的【文字格式】对话框，也可以用此对话框中的命令来编辑多行文字。它和【多行文字】选项卡下的几个面板提供的命令是一样的。

图 6-59 【选项】下拉列表框

图 6-60 选择的菜单命令

图 6-61 【文字格式】对话框

8.【关闭】面板

单击【关闭文字编辑器】按钮可以退回到原来的主窗口,完成多行文字的编辑操作。

可以通过以下几种方式创建多行文字。

(1) 在【默认】选项卡中的【注释】面板或【注释】选项卡中的【文字】面板中单击【多行文字】按钮 A 。

(2) 在命令行中输入"mtext"后按 Enter 键。

(3) 在菜单栏中选择【绘图】|【文字】|【多行文字】菜单命令。

> **提 示**
>
> 创建多行文字对象的高度取决于输入的文字总量。

命令行窗口提示如下:

命令:_mtext 当前文字样式: "Standard"   文字高度:2.5   注释性: 否
指定第一角点:
指定对角点或 [高度(H)/对正(J)/行距(L)/旋转(R)/样式(S)/宽度(W) /栏(C)]: h
指定高度 <2.5>: 60
指定对角点或 [高度(H)/对正(J)/行距(L)/旋转(R)/样式(S)/宽度(W) /栏(C)]: w
指定宽度:100

此时绘图区如图 6-62 所示。

图 6-62 选择宽度(W)后绘图区所显示的图形

用【多行文字】命令创建的文字如图 6-63 所示。

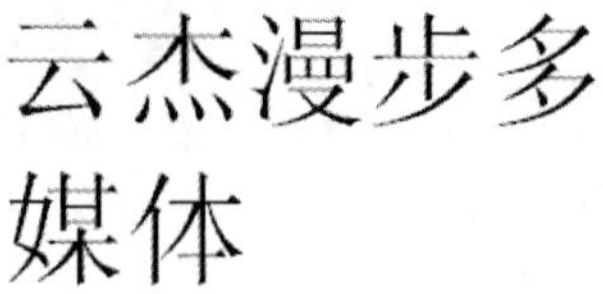

云杰漫步多
媒体

图 6-63　用【多行文字】命令创建的文字

6.6　文　本　编　辑

与绘图类似的是，在建立文字时，也有可能出现错误操作，这时就需要编辑文字。

6.6.1　编辑单行文字

编辑单行文字的方法如下。

(1)　在命令行中输入"ddedit"后按 Enter 键。

(2)　用鼠标双击文字，即可实现编辑单行文字操作。

编辑单行文字的具体操作步骤如下。

在命令行中输入"ddedit"后按 Enter 键，出现捕捉标志□。移动鼠标使此捕捉标志至需要编辑的文字位置，然后单击选中文字实体。

在其中可以修改的只是单行文字的内容，修改完文字内容后按两次 Enter 键即可。

6.6.2　编辑多行文字

编辑多行文字的方法如下。

(1)　在命令行中输入"mtedit"后按 Enter 键。

(2)　在菜单栏中选择【修改】|【对象】|【文字】|【编辑】菜单命令。

编辑多行文字的具体操作步骤如下。

在命令行中输入"mtedit"后，选择多行文字对象，会重新打开【文字编辑器】选项卡和【在位文字编辑器】，可以将原来的文字重新编辑为用户所需要的文字。原来的文字如图 6-64 所示；编辑后的文字如图 6-65 所示。

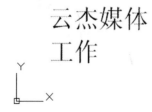

图 6-64　原【多行文字】命令输入的文字 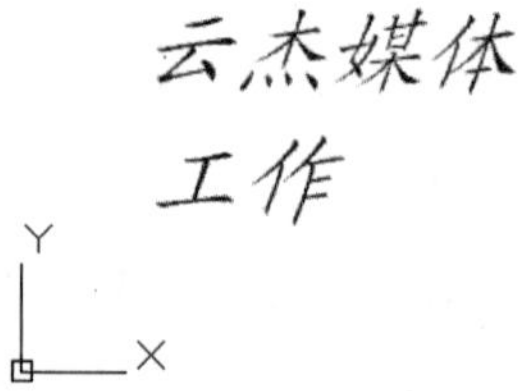　　　　图 6-65　编辑后的文字

6.7 设计案例——零件图标注

本范例源文件： \06\6-1.dwg
本范例完成文件： \06\6-2.dwg
多媒体教学路径： 光盘→多媒体教学→第 6 章

6.7.1 实例介绍与展示

本节介绍支架零件图的标注，使读者通过实例来了解尺寸标注的方法。我们在进行尺寸标注时先标注长度尺寸，后标注直径尺寸。标注完成的支架零件图如图 6-66 所示。

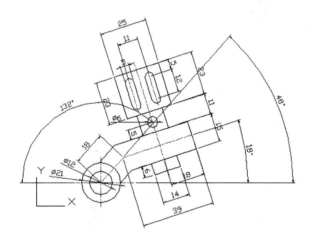

图 6-66 标注完成的支架零件图

6.7.2 设置标注样式

步骤 01 打开零件图
打开支架零件图 "6-1" 文件，如图 6-67 所示。

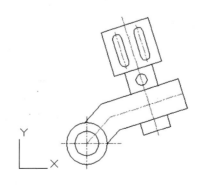

图 6-67 支架零件图

步骤 02 设置图层
单击【图层】面板中的【图形特性】按钮 ，弹出【图层特性管理器】对话框，选择【标

注】层，然后单击【置为当前】按钮 ✔，单击【确定】按钮，设置【标注】层为当前层，如图 6-68 所示。

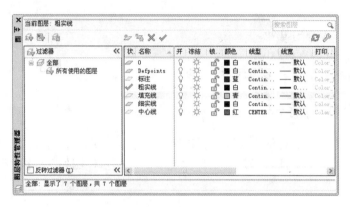

图 6-68 【图形特性管理器】对话框参数设置

步骤 03 设置标注样式管理器

① 选择【格式】|【标注样式】菜单命令，弹出【标注样式管理器】对话框，如图 6-69 所示。

② 在对话框中单击【修改】按钮，弹出【修改标注样式】对话框，单击【文字】标签，切换到【文字】选项卡，在【文字外观】选项组中的【文字高度】微调框中输入"2.5"，如图 6-70 所示。

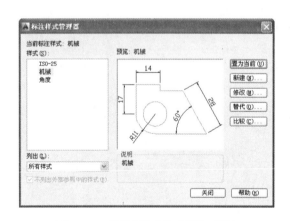

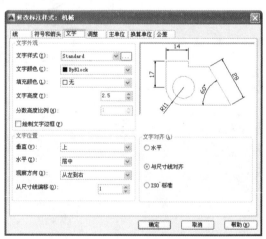

图 6-69 【标注样式管理器】对话框   图 6-70 【文字】选项卡参数设置

③ 单击【修改标注样式】对话框中的【主单位】标签，切换到【主单位】选项卡，在【线性标注】选项组的【精度】下拉列表框中选择 0 选项，其他参数保持不变，如图 6-71 所示，单击【关闭】按钮。

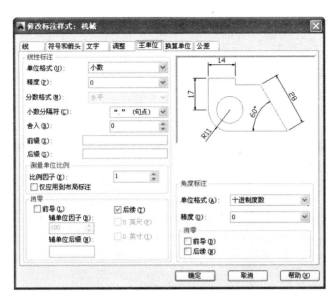

图 6-71　【主单位】选项卡参数设置

6.7.3　尺寸标注

步骤 01　线性标注

选择【标注】|【对齐】菜单命令，标注如图 6-72 所示的长度尺寸。

命令行窗口提示如下：

命令: _dimaligned　　　　　　　　　　　　\\使用对齐标注命令
指定第一条延伸线原点或 <选择对象>:　　　\\选择标注的第一点
指定第二条延伸线原点:　　　　　　　　　\\选择标注的第二点
指定尺寸线位置或　　　　　　　　　　　　\\指定尺寸线位置
[多行文字(M)/文字(T)/角度(A)]:
标注文字 = 23

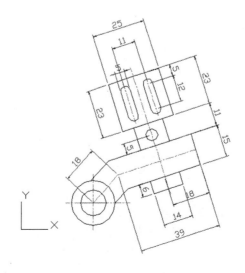

图 6-72　标注长度尺寸

步骤 **02** 直径标注

选择【标注】|【直径】菜单命令，标注如图 6-73 所示的直径尺寸。

命令行窗口提示如下：

命令: _dimdiameter   \\使用直径标注命令
选择圆弧或圆: \\选择小圆
标注文字 ＝21
指定尺寸线位置或 [多行文字(M)/文字(T)/角度(A)]:   \\指定尺寸线位置

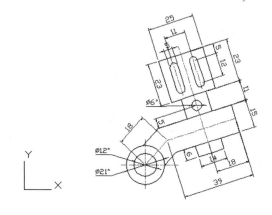

图 6-73　标注直径尺寸

步骤 **03** 角度标注

选择【标注】|【角度】菜单命令，进行角度标注。

命令行窗口提示如下：

命令: _dimangular   \\使用角度标注命令
选择圆弧、圆、直线或 <指定顶点>:   \\选择第一条边
选择第二条直线: \\选择第二条边
指定标注弧线位置或 [多行文字(M)/文字(T)/角度(A)/象限点(Q)]:   \\指定标注弧线位置
标注文字 ＝18

至此，支架图的尺寸标注完成，如图 6-74 所示。

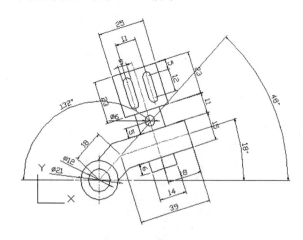

图 6-74　标注完成效果图

6.8 本 章 小 结

　　本章主要介绍了 AutoCAD 2014 的尺寸标注与文字创建等命令，从而使绘制的图形更加完整和准确。通过本章的学习，读者应该能熟练掌握 AutoCAD 2014 中尺寸标注和文字创建的方法。

第 7 章

创建和插入表格

本章导读：

在使用 AutoCAD 绘制图形时，会遇到大量的表格，如果重复绘制，效率极低。通过本章的学习，读者应学会一些基本的表格样式的设置和表格的创建，可以减小图形文件的容量，节省存储空间，进而提高绘图速度。

7.1 创 建 表 格

在 AutoCAD 中，可以使用【表格】命令创建表格，还可以从 Microsoft Excel 中直接复制表格，并将其作为 AutoCAD 表格对象粘贴到图形中，也可以从外部直接导入表格对象。此外，还可以输出来自 AutoCAD 的表格数据，以供 Microsoft Excel 或其他应用程序使用。

7.1.1 新建表格样式

使用表格可以使信息表达得很有条理、便于阅读，同时表格也具备计算功能。表格在建筑类中经常用于门窗表、钢筋表、原料单和下料单等；在机械类中常用于装配图中零件明细栏、标题栏和技术说明栏等。

在 AutoCAD 2014 中，可以通过以下 2 种方法创建表格样式。

(1) 在命令行中输入"tablestyle"命令后按 Enter 键。

(2) 在菜单栏中，选择【格式】|【表格样式】菜单命令。

使用以上任意一种方法，均会打开如图 7-1 所示的【表格样式】对话框。此对话框可以设置当前表格样式，以及创建、修改和删除表格样式。

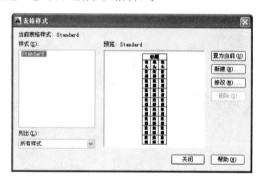

图 7-1 【表格样式】对话框

下面介绍此对话框中各选项的主要功能。

(1) 【当前表格样式】：显示应用于所创建表格的表格样式的名称。默认表格样式为 Standard。

(2) 【样式】：显示表格样式列表格。当前样式被亮显。

(3) 【列出】：控制【样式】列表框的内容。

● 【所有样式】： 显示所有表格样式。

● 【正在使用的样式】： 仅显示被当前图形中的表格引用的表格样式。

(4) 【预览】：显示【样式】列表框中选定样式的预览图像。

(5) 【置为当前】：将【样式】列表框中选定的表格样式设置为当前样式。所有新表格都将使用此表格样式创建。

(6) 【新建】：显示【创建新的表格样式】对话框，从中可以定义新的表格样式。

(7) 【修改】：显示【修改表格样式】对话框，从中可以修改表格样式。

(8) 【删除】：删除【样式】列表框中选定的表格样式。不能删除图形中正在使用的样式。

单击【新建】按钮，出现如图 7-2 所示的【创建新的表格样式】对话框，定义新的表格样式。

图 7-2 【创建新的表格样式】对话框

7.1.2 设置表格样式

在【新样式名】文本框中输入要建立的表格名称，然后单击【继续】按钮，出现如图 7-3 所示的【新建表格样式】对话框。在对话框中通过对起始表格、常规、单元样式等格式设置，完成对表格样式的设置。

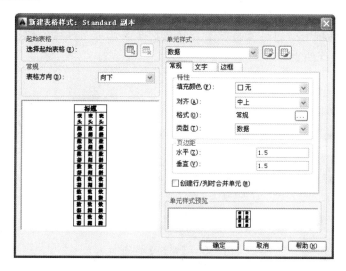

图 7-3 【新建表格样式】对话框

在【新建表格样式】对话框中各选项的主要功能如下。

(1) 【起始表格】选项组：起始表格是图形中用作设置新表格样式格式的样例的表格。一旦选定表格，用户即可指定要从此表格复制到表格样式的结构和内容。创建新的表格样式时，可以指定一个起始表格，也可以从表格样式中删除起始表格。

(2) 【常规】选项组：可以完成对表格方向的设置。

● 【表格方向】：设置表格方向。

● 【向下】：将创建由上而下读取的表格，标题行和列标题位于表格的顶部。

● 【向上】：将创建由下而上读取的表格，标题行和列标题位于表格的底部。

如图 7-4 所示表格方式设置的方法和表格样式预览窗口的变化。

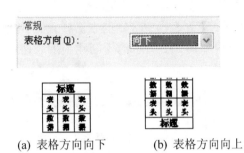

(a) 表格方向向下   (b) 表格方向向上

图 7-4 　【基本】选项

(3) 【单元样式】选项组：定义新的单元样式或修改现有单元样式。可以创建任意数量的单元样式。

● 　【单元样式】下拉列表框：显示表格中的单元样式。

● 　【创建新单元样式】按钮：启动【创建新单元样式】对话框。

● 　【管理单元样式】按钮：启动【管理单元样式】对话框。

【单元样式】设置数据单元、单元文字和单元边界的外观，取决于处于活动状态的选项卡：【常规】选项卡、【文字】选项卡和【边框】选项卡。

① 　【常规】选项卡：包括【特性】、【页边距】选项组和【创建行/列时合并单元】复选框的设置，如图 7-5 所示。

图 7-5 　【常规】选项卡

【特性】选项组选项介绍如下。

● 　【填充颜色】：指定单元的背景色。默认值为【无】，可以在其下拉列表框中选择【选择颜色】选项以显示【选择颜色】对话框。

● 　【对齐】：设置表格单元中文字的对正和对齐方式。文字相对于单元的顶部边框和底部边框进行居中对齐、上对齐或下对齐。文字相对于单元的左边框和右边框进行居中对正、左对正或右对正。

● 　【格式】：为表格中的"数据""列标题"或"标题行"设置数据类型和格式。单击该按钮将显示【表格单元格式】对话框，从中可以进一步定义格式选项。

● 　【类型】：将单元样式指定为标签或数据。

【页边距】选项组：控制单元边界和单元内容之间的间距。单元边距设置应用于表格中的所有单元。默认设置为 0.06(英制)和 1.5(公制)。

● 　【水平】：设置单元中的文字或块与左右单元边界之间的距离。

- 【垂直】：设置单元中的文字或块与上下单元边界之间的距离。
- 【创建行/列时合并单元】复选框： 将使用当前单元样式创建的所有新行或新列合并为一个单元。可以使用此选项在表格的顶部创建标题行。
② 【文字】选项卡：包括表格内文字的样式、高度、颜色和角度的设置，如图7-6所示。
- 【文字样式】：列出图形中的所有文字样式。

单击 ⬛ 按钮将显示【文字样式】对话框，从中可以创建新的文字样式。

- 【文字高度】：设置文字高度。数据和列标题单元的默认文字高度为0.1800。表标题的默认文字高度为0.25。
- 【文字颜色】：指定文字颜色。在其下拉列表框中选择【选择颜色】选项可显示【选择颜色】对话框。
- 【文字角度】：设置文字角度。默认的文字角度为0度。可以输入-359度到+359度之间的任意角度。
③ 【边框】选项卡：包括表格边框的线宽、线型和边框的颜色，还可以将表格内的线设置成双线形式，单击表格边框按钮可以将选定的特性应用到边框，如图7-7所示。

图7-6 【文字】选项卡 　　　　　图7-7 【边框】选项卡

- 【线宽】：通过单击边框按钮，设置将要应用于指定边界的线宽。如果使用粗线宽，可能必须增加单元边距。
- 【线型】：通过单击边框按钮，设置将要应用于指定边界的线型。将显示标准线型随块、随层和连续，或者可以选择【其他】选项加载自定义线型。
- 【颜色】：通过单击边框按钮，设置将要应用于指定边界的颜色。在其下拉列表框中选择【选择颜色】选项可显示【选择颜色】对话框。
- 【双线】：将表格边框显示为双线。
- 【间距】：确定双线边框的间距。默认间距为0.1800。
- 【边界】按钮：控制单元边界的外观。边框特性包括栅格线的线宽和颜色。
- 【所有边框】：将边框特性设置应用到指定单元样式的所有边框。
- 【外部边框】：将边框特性设置应用到指定单元样式的外部边框。
- 【内部边框】：将边框特性设置应用到指定单元样式的内部边框。
- 【底部边框】：将边框特性设置应用到指定单元样式的底部边框。
- 【左边框】：将边框特性设置应用到指定单元样式的左边框。
- 【上边框】：将边框特性设置应用到指定单元样式的上边框。

- 【右边框】：将边框特性设置应用到指定单元样式的右边框。
- 【无边框】：隐藏指定单元样式的边框。

(4) 【单元样式预览】：显示当前表格样式设置效果的样例。

注　意

　　边框设置好后一定要单击表格边框按钮应用选定的特征，如不应用，表格中的边框线在打印和预览时都看不见。

7.2　插　入　表　格

在 AutoCAD 2014 中，可以通过以下 2 种方法创建表格样式。

(1) 在命令行中输入 "table" 命令后按 Enter 键。

(2) 单击【注释】面板中【表格】按钮 。

使用以上任意一种方法，均可打开如图 7-8 所示的【插入表格】对话框。

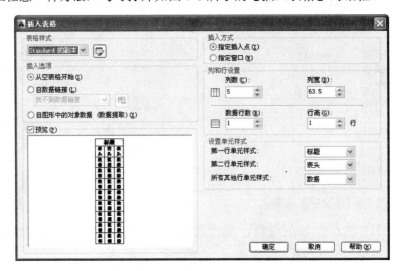

图 7-8　【插入表格】对话框

下面介绍【插入表格】对话框中各选项的功能。

(1) 【表格样式】选项组：在要从中创建表格的当前图形中选择表格样式。通过单击下拉列表框右侧的按钮，用户可以创建新的表格样式。

(2) 【插入选项】选项组：指定插入表格的方式。

- 【从空表格开始】单选按钮：创建可以手动填充数据的空表格。
- 【自数据链接】单选按钮：从外部电子表格中的数据创建表格。
- 【自图形中的对象数据(数据提取)】：启动"数据提取"向导。

(3) 【预览】：显示当前表格样式的样例。

(4) 【插入方式】选项组：指定表格位置。

- 【指定插入点】单选按钮：指定表格左上角的位置。可以使用定点设备，也可以在命令提示下输入坐标值。如果表格样式将表格的方向设置为由下而上读取，则插入点位于表格的左下角。

- 【指定窗口】单选按钮：指定表格的大小和位置。可以使用定点设备，也可以在命令提示下输入坐标值。 选定此选项时，行数、列数、列宽和行高取决于窗口的大小以及列和行设置。

(5) 【列和行设置】选项组：设置列和行的数目和大小。

- Ⅲ按钮：表示列。
- 〓按钮：表示行。
- 【列数】：指定列数。选中【指定窗口】单选按钮并选中【列数】单选按钮时，【列宽】变为自动，且列数由表格的宽度控制，如图 7-9 所示。如果已指定包含起始表格的表格样式，则可以选择要添加到此起始表格的其他列的数量。

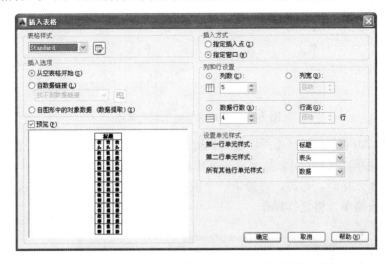

图 7-9 选中【指定窗口】单选按钮的【插入表格】对话框

- 【列宽】：指定列的宽度。选中【指定窗口】单选按钮并选中【列宽】单选按钮时，【列数】变为自动，且列宽由表格的宽度控制。最小列宽为一个字符。
- 【数据行数】：指定行数。选中【指定窗口】单选按钮并选中【数据行数】单选按钮时，【行高】变为自动，且行数由表格的高度控制。带有标题行和表格头行的表格样式最少应有三行。最小行高为一个文字行。如果已指定包含起始表格的表格样式，则可以选择要添加到此起始表格的其他数据行的数量。
- 【行高】：按照行数指定行高。文字行高基于文字高度和单元边距，这两项均在表格样式中设置。选中【指定窗口】单选按钮并选中【行高】单选按钮时，【数据行数】变为自动，且行高由表格的高度控制。

注 意

在【插入表格】对话框中，要注意列宽和行高的设置。

(6) 【设置单元样式】选项组：对于那些不包含起始表格的表格样式，请指定新表格中行的单元格式。

- 【第一行单元样式】：指定表格中第一行的单元样式。默认情况下，使用【标题】单元样式。

- 【第二行单元样式】：指定表格中第二行的单元样式。默认情况下，使用【表头】单元样式。
- 【所有其他行单元样式】：指定表格中所有其他行的单元样式。默认情况下，使用【数据】单元样式。

7.3 编辑表格

在绘图中选择表格后，在表格的四周、标题行上将显示若干个夹点，用户可以根据这些夹点来编辑表格，如图 7-10 所示。

图 7-10 选择表格时出现的夹点

在 AutoCAD 2014 中，用户还可以使用快捷菜单来编辑表格。当选择整个表格时，右击，将弹出一个快捷菜单，如图 7-11 所示，在其中选择所需的选项，可以对整个表格进行相应的操作。选择表格单元格时，右击，将弹出一个快捷菜单，如图 7-12 所示，在其中选择相应的选项，可对某个表格单元格进行操作。

图 7-11 选择整个表格时的快捷菜单　　　图 7-12 选择表格单元格时的快捷菜单

从选择整个表格时的快捷菜单中可以看出，用户可以对表格进行剪切、复制、删除、移动、缩放和旋转等简单的操作。

从选择表格单元格时的快捷菜单中可以看出，用户可以对表格单元格进行编辑，该快捷菜单中各主要选项的含义如下。

- 【对齐】：选择该选项，可以选择表格单元对齐方式。
- 【边框】：选择该选项，弹出【单元边框特性】对话框，在该对话框中可以设置单元格边框的线宽、颜色等特性，如图 7-13 所示。
- 【匹配单元】：用当前选择的表格单元格式匹配其他单元，此时鼠标指针变为格式刷形状，单击目标对象即可进行匹配。
- 【插入点】：选择【插入点】|【块】菜单命令，弹出【在表格单元中插入块】对话框，如图 7-14 所示。用户可以从中选择插入到表格中的图块，并设置图块在单元格中的对齐方法、比例及旋转角度等特性。

图 7-13　【单元边框特性】对话框　　　　图 7-14　【在表格单元中插入块】对话框

- 【合并】：当选中多个连续的单元后，选择该选项可以全部、按行或按列合并表格单元，如图 7-15 所示。

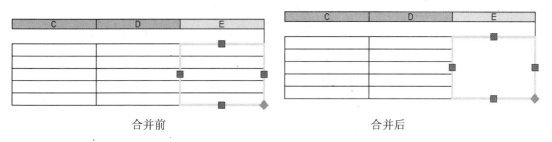

图 7-15　合并单元格

7.4 设计案例——绘制图纸标题栏

本范例完成文件： \07\7-1.dwg

多媒体教学路径： 光盘→多媒体教学→第 7 章

7.4.1 实例介绍与展示

结合本章所学知识，绘制图纸标题栏，效果如图 7-16 所示。

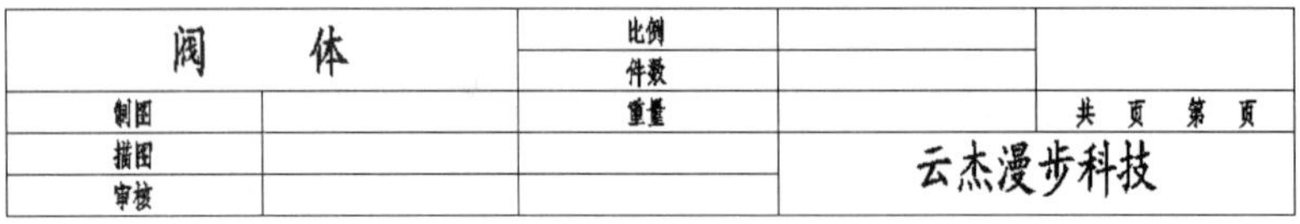

阀　体	比例				共　页　第　页
	件数				
制图		重量			云杰漫步科技
描图					
审核					

图7-16　图纸标题栏

7.4.2 新建表格样式

① 选择【格式】|【表格样式】菜单命令，弹出如图 7-17 所示的【表格样式】对话框。

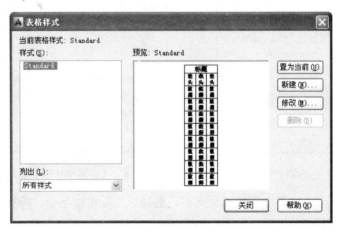

图 7-17　【表格样式】对话框

② 单击【新建】按钮，弹出【创建新的表格样式】对话框。在【新样式名】文本框中输入要建立的表格名称"标准件表"，如图 7-18 所示。

图 7-18　【创建新的表格样式】对话框

③然后单击【继续】按钮，出现如图 7-19 所示的【新建表格样式：标准件表】对话框，这里我们采用默认设置。

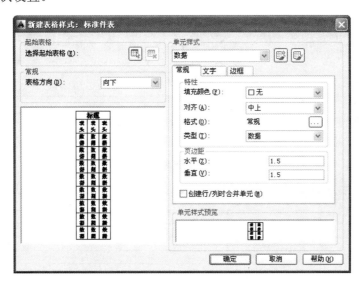

图 7-19　【新建表格样式：标准件表】对话框

7.4.3　插入表格并编辑

步骤01　插入表格

①选择【绘图】|【表格】菜单命令或在命令行中输入"table"，按 Enter 键，都可出现【插入表格】对话框。在【设置单元样式】选项组的【第一行单元样式】下拉列表框中选择【标题】选项；在【第二行单元样式】下拉列表框中选择【表头】选项；在【所有其他行单元样式】下拉列表框中选择【数据】选项；在【列和行设置】选项组的【列数】微调框中输入"5"，在【数据行数】微调框中输入"4"，如图 7-20 所示。

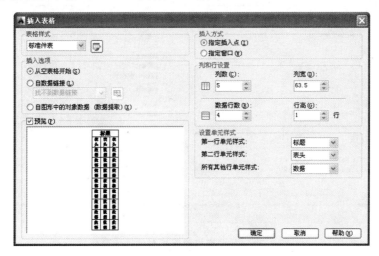

图 7-20　【插入表格】对话框参数设置

❷ 单击【确定】按钮，在当前图形插入"标准件表"表格，同时弹出如图 7-21 所示的【文字格式】对话框，单击【确定】按钮，完成表格的创建，如图 7-22 所示。

图 7-21 【文字格式】对话框

图 7-22 按照"标准件表"样式插入的表格

步骤02 对插入的表格进行修改编辑

❶ 删除标题栏。选择标题栏单元格，右击，弹出的快捷菜单选择【行】|【删除】命令，如图 7-23 所示，删除结果如图 7-24 所示。

图 7-23 选择表格单元格时的快捷菜单

图 7-24　删除标题栏

❷ 合并单元格。选中左上角连续 4 个单元格，右击，在弹出的快捷菜单选择【合并】|【全部】命令，合并结果如图 7-25 所示。

图 7-25　合并单元格

继续合并其他单元格，合并结果如图 7-26 所示。

图 7-26　合并单元格

7.4.4　插入文字

步骤01 新建文字样式

选择【格式】|【文字样式】菜单命令，弹出【文字样式】对话框，单击【新建】按钮，打开【新建文字样式】对话框，在【样式名】文本框中输入【样式 1】后，单击【确定】按钮，返回新建【样式 1】的【文字样式】对话框，如图 7-27 所示。

图 7-27　新建文字样式

步骤 02 插入文字

① 在新建【样式 1】的【文字样式】对话框中，在【字体】选项组的【字体名】下拉列表框中选择【仿宋_GB2312】，在【效果】选项组的【宽度因子】文本框中输入"0.7"，如图 7-28 所示，单击【应用】按钮。

图 7-28　设置文字样式 1

② 双击单元格，弹出【文字格式】对话框，在【文字样式】下拉列表框中选择【样式 1】选项，在【高度】下拉列表框中输入"0.3"，在灰色背景中输入文字"制图"，如图 7-29 所示，单击【确定】按钮。

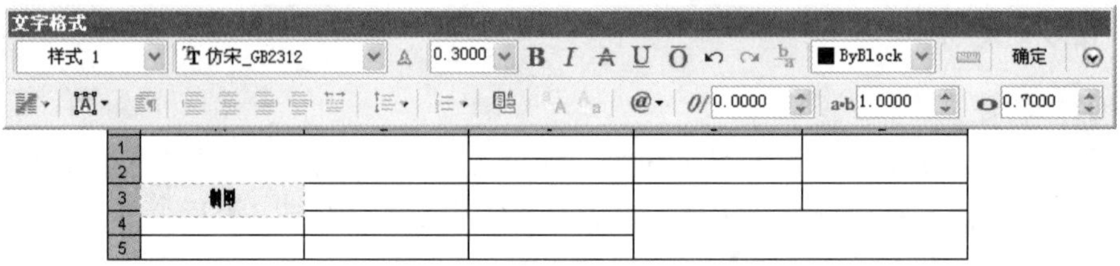

图 7-29　输入的文字

继续输入其他文字，输入结果如图 7-30 所示。

		比例		
		件数		
制图		重量		共　页　第　页
描图				
审核				

图 7-30　文字格式为【样式 1】的文字

③ 再新建一个文字样式【样式 2】，打开样式 2【文字样式】对话框，在【字体】选项组的【字体名】下拉列表框中选择【楷体_GB2312】，在【效果】选项组的【宽度因子】文本框中输入"0.7"，如图 7-31 所示，单击【应用】按钮。

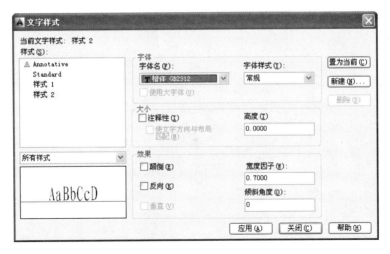

图 7-31　设置文字样式 2

④双击第一个合并的单元格，弹出【文字格式】对话框，在【文字样式】下拉列表框中
选择【样式 2】，在【高度】下拉列表框中输入"0.6"，在灰色背景中输入文字"阀体"，如
图 7-32 所示，单击【确定】按钮。

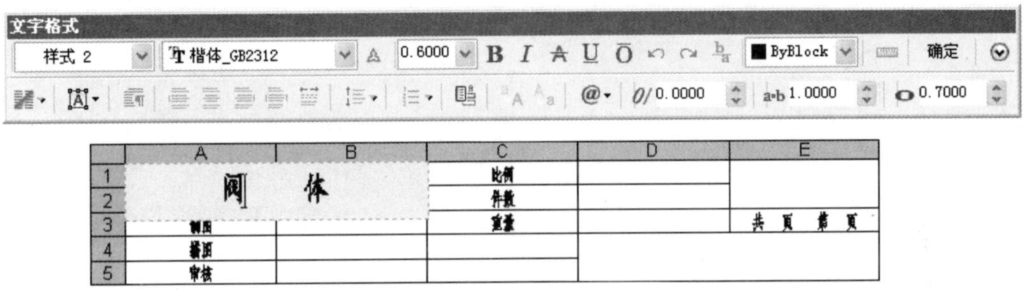

图 7-32　输入的文字

继续输入其他文字，输入结果如图 7-33 所，完成标题栏的绘制。

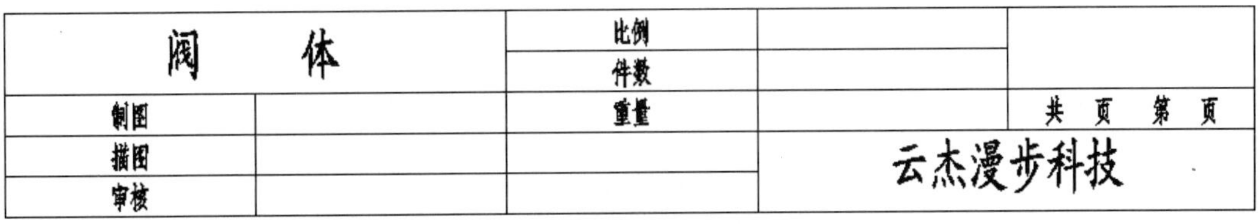

图 7-33　文字格式为【样式 2】的文字

7.5　本 章 小 结

本章主要介绍了 AutoCAD 2014 中表格的创建和编辑，并对 AutoCAD 中创建表格的技巧
进行了详细的讲解，从而使用户绘制的图纸更加完善。通过本章的学习，读者应该能熟练掌握
AutoCAD 2014 中创建和编辑表格的操作方法。

第 8 章

块和外部参照

本章导读：

在使用 AutoCAD 绘制图形时，会遇到大量相似的图形实体，如果重复绘制，效率极其低下。AutoCAD 提供了一种有效的工具——"块"。块是一组相互集合的实体，它可以作为单个目标加以应用，可以由 AutoCAD 中的任何图形实体组成。

8.1 图块操作

在绘制图形时，如果图形中有大量相同或相似的内容，或者所绘制的图形与已有的图形文件相同，则可以把要重复绘制的图形创建成块(也称为图块)，并根据需要为块创建属性，指定块的名称、用途及设计者等信息，在需要时直接插入它们。当然，用户也可以把已有的图形文件以参照的形式插入到当前图形中(即外部参照)，或是通过 AutoCAD 设计中心浏览、查找、预览、使用和管理 AutoCAD 图形、块、外部参照等不同的资源文件。块的广泛应用是由于它本身的特点决定的。

一般来说，块具有如下特点。

1. 提高绘图速度

用 AutoCAD 绘图时，常常要绘制一些重复出现的图形。如果把这些经常要绘制的图形定义成块保存起来，绘制它们时就可以用插入块的方法实现，即把绘图变成了拼图，避免了重复性工作，同时又提高了绘图速度。

2. 节省存储空间

AutoCAD 要保存图中每一个对象的相关信息，如对象的类型、位置、图层、线型、颜色等，这些信息要占用存储空间。如果一幅图中绘有大量相同的图形，则会占据较大的磁盘空间。但如果把相同图形事先定义成一个块，绘制它们时就可以直接把块插入到图中的各个相应位置。这样既满足了绘图要求，又可以节省磁盘空间。因为虽然在块的定义中包含了图形的全部对象，但系统只需要一次这样的定义。对块的每次插入，AutoCAD 仅需要记住这个块对象的有关信息(如块名、插入点坐标、插入比例等)，从而节省了磁盘空间。对于复杂但需多次绘制的图形，这一特点表现得更为显著。

3. 便于修改图形

一张工程图纸往往需要多次修改。例如在机械设计中，旧国家标准用虚线表示螺栓的内径，新国标把内径用细实线表示。如果对旧图纸上的每一个螺栓按新国家标准修改，既费时又不方便。但如果原来各螺栓是通过插入块的方法绘制的，那么，只要简单地进行再定义块等操作，图中插入的所有该块均会自动进行修改。

4. 加入属性

很多块还要求有文字信息以进一步解释、说明。AutoCAD 允许为块定义这些文字属性，而且还可以在插入的块中显示或不显示这些属性；从图中提取这些信息并将它们传送到数据库中。

块是一个或多个对象组成的对象集合，常用于绘制复杂、重复的图形。一旦一组对象组合成块，就可以根据作图需要将这组对象插入到图中任意指定位置，而且还可以按不同的比例和旋转角度插入。

概括地讲块操作是指通过操作达到用户使用块的目的，如创建块、保存块、块插入等对块进行的一些操作。

8.1.1 创建块

创建块是把一个或是一组实体定义为一个整体【块】。可以通过以下几种方式来创建块。

(1) 单击【块】面板中的【创建块】按钮。

(2) 在命令行中输入"block"后按 Enter 键。

(3) 在命令行中输入"bmake"后按 Enter 键。

(4) 在菜单栏中，选择【绘图】|【块】|【创建】菜单命令。

执行上述任一操作后，AutoCAD 会打开如图 8-1 所示的【块定义】对话框。

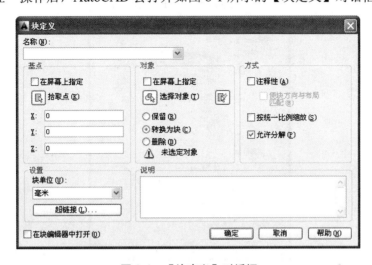

图 8-1 【块定义】对话框

下面介绍此对话框中各选项的主要功能。

(1) 【名称】下拉列表框：指定块的名称。如果将系统变量 EXTNAMES 设置为 1，块名最长可达 255 个字符，包括字母、数字、空格以及 Microsoft Windows 和 AutoCAD 没有用于其他用途的特殊字符。

块名称及块定义保存在当前图形中。

> **注 意**
>
> 不能用 DIRECT、LIGHT、AVE_RENDER、RM_SDB、SH_SPOT 和 OVERHEAD 作为有效的块名称。

(2) 【基点】选项组：指定块的插入基点。默认值是(0，0，0)。

● 【拾取点】按钮：用户可以通过单击此按钮暂时关闭对话框以便能在当前图形中拾取插入基点，然后利用鼠标直接在绘图区选取。

● X 文本框：指定 X 坐标值。

● Y 文本框：指定 Y 坐标值。

● Z 文本框：指定 Z 坐标值。

(3) 【对象】选项组：指定新块中要包含的对象，以及创建块之后是保留或删除选定的对象还是将它们转换成块引用。

- 【选择对象】按钮：用户可以通过单击此按钮，暂时关闭【块定义】对话框，这时用户可以在绘图区选择图形实体作为将要定义的块实体。完成对象选择后，按 Enter 键重新显示【块定义】对话框。
- 【快速选择】按钮：显示【快速选择】对话框，如图 8-2 所示，该对话框定义选择集。

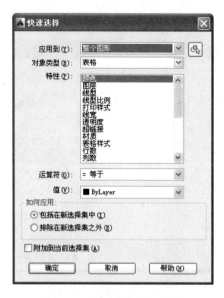

图 8-2　【快速选择】对话框

- 【保留】单选按钮：创建块以后，将选定对象保留在图形中作为区别对象。
- 【转换为块】单选按钮：创建块以后，将选定对象转换成图形中的块引用。
- 【删除】单选按钮：创建块以后，从图形中删除选定的对象。
- 【未选定对象】：创建块以后，显示选定对象的数目。

(4) 【设置】选项组：指定块的设置。

- 【块单位】下拉列表框：指定块参照插入单位。
- 【超链接】按钮：打开【插入超链接】对话框，如图 8-3 所示，可以使用该对话框将某个超链接与块定义相关联。

(5) 【方式】选项组选项如下。

- 【注释性】：指定块为 annotative。单击信息图标以了解有关注释性对象的更多信息。
- 【使块方向与布局匹配】：指定在图纸空间视口中的块参照的方向与布局的方向匹配。如果未选择"注释性"选项，则该选项不可用。
- 【按统一比例缩放】复选框：指定是否阻止块参照不按统一比例缩放。
- 【允许分解】复选框：指定块参照是否可以被分解。

(6) 【说明】文本框：指定块的文字说明。

(7) 【在块编辑器中打开】复选框：选中此复选框后单击【块定义】对话框中的【确定】

按钮，则在块编辑器中打开当前的块定义。

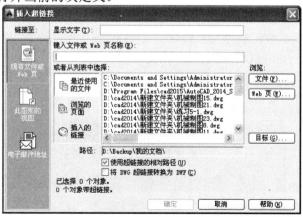

图 8-3 【插入超链接】对话框

当需要重新创建块时，用户可以在命令行中输入 block 后按 Enter 键，命令行窗口提示如下：

```
命令: _block
输入块名或 [?]:              //输入块名
指定插入基点:               //确定插入基点位置
选择对象:                   //选择将要被定义为块的图形实体
```

提 示

如果用户输入的是以前存在的块名，AutoCAD 会提示用户此块已经存在，用户是否需要重新定义它，命令行窗口提示如下：

块 "w" 已存在。是否重定义？[是(Y)/否(N)] <N>

当用户输入 n 后按 Enter 键，AutoCAD 会自动退出此命令。当用户输入 y 后按 Enter 键，AutoCAD 会提示用户继续插入基点位置。

下面通过绘制两个同心圆来了解制作过程。

绘制两个同心圆，圆心为(50，50)，半径分别为 20、30。然后将这两个同心圆创建为块，块的名称为【圆】，基点为(50，50)，其余用默认值。

(1) 利用【圆】命令绘制两个圆心为(50，50)，半径分别为 20，30 的圆。

(2) 选择【绘图】│【块】│【创建】菜单命令。

(3) 在打开的【块定义】对话框中的【名称】文本框中输入 "circle"。

(4) 在【基点】选项组的 X 文本框中输入 20，Y 文本框中输入 50。

(5) 单击【对象】选项组中的【选择对象】按钮，然后在绘图区选择两个圆形图形后按 Enter 键。

(6) 单击【块定义】对话框中的【确定】按钮，则定义了块。

8.1.2 将块保存为文件

用户创建的块会保存在当前图形文件的块的列表中，当保存图形文件时，块的信息和图形

一起保存。当再次打开该图形时,块信息同时也被载入。但是当用户需要将所定义的块应用于另一个图形文件时,就需要先将定义的块保存,然后再调出使用。

使用 wblock 命令,块就会以独立的图形文件(dwg)的形式保存。同样,任何 dwg 图形文件也可以作为块来插入。执行保存块的操作步骤如下。

(1) 在命令行中输入"wblock"后按 Enter 键。

(2) 在打开的如图 8-4 所示的【写块】对话框中进行设置后,单击【确定】按钮即可。

图 8-4 【写块】对话框

下面来讲述【写块】对话框中的具体参数设置。

(1) 【源】选项组中有 3 个选项供用户选择。

● 【块】:选中【块】单选按钮后,用户就可以通过后面的下拉列表框选择将要保存的块名或是可以直接输入将要保存的块名。

● 【整个图形】:选中此单选按钮,AutoCAD 会认为用户选择整个图形作为块来保存。

● 【对象】:选中此单选按钮,用户可以选择一个图形实体作为块保存。选中此单选按钮后,用户才可以进行下面的设置选择基点,选择实体等,这部分内容与前面定义块的内容相同,在此就不再赘述了。

(2) 【基点】和【对象】选项组中的选项主要用于通过基点或对象的方式来选择目标。

(3) 【目标】选项组:指定文件的新名称和新位置以及插入块时所用的测量单位。用户可以将此块保存至相应的文件夹中。可以在【文件名和路径】的下拉列表框中选择路径或是单击 按钮来给定路径。【插入单位】用来指定从设计中心拖曳新文件并将其作为块插入到使用不同单位的图形中时自动缩放所使用的单位值。如果用户希望插入时不自动缩放图形,则选择【无单位】选项。

用户在执行 wblock 命令时，不必先定义一个块，只要直接将所选图形实体作为一个图块保存在磁盘上即可。当所输入的块不存在时，AutoCAD 会显示【AutoCAD 提示信息】对话框，提示块不存在，是否要重新选择。在多视窗中，wblock 命令只适用于当前窗口。存储后的块可以重复使用，而不需要从提供这个块的原始图形中选取。

保存上一步所定义的块至 D 盘 Temp 文件夹下，名字为【同心圆】。wblock 命令操作方法如下：

(1) 打开【同心圆】的图形。

(2) 在命令行中输入"wblock"后按 Enter 键，打开【写块】对话框。

(3) 选择【源】选项组中的【块】选项，在后面的下拉列表框中选择"circle"。

(4) 在【目标】选项组中【文件名和路径】下的输入框中输入"D:\Temp\圆"，单击【确定】按钮。

8.1.3　插入块

定义块和保存块的目的是为了使用块，使用插入命令来将块插入到当前的图形中。

图块是 CAD 操作中比较核心的工作，许多程序员与绘图工作者都建立了各种各样的图块。由于他们的工作给我们的带来了简便，我们能像砖瓦一样使用这些图块。例如，工程制图中建立各个规格的齿轮与轴承；建筑制图中建立一些门、窗、楼梯、台阶等以便在绘制时方便调用。

当用户插入一个块到图形中，用户必须指定插入的块名、插入点的位置、插入的比例系数以及图块的旋转角度。插入可以分为两类：单块插入和多重插入。下面将分别讲述这两个插入命令。

1. 单块插入

(1) 在命令行中输入"insert"或"ddinsert"后按 Enter 键。

(2) 在菜单栏中，选择【插入】│【块】菜单命令。

(3) 单击【块】面板中的【插入】按钮。

打开如图 8-5 所示的【插入】对话框。下面来讲解其中的参数设置。

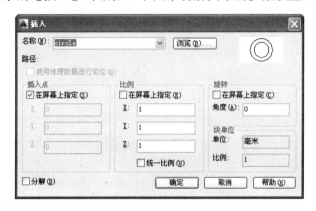

图 8-5　【插入】对话框

(1) 在【插入】对话框的【名称】下拉列表框中输入块名或是单击下拉列表框后的 浏览(B)... 按钮来浏览文件，从而从中选择块。

(2) 在【插入点】选项组中，如果用户启用【在屏幕上指定】复选框，则插入点可以用鼠标动态选取；如果用户取消启用【在屏幕上指定】复选框，则可以在下面的 X、Y、Z 文本框中输入用户所需的坐标值。

(3) 在【比例】选项组中，如果用户启用【在屏幕上指定】复选框，则比例会在插入时动态缩放；如果用户取消启用【在屏幕上指定】复选框，可以在下面的 X、Y、Z 文本框中输入用户所需的比例值。在此处如果用户启用【统一比例】复选框，则只能在 X 文本框中输入统一的比例因子表示缩放系数。

(4) 在【旋转】选项组中，如果用户启用【在屏幕上指定】复选框，则旋转角度在插入时确定；如果用户取消选中【在屏幕上指定】复选框，则可以在下面的【角度】文本框中输入图块的旋转角度。

(5) 在【块单位】选项组中，显示有关块单位的信息。【单位】指定插入快的单位值。【比例】显示单位比例因子，该比例因子是根据块的单位值和图形单位计算的。

(6) 在【分解】复选框中，用户可以通过启用它分解块并插入该块的单独部分。

设置完毕后，单击【确定】按钮，完成插入块的操作。

块插入的具体操作如下。

新建一个图形文件，插入块【同心圆】，插入点为(100，100)，X、Y、Z 方向的比例分别为 2、1、1，旋转角度为 60 度。

(1) 在【命令行】中输入 insert 后按 Enter 键。

(2) 在打开的【插入】对话框中的【名称】文本框中输入【圆】。

(3) 取消选中【插入点】选项组中的【在屏幕上指定】复选框，然后在 X、Y 文本框中分别输入"100"。

(4) 取消选中【缩放比例】选项组中的【在屏幕上指定】复选框，然后在 X、Y、Z 文本框中分别输入"2"、"1"、"1"。

(5) 取消选中【旋转】选项组中的【在屏幕上指定】复选框，在下面的【角度】文本框中输入"60"后，单击【确定】按钮，将块插入图中，插入后的图形如图 8-6 所示。

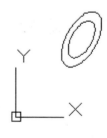

图 8-6　插入后图形

2. 多重插入

有时同一个块在一幅图中要插入多次，并且这种插入具有一定的规律性。如阵列方式，这时可以直接采用多重插入命令。这种方法不但可以大大节省绘图时间，提高绘图速度，而且可以节约磁盘空间。

多重插入的操作步骤如下。

在命令行中输入"minsert"后按 Enter 键，命令行窗口提示如下：

命令: _minsert
输入块名或 [?] <新块>:   //输入将要被插入的块名
单位: 毫米   转换: 1.0000
指定插入点或 [基点(B)/比例(S)/X/Y/Z/旋转(R)]:   //输入插入块的基点
输入 X 比例因子，指定对角点，或 [角点(C)/XYZ(XYZ)] <1>:   //输入 X 方向的比例
输入 Y 比例因子或 <使用 X 比例因子>:   //输入 Y 方向的比例
指定旋转角度 <0>:   //输入旋转块的角度
输入行数 (---) <1>:   //输入阵列的行数
输入列数 (|||) <1>:   //输入阵列的列数
输入行间距或指定单位单元 (---):   //输入行间距
指定列间距 (|||):   //输入列间距

按照提示进行相应的操作即可。

8.1.4 设置基点

要设置当前图形的插入基点，可以选用下列 3 种方法。

(1) 单击【块】面板中的【基点】 按钮。

(2) 在菜单栏中，选择【绘图】|【块】|【基点】菜单命令。

(3) 在命令行中输入"base"后按 Enter 键。

命令行窗口提示如下：

命令: _base
输入基点 <0.0000,0.0000,0.0000>:   //指定点，或按 Enter 键

基点是用当前 UCS 中的坐标来表示的。当向其他图形插入当前图形或将当前图形作为其他图形的外部参照时，此基点将被用作插入基点。

8.2 属　性　块

一个块中附带有很多信息，这些信息就称为属性。它是块的一个组成部分，从属于块，可以随块一起保存并随块一起插入到图形中。它为用户提供了一种将文本附于块的交互式标记。每当用户插入一个带有属性的块时，AutoCAD 就会提示用户输入相应的数据。

属性在第一次建立块时可以被定义，或者是在块插入时增加属性，AutoCAD 还允许用户自定义一些属性。属性具有以下几个特点。

(1) 一个属性包括属性标志和属性值两个方面。

(2) 在定义块之前，每个属性要用命令进行定义。由它来具体规定属性默认值、属性标志、属性提示以及属性的显示格式等具体信息。属性定义后，该属性在图中显示出来，并把有关信息保留在图形文件中。

(3) 在插入块之前，AutoCAD 将通过属性提示要求用户输入属性值。插入块后，属性以属性值表示。因此同一个定义块，在不同的插入点可以有不同的属性值。如果在定义属性时，

把属性值定义为常量，则 AutoCAD 将不询问属性值。

8.2.1 创建块属性

块属性是附属于块的非图形信息，是块的组成部分，可包含在块定义中的文字对象。在定义一个块时，属性必须预先定义而后选定。通常属性用于在块的插入过程中进行自动注释。

要创建一个块的属性，用户可以使用 ddattdef 或 attdef 命令先建立一个属性定义来描述属性特征，包括标记、提示符、属性值、文本格式、位置以及可选模式等。创建属性的具体步骤如下。

(1) 选用下列其中一种方法打开【属性定义】对话框。

- 在命令行中输入"ddattdef"或"attdef"后按 Enter 键。
- 在菜单栏中，选择【绘图】|【块】|【属性定义】菜单命令。
- 单击【块】面板中的【属性定义】按钮 。

(2) 然后在打开的如图 8-7 所示的【属性定义】对话框中，设置块的一些插入点及属性标记等。然后单击【确定】按钮即可完成块属性的创建。

图 8-7 【属性定义】对话框

下面介绍【属性定义】对话框中的参数设置。

1. 【模式】选项组

在此选项组中，有以下几个复选框，用户可以任意组合这几种模式作为用户的设置。

- 【不可见】：当该模式被选中时，属性为不可见。当用户只想把属性数据保存到图形中，而不想显示或输出时，应将该选项启用；反之则禁用。
- 【固定】：当该模式被启用时，属性用固定的文本值设置。如果用户插入的是常数模式的块时，则在插入后，如果不重新定义块，则不能编辑块。
- 【验证】：在该模式下把属性值插入图形文件前可检验可变属性的值。在插入块时，AutoCAD 显示可变属性的值，等待用户按 Enter 键确认。
- 【预设】：启用该模式可以创建自动可接受默认值的属性。插入块时，不再提示输入属性值，但它与常数不同，块在插入后还可以进行编辑。

- 【锁定位置】：锁定块参照中属性的位置。解锁后，属性可以相对于使用夹点编辑的块的其他部分移动，并且可以调整多行属性的大小。
- 【多行】：指定属性值可以包含多行文字。选定此选项后，可以指定属性的边界宽度。

注　意

在动态块中，由于属性的位置包括在动作的选择集中，因此必须将其锁定。

2. 【属性】选项组

在该选项组中，有以下 3 组设置。

- 【标记】：每个属性都有一个标记，作为属性的标识符。属性标签可以是除了空格和！号之外的任意字符。

注　意

AutoCAD 会自动将标签中的小写字母换成大写字母。

- 【提示】：是用户设定的插入块时的提示。如果该属性值不为常数值，当用户插入该属性的块时，AutoCAD 将使用该字符串，提示用户输入属性值。如果设置了常数模式，则该提示将不会出现。
- 【默认】：可变属性一般将默认的属性默认为【未输入】。插入带属性的块时，AutoCAD 显示默认的属性值，如果用户按 Enter 键，则将接受默认值。单击右侧的【插入字段】按钮，可以插入一个字段作为属性的全部或部分值，如图 8-8 所示。

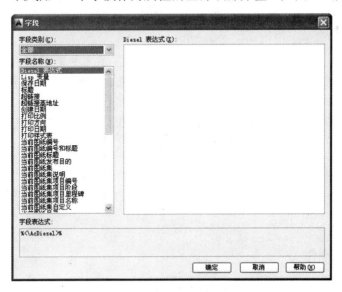

图 8-8　【字段】对话框

3. 【插入点】选项组

在此选项组中，用户可以通过启用【在屏幕上指定】复选框，利用鼠标在绘图区选择某一点，也可以直接在下面的 X、Y、Z 后的文本框中输入用户将设置的坐标值。

4. 【文字设置】选项组

在此选项组中，用户可以设置的有以下几项。

- 【对正】：此选项可以设置块属性的文字对齐情况。用户可以在如图 8-9 所示的下拉列表框中选择某项作为用户设置的对齐方式。
- 【文字样式】：此选项可以设置块属性的文字样式。用户可以通过在如图 8-10 所示的下拉列表框中选择某项作为用户设置的文字样式。

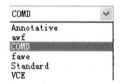

图 8-9　【对正】下拉列表框　　　　　图 8-10　【文字样式】下拉列表框

- 【注释性】复选框：使用此特性，用户可以自动完成缩放注释的过程，从而使注释能够以正确的大小在图纸上打印或显示。
- 【文字高度】：如果用户设置的文字样式中已经设置了文字高度，则此项为灰色，表示用户不可设置;否则用户可以通过单击 按钮来利用鼠标在绘图区动态地选取或是直接在此后的文本框中输入文字高度。
- 【旋转】：如果用户设置的文字样式中已经设置了文字旋转角度，则此项为灰色，表示用户不可设置；否则用户可以通过单击 按钮来利用鼠标在绘图区动态地选取角度或是直接在此后的文本框中输入文字旋转角度。
- 【边界宽度】：换行前，请指定多线属性中文字行的最大长度。值 0.000 表示对文字行的长度没有限制。此选项不适用于单线属性。

5. 【在上一个属性定义下对齐】复选框

用来将属性标记直接置于定义的上一个属性的下面。如果之前没有创建属性定义，则此选项不可用。

8.2.2　编辑属性定义

创建完属性后，就可以定义带属性的块。定义带属性的块可以按照如下步骤进行。

(1)　在命令行中输入"block"后按 Enter 键，或是在菜单栏中，选择【绘图】|【块】|【创建】菜单命令，打开【块定义】对话框。

(2)　下面的操作和创建块基本相同，步骤可以参考创建块步骤，在此就不再赘述。

注意

先创建"块",再给这个"块"加上"定义属性",最后再把两者创建成一个"块"。

8.2.3 编辑块属性

定义带属性的块后,用户需要插入此块,在插入带有属性的块后,还能再次用 attedit 或是 ddatte 命令来编辑块的属性。可以通过如下方法来编辑块的属性。

(1) 在命令行中输入"attedit"或"ddatte"后按 Enter 键,用鼠标选取某块,打开【编辑属性】对话框。

(2) 选择【修改】|【对象】|【属性】|【块属性管理器】菜单命令,打开【块属性管理器】对话框,单击其中的【编辑】按钮,打开【编辑属性】对话框。如图 8-11 所示,用户可以在此对话框中修改块的属性。

图 8-11 【编辑属性】对话框

下面介绍【编辑属性】对话框中各选项卡的功能。

● 【属性】选项卡:定义将值指定给属性的方式以及已指定的值在绘图区域是否可见,然后设置提示用户输入值的字符串。【属性】选项卡也显示标识该属性的标签名称。

● 【文字选项】选项卡:设置用于定义图形中属性文字的显示方式的特性。在【特性】选项卡上修改属性文字的颜色。

● 【特性】选项卡:定义属性所在的图层,以及属性行的颜色、线宽和线型。如果图形使用打印样式,可以使用【特性】选项卡为属性指定打印样式。

8.2.4 使用【块属性管理器】

在 8.2.3 节中,已经讲解了【块属性管理器】对话框中的编辑块属性,在本节中将对其功能作具体的讲解。

选择【修改】|【对象】|【属性】|【块属性管理器】菜单命令,打开【块属性管理器】对话框,如图 8-12 所示。

【块属性管理器】用于管理当前图形中块的属性定义。用户可以通过它在块中编辑属性定义、从块中删除属性以及更改插入块时系统提示用户输入属性值的顺序。

选定块的属性显示在属性列表中,在默认的情况下,【标记】、【提示】、【默认】和【模式】属性特性显示在属性列表中。单击【设置】按钮,用户可以指定想要在列表中显示的属性特性。

图 8-12 【块属性管理器】对话框

对于每一个选定块，属性列表下的说明都会标识在当前图形和在当前布局中相应块的实例数目。

下面讲解此对话框各选项、按钮的功能。

- 【选择块】按钮 ：用户可以使用定点设备从图形区域选择块。当选择【选择块】时，在用户从图形中选择块或按 Esc 键取消之前，对话框将一直关闭。

  如果修改了块的属性，并且未保存所做的更改就选择一个新块，系统将提示在选择其他块之前先保存更改。

- 【块】下拉列表框：可以列出具有属性的当前图形中的所有块定义，用户从中选择要修改属性的块。

- 【属性列表】：显示所选块中每个属性的特征。

- 【在图形中找到】：当前图形中选定块的实例数。

- 【在模型空间中找到】：当前模型空间或布局中选定块的实例数。

- 【设置】按钮：用来打开【块属性设置】对话框，如图 8-13 所示。从中可以自定义【块属性管理器】中属性信息的列出方式，控制【块属性管理器】中属性列表的外观。【在列表中显示】选项组指定要在属性列表中显示的特性。此列表中仅显示选定的特性。 其中的【标记】特性总是选定的。【全部选择】按钮用来选择所有特性。【全部清除】按钮用来清除所有特性。【突出显示重复的标记】复选框用于打开和关闭复制标记强调。如果选择此选项，在属性列表中，复制属性标记显示为红色。如果不选择此选项，则在属性列表中不突出显示重复的标记。【将修改应用到现有参照】复选框指定是否更新正在修改其属性的块的所有现有实例。如果选择该选项，则通过新属性定义更新此块的所有实例。如果不选择该选项，则仅通过新属性定义更新此块的新实例。

- 【应用】按钮：应用用户所做的更改，但不关闭对话框。

- 【同步】按钮：用来更新具有当前定义的属性特性的选定块的全部实例。此项操作不会影响每个块中赋给属性的值。

- 【上移】按钮：在提示序列的早期阶段移动选定的属性标签。当选定固定属性时，【上移】按钮不可用。

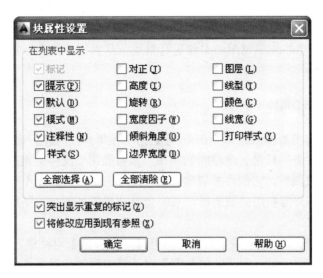

图 8-13 【块属性设置】对话框

- 【下移】按钮：在提示序列的后期阶段移动选定的属性标签。当选定常量属性时，【下移】按钮不可用。
- 【编辑】按钮：用来打开【编辑属性】对话框，此对话框的功能已在第三节中做了介绍。
- 【删除】按钮：从块定义中删除选定的属性。如果在选择【删除】按钮之前已选择了【设置】对话框中的"将修改应用到现有参照"复选框，将删除当前图形中全部块实例的属性。对于仅具有一个属性的块，【删除】按钮不可使用。

8.3 外 部 参 照

在前述的内容中我们曾讲述如何以块的形式将一个图形插入到另外一个图形之中。如果把图形作为块插入时，块定义和所有相关联的几何图形都将存储在当前图形数据库中，并且修改原图形后，块不会随之更新。

8.3.1 外部参照概述

外部参照(External Reference，Xref)提供了另一种更为灵活的图形引用方法。使用外部参照可以将多个图形链接到当前图形中，并且作为外部参照的图形会随着原图形的修改而更新。此外，外部参照不会明显地增加当前图形的文件大小，从而可以节省磁盘空间，也利于保持系统的性能。

当一个图形文件被作为外部参照插入到当前图形中时，外部参照中每个图形的数据仍然分别保存在各自的源图形文件中，当前图形中所保存的只是外部参照的名称和路径。无论一个外部参照文件多么复杂，AutoCAD 都会把它作为一个单一对象来处理，而不允许进行分解。用户可对外部参照进行比例缩放、移动、复制、镜像或旋转等操作，还可以控制外部参照的显示状态，但这些操作都不会影响到原图文件。

AutoCAD 允许在绘制当前图形的同时，显示多达 32000 个图形参照，并且可以对外部参照进行嵌套，嵌套的层次可以为任意多层。当打开或打印附着有外部参照的图形文件时，AutoCAD 自动对每一个外部参照图形文件进行重载，从而确保每个外部参照图形文件反映的都是它们的最新状态。

8.3.2 使用外部参照

以外部参照方式将图形插入到某一图形(称之为主图形)后，被插入图形文件的信息并不直接加入到主图形中，主图形只是记录参照的关系，如参照图形文件的路径等信息。如果外部参照中包含有任何可变块属性，它们将被忽略。另外，对主图形的操作不会改变外部参照图形文件的内容。当打开具有外部参照的图形时，系统会自动把各外部参照图形文件重新调入内存并在当前图形中显示出来。

选择【插入】|【外部参照】菜单命令，打开【外部参照】对话框，如图 8-14 所示。

在 AutoCAD 中，用户可以在【外部参照】对话框中对外部参照进行编辑和管理。用户单击对话框上方的【附着】按钮 可以添加不同格式的外部参照文件，如图 8-15 所示；在对话框下方的外部参照列表框中显示当前图形中各个外部参照文件名称；选择任意一个外部参照文件后，在下方【详细信息】选项组中显示该外部参照的名称、状态、文件大小、参照类型、参照日期及参照文件的存储路径等内容。

图 8-14 【外部参照】对话框

图 8-15 附着类型

例如选择【附着 DWG】选项，就会出现【选择参照文件】对话框，从中选择一个 dwg 文件，单击【打开】按钮，则弹出如图 8-16 所示的【附着外部参照】对话框，单击【确定】按钮，就为外部参照附着了一个 dwg 文件。

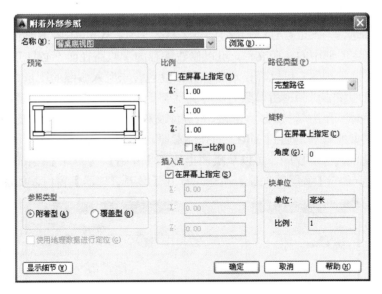

图 8-16　【附着外部参照】对话框

　　事物总在变化着，当插入的外部参照不能满足我们的需求时，则需要我们对外部参照进行修改。修改，最直接的方法莫过于对外部原文件的修改。如果这样那我们就必须首先查找原文件，然后打开。不过还好，AutoCAD 给我们提供简便方式。

　　选择【工具】|【外部参照和块在位编辑】菜单命令，我们既可以选择【打开参照】方式，也可以选择【在位编辑参照】的方法。

　　1) 打开参照

　　编辑外部参照最简单、最直接的方法是在单独的窗口中打开参照的图形文件，而无须使用【选择文件】对话框浏览该外部参照。如果图形参照中包含嵌套的外部参照，则将打开选定对象嵌套层次最深的图形参照。这样，用户可以访问该参照图形中的所有对象。

　　2) 在位编辑参照

　　通过在位编辑参照，可以在当前图形的可视上下文中修改参照。一般说来，每个图形都包含一个或多个外部参照和多个块参照。在使用块参照时，可以选择块并进行修改，查看并编辑其特性，以及更新块定义。不能编辑使用 minsert 命令插入的块参照。在使用外部参照时，可以选择要使用的参照，修改其对象，然后将修改保存到参照图形。进行较小修改时，不需要在图形之间来回切换。

> **注 意**
>
> 　　如果打算对参照进行较大修改，请打开参照图形直接修改。如果使用在位参照编辑进行较大修改，会使在位参照编辑任务期间当前图形文件的大小明显增加。

8.3.3　参照管理器

　　AutoCAD 图形可以参照多种外部文件，包括图形、文字字体、图像和打印配置。这些参照文件的路径保存在每个 AutoCAD 图形中。有时可能需要将图形文件或它们参照的文件移动到其他文件夹或其他磁盘驱动器中，这时就需要更新保存的参照路径。打开每个图形文件，然

后手动更新保存的每个参照路径是一个冗长乏味的过程。

但是我们是幸运的，AutoCAD 给我们提供了有效工具。Autodesk 参照管理器提供了多种工具，可以列出选定图形中的参照文件，可以修改保存的参照路径而不必打开 AutoCAD 中的图形文件。利用参照管理器，可以轻松地标识并修复包含未融入参照的图形。但它依然有其限制。参照管理器当前并非对图形所参照的所有文件都提供支持。不受支持的参照包括与文字样式无关联的文字字体、OLE 链接、超级链接、数据库文件链接、PMP 文件以及 Web 上的 URL 的外部参照。如果参照管理器遇到 URL 的外部参照，它会将参照报告为"未找到"。

参照管理器是单机应用程序，可以从桌面上选择【开始】|【程序】| Autodesk | AutoCAD 2014-Simplified Chinese |【参照管理器】命令，打开【参照管理器】窗口，如图 8-17 所示。

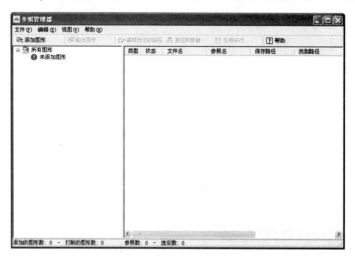

图 8-17 【参照管理器】窗口

添加一系列图形文件之后双击右侧信息条后，将会出现【编辑选定的路径】对话框，如图 8-18 所示。

图 8-18 设置新路径

选择存储路径并单击【确定】按钮后，【参照管理器】的可应用选项发生改变，如图 8-19 所示。

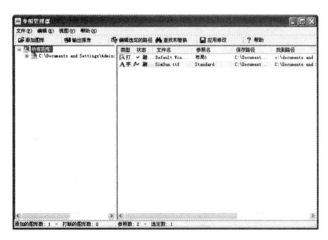

图 8-19　部分功能按钮启用

单击【应用修改】按钮后，打开新对话框，如图 8-20 所示。

图 8-20　【概要】对话框

单击【详细信息】按钮，可以查看具体内容，如图 8-21 所示。

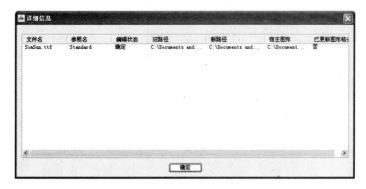

图 8-21　【详细信息】窗口

8.4　AutoCAD 设计中心

AutoCAD 设计中心为用户提供了一个直观且高效的管理工具，它与 Windows 资源管理器类似。

8.4.1 利用设计中心打开图形

利用设计中心打开图形的主要操作方法如下。

(1) 选择【工具】|【选项板】|【设计中心】菜单命令。

(2) 在【视图】选项卡中单击【选项板】面板中的【设计中心】按钮。

(3) 在命令行中输入"Adcenter",按 Enter 键。

执行以上任意一种操作,都将出现如图 8-22 所示的【设计中心】对话框。

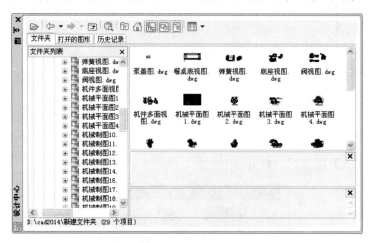

图 8-22　【设计中心】对话框

从【文件夹列表】中任意找到一个 AutoCAD 文件,右击所选择文件,在弹出的快捷菜单中选择【在应用程序窗口中打开】命令,将图形打开,如图 8-23 所示。

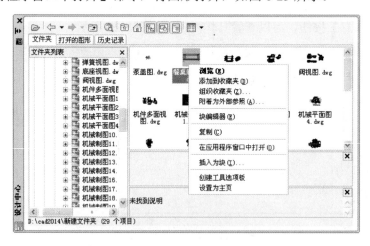

图 8-23　选择【在应用程序窗口中打开】命令

8.4.2 使用设计中心插入块

使用设计中心可以把其他图形中的块引用到当前图形中。

具体操作方法如下。

(1) 打开一个"dwg"图形文件。

(2) 在【选项板】面板中单击【设计中心】按钮，打开【设计中心】选项板。

(3) 在【文件夹列表】中，双击要插入到当前图形中的图形文件，在右边栏中会显示出图形文件所包含的标注样式、文字样式、图层、块等内容，如图 8-24 所示。

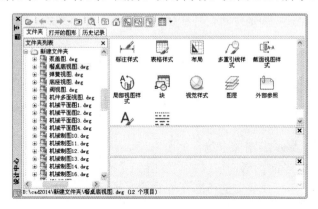

图 8-24 【设计中心】选项板

(4) 双击【块】，显示出图形中包含的所有块，如图 8-25 所示。

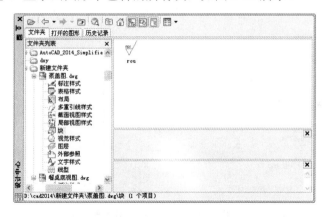

图 8-25 显示所有【块】的【设计中心】对话框

(5) 双击要插入的块，会出现【插入】对话框，如图 8-26 所示。

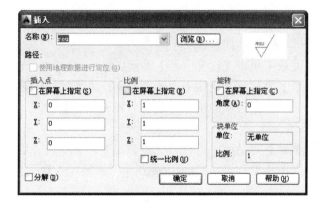

图 8-26 【插入】对话框

(6) 在【插入】对话框中可以指定插入点的位置、旋转角度和比例等，设置完后单击【确定】按钮，返回当前图形，完成对块的插入。

8.4.3 设计中心的拖放功能

可以把其他文件中块、文字样式、标注样式、表格、外部参照、图层和线型等复制到当前文件中，步骤如下。

(1) 新建一个文件【拖放.dwg】，把块拖放到【拖放.dwg】中。

(2) 在【选项板】面板上单击【设计中心】按钮，打开【设计中心】对话框。

(3) 双击要插入到当前图形中的图形文件，在内容区显示图形中包含的标注样式、文字样式、图层、块等内容。

(4) 双击【块】，显示出图像中包含的所有块。

(5) 拖曳 "rou" 到当前图形，可以把块复制到【拖放.dwg】文件中，如图 8-27 所示。

(6) 按住 Ctrl 键，选择要复制的所有图层设置，然后按住鼠标左键拖曳到当前文件的绘图区，这样就可以把图层设置一并复制到【拖放.dwg】文件中。

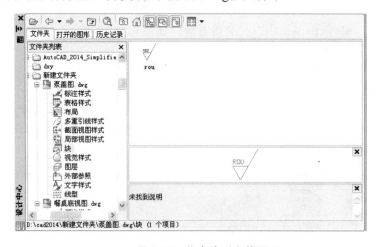

图 8-27 拖曳块到当前图形

8.4.4 利用设计中心引用外部参照

外部参照即将一文件作为外部参照插入到另一文件中，具体操作步骤如下。

(1) 新建【外部参照.dwg】图形文件。

(2) 在【选项板】面板上单击【设计中心】按钮，打开【设计中心】对话框。

(3) 在【文件夹列表】中找到【机械平面图 2.dwg】文件所在目录，在右边的文件显示栏中，右击该文件，在弹出的快捷菜单中选择【附着为外部参照】命令，打开【附着外部参照】对话框，如图 8-28 所示。

(4) 在【附着外部参照】对话框中进行外部参照设置，设置完成后，单击【确定】按钮，返回到绘图区，指定插入图形的位置，"kitchens.dwg"就被插入到了当前图形中。

图 8-28 【附着外部参照】对话框

8.5 设计案例——插入零件的齿轮装配

本范例源文件：\08\8-1.dwg
本范例完成文件：\08\8-2.dwg
多媒体教学路径：光盘→多媒体教学→第 8 章

8.5.1 实例介绍与展示

本节通过一个齿轮装配图的具体案例，介绍创建块、定义块属性、插入块的方法。完成的齿轮装配图如图 8-29 所示。

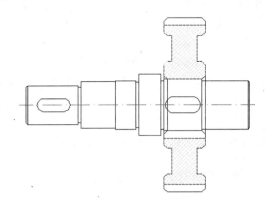

图 8-29 齿轮装配图

8.5.2 绘制齿轮

步骤 01 绘制直线

① 单击【绘图】面板中的【直线】按钮，绘制齿轮的中心线，如图 8-30 所示。命令行

提示如下：

```
命令: _line                                          \\使用直线命令
指定第一个点:                                         \\指定第一点
指定下一点或 [放弃(U)]:                                \\指定下一点
指定下一点或 [放弃(U)]:                                \\按 Enter 键结束
```

❷ 把【轮廓线】图层置为当前层，重复【直线】命令，以中心线交点为起点，依次输入直线长度为 54、13、11、5、16、5、27，绘制的直线如图 8-31 所示。命令行提示如下：

```
命令: _line                                          \\使用直线命令
指定第一个点:                                         \\指定第一点
指定下一点或 [放弃(U)]: 54                             \\输入直线距离
指定下一点或 [放弃(U)]:                                \\按 Enter 键结束
```

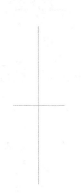

绘制的起点

图 8-30 齿轮的中心线　　　　　　　　图 8-31 绘制的直线

步骤02 倒角

单击【修改】面板中的【倒角】按钮，倒角边为"1"，对绘制的直线进行倒角操作，如图 8-32 所示。命令行提示如下：

```
命令: _chamfer                                                    \\使用倒角命令
("修剪" 模式) 当前倒角距离  1 = 0.0000，距离 2 = 0.0000
选择第一条直线或 [放弃(U)/多段线(P)/距离(D)/角度(A)/修剪(T)/方式(E)/多个(M)]:  d
                                                                 \\选择距离(D)
指定第一个倒角距离  <0.0000>: 1                                    \\输入距离
指定第二个倒角距离  <1.0000>: 1                                    \\输入距离
选择第一条直线或 [放弃(U)/多段线(P)/距离(D)/角度(A)/修剪(T)/方式(E)/多个(M)]:
                                                                 \\选择直线
选择第二条直线，或按住 Shift 键选择要应用角点的直线:                 \\选择直线
```

步骤03 镜像

单击【修改】面板中的【镜像】按钮，分别以两条中心线为轴线镜像图形，如图 8-33 所示。命令行提示如下：

```
命令: _mirror                                                    \\使用镜像命令
找到 9 个                                                        \\选择镜像对象
指定镜像线的第一点: 指定镜像线的第二点:                             \\指定镜像线
要删除源对象吗？ [是(Y)/否(N)] <N>:
```

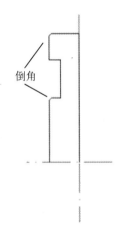

图 8-32　倒角后的效果

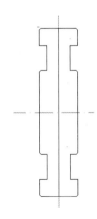

图 8-33　镜像后的效果图

步骤 04　绘制轮廓线

运用【直线】命令绘制内部轮廓线，如图 8-34 所示。命令行提示如下：

命令: _line   \\使用直线命令
指定第一个点: \\指定第一点
指定下一点或 [放弃(U)]:   \\指定下一点
指定下一点或 [放弃(U)]:   \\按 Enter 键结束

步骤 05　图案填充

把【填充线】图层置为当前层，单击【绘图】面板中的【图案填充】按钮，对图形进行填充，如图 8-35 所示。命令行提示如下：

命令: _bhatch   \\使用图案填充命令
选择对象或 [拾取内部点(K)/删除边界(B)]: 指定对角点: 找到 36 个   \\选择填充对象
选择对象或 [拾取内部点(K)/删除边界(B)]:
拾取内部点或 [选择对象(S)/删除边界(B)]:　正在选择所有对象...
正在选择所有可见对象...
正在分析所选数据...
正在分析内部孤岛...
拾取内部点或 [选择对象(S)/删除边界(B)]:   \\拾取内部的边界

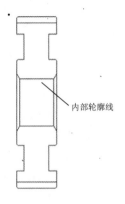

内部轮廓线

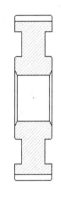

图 8-34　绘制内部的轮廓线　　　　　　　　　图 8-35　填充图形

8.5.3　创建插入块

步骤01　创建块

① 单击【块】面板中的【创建】按钮，弹出【块定义】对话框，在【名称】文本框中输入【齿轮剖面图】，如图 8-36 所示。

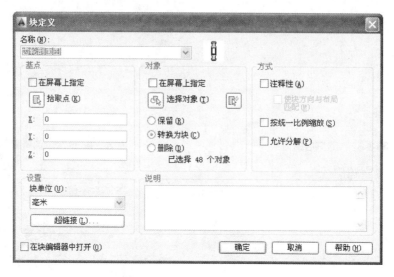

图 8-36　【块定义】对话框

② 单击【拾取点】按钮，切换至绘图区域中，拾取图形上任意一点，返回【块定义】对话框，然后单击【选择对象】按钮，切换至绘图区域中，选择绘制的齿轮，按 Enter 键返回【块定义】对话框，单击【确定】按钮，创建块。

步骤02　插入块

① 在【插入】选项卡的【块】面板中单击【插入】按钮，弹出【插入】对话框，在其中单击【浏览】按钮，弹出【选择图形文件】对话框，从中选择"8-1"文件，单击【打开】按钮，返回【插入】对话框，单击【确定】按钮插入素材"8-1"，如图 8-37 所示。

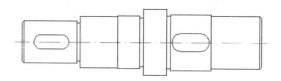

图 8-37　导入素材

② 选择【插入】|【块】菜单命令，弹出【插入】对话框，在【名称】下拉列表框中选择【齿轮剖面图】选项，在【插入点】选项组中选中【在屏幕上指定】复选框，如图 8-38 所示，单击【确定】按钮，在绘图区指定插入位置，插入【齿轮剖面图】块。再选中【齿轮剖面图】块，单击【修改】面板上的【移动】按钮，将其移动至合适的位置，如图 8-39 所示。至此，完成齿轮装配图的制作。

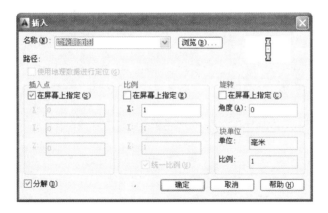

图 8-38　【插入】对话框

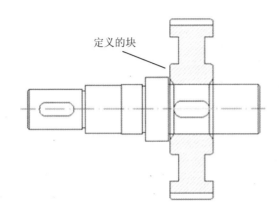

图 8-39　插入块

8.6　本 章 小 结

本章主要介绍了如何在 AutoCAD 2014 中创建和编辑块、创建和管理属性块、使用外部参照以及 AutoCAD 设计中心等，并对 AutoCAD 设计中心的使用方法进行了详细的讲解。通过本章的学习，读者应该能够熟练掌握创建、编辑和插入块的方法。

第9章

创建面域和图案填充

本章导读：

AutoCAD 提供了一种有效的工具——"面域"。面域是使用形成闭合环的对象创建的二维闭合区域，可以提高绘制图形的效率，减少计算量。在使用 AutoCAD 绘制图形时，有时需要计算许多图形的面积，而面域可以把几条相交并闭合的线条合成为整个对象。合成以后就可以计算这个对象的周长和面积等相关参数。

9.1 创建面域

在 AutoCAD 2014 中，可以将某些对象围成的封闭区域转换为面域。这些封闭区域可以是圆、椭圆、封闭的二维多线段或封闭的样条曲线等对象，也可以是由圆弧、直线、二维多线段、椭圆弧、样条曲线等对象构成的封闭区域。

9.1.1 面域的创建

在 AutoCAD 2014 中，可以通过以下 3 种方法创建面域。

(1) 在命令行中输入"region"命令。

(2) 在菜单栏中，选择【绘图】|【面域】菜单命令。

(3) 单击【绘图】面板中的【面域】按钮 ⬚ 。

执行面域命令，选择一个或多个要转换为面域的封闭图形，按 Enter 键确认，即可将其转换为面域。因为圆、多边形等封闭图形属于线框模型，而面域属于实体模型，因此它们在选中时表现的形式也有区别。如图 9-1 所示为选择圆和圆面域的效果。

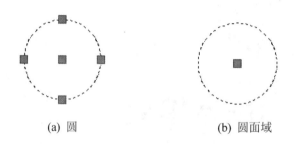

(a) 圆 (b) 圆面域

图 9-1 圆与圆面域选中时的效果

在菜单栏中选择【绘图】|【边界】菜单命令，弹出【边界创建】对话框，可以在其中定义面域，在【对象类型】下拉列表框中选择【面域】选项，如图 9-2 所示。单击【确定】按钮，创建的图形将为一个面域。

图 9-2 【边界创建】对话框

面域总是以线框形式显示，可以对其进行复制、移动和旋转等编辑操作，但在创建面域时，

如果系统变量 DELOBJ 的值为 1，AutoCAD 在定义了面域后将删除原始对象；如果系统变量 DELOBJ 的值为 0，则不删除原始对象。用户还可根据需要在【菜单栏】中选择【修改】|【分解】菜单命令，将面域转换成相应的组成图形。

9.1.2　面域的计算

在 AutoCAD 2014 中，用户可以对面域进行【并集】、【差集】和【交集】3 种布尔运算。布尔运算是数学上的一种逻辑运算，在 AutoCAD 中绘制图形时使用布尔运算，可以提高绘图效率，尤其是在绘制比较复杂的图形时其作用更加明显。

执行布尔运算后的图形效果如图 9-3 所示。

(a) 原始面域　　　　(b) 并集运算　　　　(c) 差集运算　　　　(d) 交集运算

图 9-3　面域的布尔运算

在 AutoCAD 2014 中，主要的布尔运算含义如下。

● 并集运算：面域的并集运算，将选择的面域相交的部分删除，并将其合并为一个整体。
● 差集运算：面域的差集运算，在选择的面域上减去与之相交或不相交的其他面域。
● 交集运算：面域的交集运算，保留选择的面域相交的部分，删除不相交的部分。

9.1.3　在面域中提取数据

面域是二维实体模型，它不但包含边的信息，还包含边界内的信息。可以利用这些信息计算工程属性，如面积、质心、惯性等。在 AutoCAD 中，在【菜单栏】中选择【工具】|【查询】|【面域/质量特性】菜单命令，然后选择面域对象，按 Enter 键确认，系统自动弹出 AutoCAD 文本窗口，如图 9-4 所示，其中显示了面域对象的数据特性。

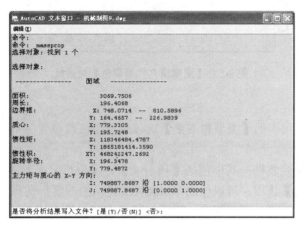

图 9-4　AutoCAD 文本窗口

9.2 图 案 填 充

在机械绘图中，经常需要将某种特定的图案填充中的某个区域，从而表达该区域的特征，这种填充操作称为图案填充。图案填充的应用非常广泛，例如在机械工程图中，可以用图案填充表达一个剖面的区域，也可以使用不同的图案填充来表达不同的零部件或材料。

9.2.1 设置图案填充

在 AutoCAD 2014 中，可以通过以下 3 种方法设置图案填充。

(1) 在命令行中输入"bhatch"命令并按 Enter 键。

(2) 在菜单栏中，选择【绘图】|【图案填充】菜单命令。

(3) 单击【绘图】面板中的【图案填充】按钮 。

使用以上任意一种方法，均能打开【图案填充和渐变色】对话框，在其中的【图案填充】选项卡中，可以设置图案填充时的类型和图案、角度和比例等特性，如图 9-5 所示。

图 9-5 【图案填充和渐变色】对话框

1. 类型和图案

在【图案填充】选项卡的【类型和图案】选项组中，可以设置图案填充的类型和图案，其中各主要选项的含义如下。

- 【类型】下拉列表框：其中包括【预定义】、【用户定义】和【自定义】3 个选项。选择【预定义】选项，可以使用 AutoCAD 提供的图案；选择【用户定义】选项，则需要临时定义图案，该图案由一组平行线或者相互垂直的两组平行线组成；选择【自定义】选项，可以使用事先定义好的图案。
- 【图案】下拉列表框：设置填充的图案，当在【类型】下拉列表框中选择【预定义】

选项时该选项可用。在该下拉列表框中可以根据图案名选择图案，也可以单击其右侧的按钮，弹出【填充图案选项板】对话框，如图 9-6 所示，在其中用户可根据需要进行相应的选择。

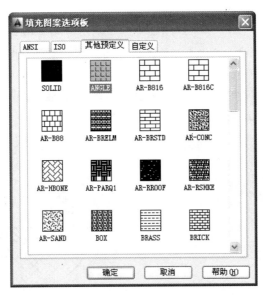

图 9-6　【填充图案选项板】对话框

- 【样例】预览框：显示当前选中的图案样例，单击该预览框，也可以弹出【填充图案选项板】对话框。
- 【自定义图案】下拉列表框：在【类型】下拉列表框中选择【自定义】选项时，该选项可用。

2．角度和比例

在【图案填充】选项卡的【角度和比例】选项组中，可以设置用户所定义类型的图案填充的角度和比例等参数等。其中各主要选项的含义如下。

- 【角度】下拉列表框：设置图案填充的旋转角度。
- 【比例】下拉列表框：设置图案填充时的比例值。
- 【相对图纸空间】复选框：设置填充平行线之间的距离。当在【类型】下拉列表框中选择【用户定义】选项时，该选项才可用。
- 【ISO 笔宽】下拉列表框：设置笔的宽度。当填充图案采用 ISO 图案时，该选项才可用。

3．图案填充原点

在【图案填充】选项卡的【图案填充原点】选项组中，可以设置图案填充原点的位置，因为许多图案填充需要对齐边界上的某一个点。该选项区中各主要选项的含义如下。

- 【使用当前原点】单选按钮：可以使用当前 UCS 的坐标原点(0，0)作为图案填充原点。
- 【指定的原点】单选按钮：可以指定一个点作为图案填充原点。

4．边界

在【图案填充】选项卡的【边界】选项组中包括【添加：拾取点】、【添加：选择对象】等按钮。各主要按钮的含义如下。

- 【添加：拾取点】按钮：以拾取点的形式来指定填充区域的边界。
- 【添加：选择对象】按钮：单击该按钮，将切换到绘图区域，可以通过选择对象的方式来定义填充区域。
- 【删除边界】按钮：单击该按钮，可以取消系统自动计算或用户指定的边界。如图 9-7 所示为包含边界与删除边界的效果对比图。

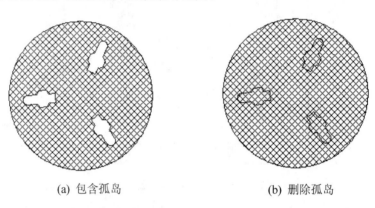

(a) 包含孤岛   (b) 删除孤岛

图 9-7 图案填充效果对比图

- 【重新创建边界】按钮：重新创建图案填充的边界。
- 【查看选择集】按钮：查看已定义的填充边界。单击该按钮，将切换到绘图区域，已定义的填充边界将显亮。

5．选项及其他功能

【图案填充】选项卡的【选项】选项组中各主要选项的含义如下。

- 【注释性】复选框：用于将图案定义为可注释对象。
- 【关联】复选框：用于创建边界时随之更新的图案和填充。
- 【创建独立的图案填充】复选框：用于创建独立的图案填充。
- 【绘图次序】下拉列表框：用于指定图案填充的绘图顺序，图案填充可以放在图案填充边界及所有其他对象之后或之前。

9.2.2 设置孤岛

在进行图案填充时，通常将位于一个已定义好的填充区域内的封闭区域称为孤岛。单击【图案填充和渐变色】对话框右下角的【更多选项】按钮，将显示更多选项，可以对孤岛和边界进行设置，如图 9-8 所示。

在【孤岛】选项组中，选中【孤岛检测】复选框，可以指定在最外层边界内填充对象的方法，包括【普通】、【外部】和【忽略】3 种填充方法，各填充方法的效果图如图 9-9 所示。

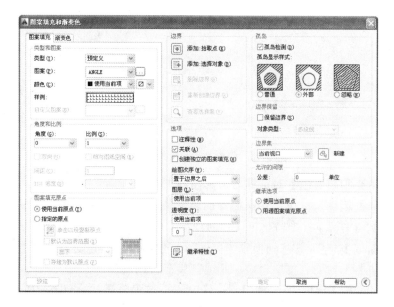

图 9-8　展开的【图案填充和渐变色】对话框

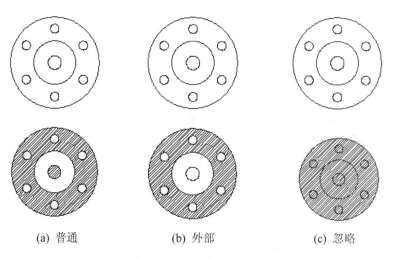

(a) 普通　　　　　　　(b) 外部　　　　　　　(c) 忽略

图 9-9　孤岛的 3 种填充效果

- 【普通】方式：从最外边界向里填充图形，遇到与之相交的内部边界时断开填充线，遇到下一个内部边界时再继续绘制填充线，系统变量 HPNAME 设置为 N。
- 【外部】方式：从最外边界向里填充图形，遇到与之相交的内部边界时断开填充线，不再继续往里填充图形，系统变量 HPNAME 设置为 O。
- 【忽略】方式：忽略边界内的对象，所有内部结构都被填充线覆盖，系统变量 HPNAME 设置为 1。

注　意

以【普通】方式填充图形时，如果填充边界内有诸如文字、属性这样的特殊对象，且在选择填充边界时也选择了它们，填充时图案填充在这些对象处会自动断开，如图 9-10 所示。

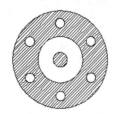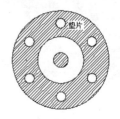

图 9-10　包含文字对象的图案填充

展开【图案填充和渐变色】对话框后，其他各主要选项的含义如下。

- 【边界集】选项组：可以定义填充的对象集，AutoCAD 将根据这些对象来确定填充边界。默认情况下，系统根据【当前视口】中的所有可见对象确定填充边界。也可以单击【新建】按钮，切换到绘图区域，然后通过指定对象类型定义边界集，此时【边界集】下拉列表框中将显示【现有集合】选项。
- 【允许的间隙】选项组：通过【公差】文本框设置填充时填充区域所允许的间隙大小。在该参数范围内，可以将一个几乎封闭的区域看作是一个封闭的填充边界，默认值为0，这时填充对象必须是完全封闭的区域。
- 【继续选项】选项组：用于确定在使用继承属性创建图案填充时图案填充原点的位置，可以是当前原点或原图案填充的原点。

9.2.3　设置渐变色填充

切换到【图案填充和渐变色】对话框中的【渐变色】选项卡，如图 9-11 所示。在其中可以创建单色或双色渐变色，并对图形进行填充。其中各主要选项的含义如下。

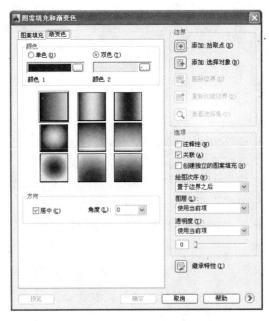

图 9-11　【渐变色】选项卡

- 【单色】单选按钮：选中该单选按钮，可以使用颜色从较深着色到较浅着色调平滑过渡的单色填充。
- 【双色】单选按钮：选中该单选按钮，可以指定在两种颜色之间平滑过渡的双色渐变填充，如图 9-12 所示。

 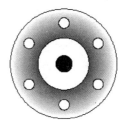

(a) 单色渐变填充　　　　　　　　　　　　(b) 双色渐变填充

图 9-12　渐变色填充图形

- 【角度】下拉列表框：在该下拉列表框中选择相应的选项，可以相对当前 UCS 指定渐变色的角度。
- 【渐变图案】预览框：在该预览框中显示当前设置的渐变色效果。

9.2.4　编辑图案填充

创建图案填充后，如果需要修改填充区域的边界，可以选择【修改】|【对象】|【图案填充】菜单命令，然后在绘图区域中单击需要编辑的图案填充对象，这时将弹出【图案填充编辑】对话框，如图 9-13 所示。可以看出【图案填充编辑】对话框与【图案填充和渐变色】对话框的内容基本相同，只是某些选项被禁止使用，在其中只能修改图案、比例、旋转角度和关联性等，而不能修改其边界。

图 9-13　【图案填充编辑】对话框

注 意

在编辑图案填充时，系统变量 PICKSTYLE 起着重要的作用，其值有 4 个，各值的主要作用如下。

- 0：禁止编组或关联图案选择，即当用户选择图案时仅选择了图案自身，而不会选择与之关联的对象。
- 1：允许编组对象，即图案可以被加入到对象编组中，是 PICKSTYLE 的默认设置。
- 2：允许关联的图案选择。
- 3：允许编组和关联的图案选择。

9.2.5　分解填充的图案

图案是一种特殊的块，称为匿名块，无论形状多么复杂，它都是一个单独的对象。可以选择【修改】|【分解】菜单命令，来分解一个已存在的关联图案。图案被分解后，它将不再是一个单一的对象，而是一组组成图案的线条。同时，分解后图案也失去了与图形的关联性，因此，将无法再使用【修改】|【对象】|【图案填充】菜单命令来编辑。

9.3　设计案例——利用布尔运算绘制三角铁

本范例完成文件： \09\9-1.dwg
多媒体教学路径： 光盘→多媒体教学→第 9 章

9.3.1　实例介绍与展示

本节通过一个三角铁的具体案例，介绍面域的布尔运算。范例效果如图 9-14 所示。

图 9-14　三角铁效果图

9.3.2　绘制正三角形与圆

① 单击【绘图】面板中的【多边形】按钮 ⬠，绘制一个正三角形，如图 9-15 所示。命令

行提示如下：

```
命令: _polygon                                    \\使用正多边形命令
输入侧面数 <3>: 3                                  \\输入边数
指定正多边形的中心点或 [边(E)]:                     \\指定中心点
输入选项 [内接于圆(I)/外切于圆(C)] <I>: I          \\内接于圆
指定圆的半径: 30:                                  \\指定圆的半径
```

❷ 单击【绘图】面板中的【圆】按钮 ⟳ 。分别以三角形顶点、中点及中心点为圆心绘制 7 个半径为 5 的圆，如图 9-16 所示。命令行提示如下：

```
命令: _circle                                           \\使用圆命令
指定圆的圆心或 [三点(3P)/两点(2P)/切点、切点、半径(T)]:   \\指定圆心
指定圆的半径或 [直径(D)] <5.0000>: 5                     \\指定圆半径
```

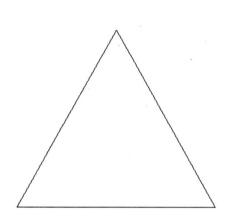

图 9-15　绘制三角形

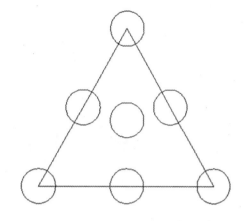

图 9-16　绘制圆

9.3.3　面域操作

步骤01　将图形转换成面域

单击【绘图】面板中的【面域】按钮 ⟳ ，选择三角形及其边上的 6 个圆，将其转换成面域，如图 9-17 所示。命令行提示如下：

```
命令: REGION                        \\使用面域命令
选择对象: 找到 1 个
………
选择对象:                            \\选择三角形与边上的圆
已提取 7 个环。                       \\提取图形
已创建 7 个面域。                     \\创建面域
```

步骤02　面域的布尔运算

❶ 选择【修改】|【实体编辑】|【并集】菜单命令，将正三角形分别与三个角上的圆进行并集处理，如图 9-18 所示。命令行提示如下：

```
命令: UNION                          \\使用并集命令
选择对象:                            \\选择正三角形与三个角上的圆
```

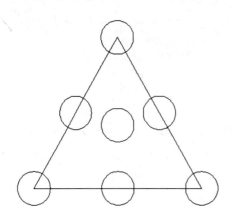

图 9-17　转换的面域

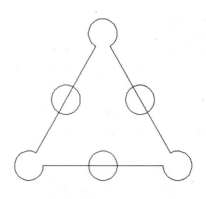

图 9-18　对图形进行并集处理

② 选择【修改】|【实体编辑】|【差集】菜单命令，以三角形为主体对象、3 个边中间位置的圆为参照体进行差集处理，如图 9-19 所示。命令行提示如下：

命令:_subtract
命令: SUBTRACT 选择要从中减去的实体、曲面和面域...
选择对象: 找到 1 个　　　　　　　　　　　　　　　　　　　\\选择三角形
选择对象:　选择要减去的实体、曲面和面域...
选择对象: 找到 1 个　　　　　　　　　　　　　　　　　　　\\选择边上的圆

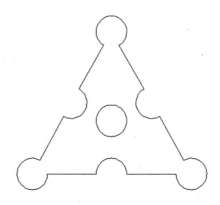

图 9-19　对图形进行差集处理

9.3.4　图案填充

步骤01　设置图案填充样式

单击【绘图】面板中的【图案填充】按钮，弹出【图案填充和渐变色】对话框，在【角度和比例】选项组的【比例】微调框中输入"0.5"，如图 9-20 所示。

步骤02　图案填充

单击对话框中【添加：拾取点】按钮，进入绘图区，在要填充的区域单击，返回到【图案填充和渐变色】对话框，单击【确定】按钮，创建填充线，三角铁绘制完成，如图 9-21 所示。命令行提示如下：

```
命令: _bhatch                                        \\使用图案填充命令
拾取内部点或 [选择对象(S)/删除边界(B)]：  正在选择所有对象...      \\选择填充对象
正在选择所有可见对象...
正在分析所选数据...
正在分析内部孤岛...
拾取内部点或 [选择对象(S)/删除边界(B)]：                        \\拾取内部的边界
```

图 9-20 【图案填充和渐变色】对话框参数设置

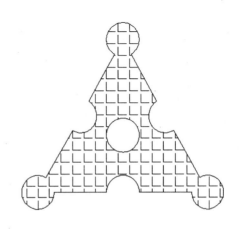

图 9-21 填充图形

9.4 本 章 小 结

本章主要介绍了 AutoCAD 2014 中面域的创建和计算、从面域中提取数据；设置图案的填充、编辑图案填充以及分解填充的图案等方法，并对使用图案填充图形的技巧进行详细的分解。通过本章的学习，读者应该能够熟练掌握关于面域、图案填充的操作。

第 10 章

机械三维绘图

本章导读:

在 AutoCAD 2014 中有一项重要的功能,即三维绘图。三维绘图是二维绘图的延伸,也是绘图中较为高级的手段。本章主要向用户介绍三维绘图的基础知识,包括三维坐标系统和视点的使用,同时讲解基本的三维图形界面和绘制方法,介绍绘制三维实体的方法和命令,并讲解三维实体的编辑方法,以及观察和渲染三维图形,使用户对三维实体绘图有所认识。

10.1 三维坐标和视点

三维立体是一个直观的立体的表现方式，但要在平面的基础上表示三维图形，则需要有一些三维知识，并且对平面的立体图形有所认识。在 AutoCAD 2014 中包含三维绘图的界面，更加适合三维绘图的习惯。另外，要进行三维绘图，首先要了解用户坐标。下面来认识一下三维坐标系统和视点，并了解用户坐标系统的一些基本操作。

10.1.1 坐标系简介

读者在前面已经了解了坐标系，下面来介绍一下用户坐标系。

用户坐标系是用于创建坐标、操作平面和观察的一种可移动的坐标系统。用户坐标系统由用户来指定，它可以在任意平面上定义 XY 平面，并根据这个平面，垂直拉伸出 Z 轴，组成坐标系统。它大大方便了三维物体绘制时坐标的定位。

打开【视图】选项卡，常用的关于坐标系的命令就放在如图 10-1 所示的【坐标】面板里，用户只要单击其中的按钮即可启动对应的坐标系命令。也可以使用菜单栏中【工具】|【新建 UCS】下的菜单命令打开坐标子命令，如图 10-2 所示。

图 10-1　【坐标】面板　　　　　图 10-2　【新建 UCS】下的菜单命令

AutoCAD 的大多数几何编辑命令取决于 UCS 的位置和方向，图形将绘制在当前 UCS 的 XY 平面上。UCS 命令设置用户坐标系在三维空间中的方向。它定义二维对象的方向和

THICKNESS 系统变量的拉伸方向。它也提供 ROTATE(旋转)命令的旋转轴，并为指定点提供默认的投影平面。当使用定点设备定义点时，定义的点通常置于 XY 平面上。如果 UCS 旋转使 Z 轴位于与观察平面平行的平面上(XY 平面对观察者来说显示为一条边)，那么可能很难查看该点的位置。这种情况下，将把该点定位在与观察平面平行的包含 UCS 原点的平面上。例如，如果观察方向沿着 X 轴，那么用定点设备指定的坐标将定义在包含 UCS 原点的 YZ 平面上。不同的对象新建的 UCS 也有所不同，如表 10-1 所示。

表 10-1　不同对象新建 UCS 的情况

对　象	确定 UCS 的情况
圆弧	圆弧的圆心成为新 UCS 的原点，X 轴通过距离选择点最近的圆弧端点
圆	圆的圆心成为新 UCS 的原点，X 轴通过选择点
直线	距离选择点最近的端点成为新 UCS 的原点，选择新 X 轴，直线位于新 UCS 的 XZ 平面上。直线第二个端点在新系统中的 Y 坐标为 0
二维多段线	多段线的起点为新 UCS 的原点，X 轴沿从起点到下一个顶点的线段延伸

10.1.2　新建 UCS

启动 UCS 可以执行下面两种操作之一。

- 单击【视图】选项卡中【UCS】面板上的【原点】按钮 。
- 在命令行中输入"UCS"命令。

在命令行中将会出现如下选择命令提示：

命令: UCS
当前 UCS 名称: *世界*
指定 UCS 的原点或 [面(F)/命名(NA)/对象(OB)/上一个(P)/视图(V)/世界(W)/X/Y/Z/Z 轴(ZA)] <世界>:

> **提示**
>
> 该命令不能选择下列对象：三维实体、三维多段线、三维网络、视窗、多线、面、样条曲线、椭圆、射线、构造线、引线、多行文字。

新建用户坐标系(UCS)，输入 N(新建)时，命令输入行有如下提示，提示用户选择新建用户坐标系的方法：

指定 UCS 的原点或 [面(F)/命名(NA)/对象(OB)/上一个(P)/视图(V)/世界(W)/X/Y/Z/Z 轴(ZA)] <世界>:N
指定新 UCS 的原点或 [Z 轴(ZA)/三点(3)/对象(OB)/面(F)/视图(V)/X/Y/Z] <0,0,0>:

通过下列 7 种方法可以建立新坐标。

1) 原点

通过指定当前用户坐标系 UCS 的新原点，保持其 X、Y 和 Z 轴方向不变，从而定义新的 UCS，如图 10-3 所示。命令行窗口提示如下：

指定新 UCS 的原点或 [Z 轴(ZA)/三点(3)/对象(OB)/面(F)/视图(V)/X/Y/Z] <0,0,0>:　　　 // 指定点

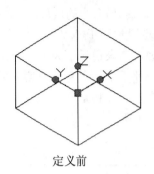 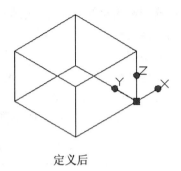

定义前 定义后

图 10-3 自定原点定义坐标系

2) Z 轴(ZA)

用特定的 Z 轴正半轴定义 UCS。命令行窗口提示如下：

指定新 UCS 的原点或 [Z 轴(ZA)/三点(3)/对象(OB)/面(F)/视图(V)/X/Y/Z] <0,0,0>: ZA
指定新原点 <0, 0, 0>: //指定点
在正 Z 轴的半轴指定点: //指定点

指定新原点和位于新建 Z 轴正半轴上的点。"Z 轴"选项使 XY 平面倾斜，如图 10-4 所示。

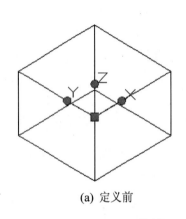 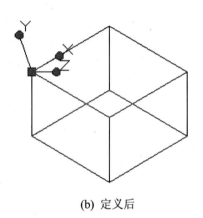

(a) 定义前 (b) 定义后

图 10-4 自定 Z 轴定义坐标系

3) 三点(3)

指定新 UCS 原点及其 X 和 Y 轴的正方向。Z 轴由右手螺旋定则确定。可以使用此选项指定任意可能的坐标系。也可以在 UCS 面板中单击【3 点 UCS】按钮，命令行窗口提示如下：

指定新 UCS 的原点或 [Z 轴(ZA)/三点(3)/对象(OB)/面(F)/视图(V)/X/Y/Z] <0,0,0>:3
指定新原点 <0,0,0>: _ner //捕捉如图 10-5(a)所示的最近点
在正 X 轴范围上指定点 <1.0000,-106.9343,0.0000>: @0,10,0 //按相对坐标确定 X 轴通过的点
在 UCS XY 平面的正 Y 轴范围上指定点 <-1.0000,-106.9343,0.0000>: @-10,0,0 //按相对坐标确定 Y 轴通过的点

效果如图 10-5(b)所示。

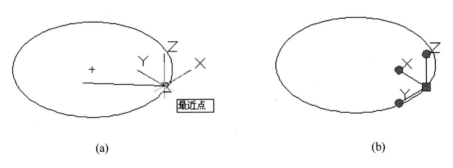

(a)   (b)

图 10-5　3 点确定 UCS

第一点指定新 UCS 的原点。第二点定义了 X 轴的正方向。第三点定义了 Y 轴的正方向。第三点可以位于新 UCS XY 平面 Y 轴正半轴上的任何位置。

4)　对象(OB)

根据选定三维对象定义新的坐标系。新坐标系 UCS 的 Z 轴正方向为选定对象的拉伸方向，如图 10-6 所示。命令行窗口提示如下：

指定新 UCS 的原点或 [Z 轴(ZA)/三点(3)/对象(OB)/面(F)/视图(V)/X/Y/Z] <0,0,0>: OB
选择对齐 UCS 的对象:　　　　　　　　　　　//选择对象

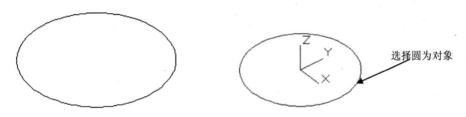

图 10-6　选择对象定义坐标系

此选项不能用于下列对象：三维实体、三维多段线、三维网格、面域、样条曲线、椭圆、射线、参照线、引线、多行文字等不能拉伸的图形对象。

对于非三维面的对象，新 UCS 的 XY 平面与当绘制该对象时生效的 XY 平面平行。但 X 和 Y 轴可作不同的旋转。

5)　面(F)

将 UCS 与实体对象的选定面对齐。要选择一个面，请在此面的边界内或面的边上单击，被选中的面将亮显，UCS 的 X 轴将与找到的第一个面上的最近的边对齐。命令行窗口提示如下：

指定新 UCS 的原点或 [Z 轴(ZA)/三点(3)/对象(OB)/面(F)/视图(V)/X/Y/Z] <0,0,0>:F
选择实体对象的面:
输入选项 [下一个(N)/X 轴反向(X)/Y 轴反向(Y)] <接受>:

下一个：将 UCS 定位于邻接的面或选定边的后向面。

X 轴反向：将 UCS 绕 X 轴旋转180°。

Y 轴反向：将 UCS 绕 Y 轴旋转180°。

【接受】：如果按 Enter 键，则接受该位置。否则将重复出现提示，直到接受位置为止。　如

图 10-7 所示。

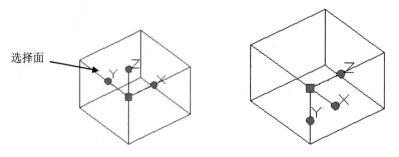

图 10-7 选择面定义坐标系

6) 视图(V)

以垂直于观察方向(平行于屏幕)的平面为 XY 平面,建立新的坐标系。UCS 原点保持不变,如图 10-8 所示。

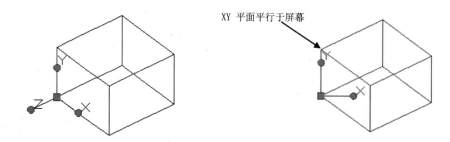

图 10-8 用视图方法定义坐标系

7) X/Y/Z 轴

绕指定轴旋转当前 UCS。命令行窗口提示如下:

```
指定新 UCS 的原点或 [Z 轴(ZA)/三点(3)/对象(OB)/面(F)/视图(V)/X/Y/Z] <0,0,0>:X
                                              //或者输入 Y 或者 Z
指定绕 X 轴、Y 轴或 Z 轴的旋转角度 <0>:        //指定角度
```

输入正或负的角度以旋转 UCS。AutoCAD 用右手定则来确定绕该轴旋转的正方向。通过指定原点和一个或多个绕 X、Y 或 Z 轴的旋转,可以定义任意的 UCS,如图 10-9 所示。 也可以通过 UCS 面板上的【绕 X 轴旋转当前 UCS】按钮，【绕 Y 轴旋转当前 UCS】按钮，【绕 Z 轴旋转当前 UCS】按钮来实现。

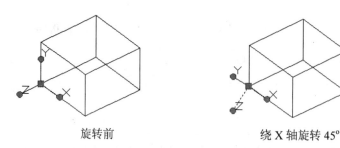

旋转前　　　　　　　　　绕 X 轴旋转 45°

图 10-9 坐标系绕坐标轴旋转

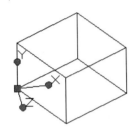 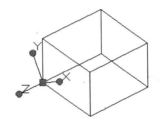

绕 Y 轴旋转 60°　　　　　　　　　　绕 Z 轴旋转 30°

图 10-9　坐标系统坐标轴旋转(续)

10.1.3　命名 UCS

新建了 UCS 后，还可以对 UCS 进行命名。

用户可以使用下面的方法启动 UCS 命名工具。

- 在命令行中输入"dducs"命令。
- 在菜单栏中，选择【工具】|【命名 UCS】菜单命令。

这时会打开 UCS 对话框，如图 10-10 所示。

UCS 对话框的参数用来设置和管理 UCS 坐标，下面分别对这些参数设置进行讲解。

1. 【命名 UCS】选项卡

该选项卡如图 10-10 所示，在其中列出了已有的 UCS。

在列表中选取一个 UCS，然后单击 置为当前(C) 按钮，则将该 UCS 坐标设置为当前坐标系。

在列表中选取一个 UCS，单击 详细信息(T) 按钮，则打开【UCS 详细信息】对话框，如图 10-11 所示，在这个对话框中详细列出了该 UCS 坐标系的原点坐标，X、Y、Z 轴的方向。

 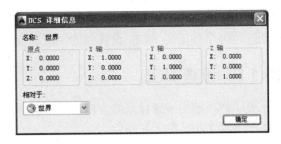

图 10-10　UCS 对话框　　　　　　**图 10-11　【UCS 详细信息】对话框**

2. 【正交 UCS】选项卡

【正交 UCS】选项卡如图 10-12 所示，在列表中有【俯视】、【仰视】、【主视】、【后视】、【左视】和【右视】6 种在当前图形中的正投影类型。

3. 【设置】选项卡

【设置】选项卡如图 10-13 所示。下面介绍一下各项参数设置。

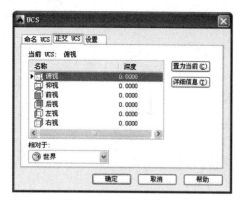

图 10-12　【正交 UCS】选项卡

图 10-13　【设置】选项卡

在【UCS 图标设置】选项组中，选中【开】复选框，则在当前视图中显示用户坐标系的图标；选中【显示于 UCS 原点】复选框，在用户坐标系的起点显示图标；选中【应用到所有活动窗口】复选框，在当前图形的所有活动窗口显示图标。

在【UCS 设置】选项组中，选中【UCS 与视口一起保存】复选框，就与当前视口一起保存坐标系，该选项由系统变量 UCSVP 控制；选中【修改 UCS 时更新平面视图】复选框，则当窗口的坐标系改变时，保存平面视图，该选项由系统变量 UCSFOLLOW 控制。

10.1.4　正交 UCS

指定 AutoCAD 提供的 6 个正交 UCS 之一。这些 UCS 设置通常用于查看和编辑三维模型。命令行窗口提示如下：

指定 UCS 的原点或 [面(F)/命名(NA)/对象(OB)/上一个(P)/视图(V)/世界(W)/X/Y/Z/Z 轴(ZA)] <世界>:G
输入选项 [俯视(T)/仰视(B)/主视(F)/后视(BA)/左视(L)/右视(R)]：　//输入选项

在默认情况下，正交 UCS 设置将相对于世界坐标系(WCS)的原点和方向确定当前 UCS 的方向。UCSBASE 系统变量控制 UCS，这个 UCS 是正交设置的基础。使用 UCS 命令的移动选项可修改正交 UCS 设置中的原点或 Z 向深度。

10.1.5　设置 UCS

要了解当前用户坐标系的方向，可以显示用户坐标系图标。有几种版本的图标可供使用，可以改变其大小、位置和颜色。

为了指示 UCS 的位置和方向，将在 UCS 原点或当前视口的左下角显示 UCS 图标。可以选择 3 种图标中的一种来表示 UCS。

二维 UCS 图标　　　三维 UCS 图标　　　着色 UCS 图标

使用 UCSICON 命令在显示二维或三维 UCS 图标之间选择。将显示着色三维视图的着色

UCS 图标。要指示 UCS 的原点和方向，可以使用 UCSICON 命令在 UCS 原点显示 UCS 图标。

如果图标显示在当前 UCS 的原点处，则图标中有一个加号 (+)。如果图标显示在视口的左下角，则图标中没有加号。

如果存在多个视口，则每个视口都显示自己的 UCS 图标。

将使用多种方法显示 UCS 图标，以帮助用户了解工作平面的方向。下面是一些图标的样例。

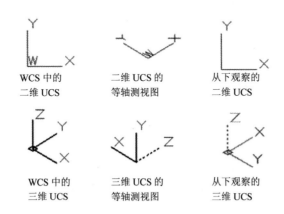

可以使用 UCSICON 命令在二维 UCS 图标和三维 UCS 图标之间切换。也可以使用此命令改变三维 UCS 图标的大小、颜色、箭头类型和图标线宽度。

如果沿着一个与 UCS XY 平面平行的平面观察，二维 UCS 图标将变成 UCS 断笔图标。断笔图标指示 XY 平面的边几乎与观察方向垂直。此图标警告用户不要使用定点设备指定坐标。

使用定点设备定位点时，断笔图标通常位于 XY 平面上。如果旋转 UCS 使 Z 轴位于与观察平面平行的平面上(即，如果 XY 平面垂直于观察平面)，则很难确定该点的位置。这种情况下，将把该点定位在与观察平面平行的包含 UCS 原点的平面上。例如，如果观察方向是沿 X 轴方向，则使用定点设备指定的坐标将位于包含 UCS 原点的 YZ 平面上。

使用三维 UCS 图标有助于了解坐标投影在哪个平面上，三维 UCS 图标不使用断笔图标。

10.1.6　移动 UCS

通过平移当前 UCS 的原点或修改其 Z 轴深度来重新定义 UCS，但保留其 XY 平面的方向不变。修改 Z 轴深度将使 UCS 相对于当前原点沿自身 Z 轴的正方向或负方向移动。命令行窗口提示如下：

指定 UCS 的原点或 [面(F)/命名(NA)/对象(OB)/上一个(P)/视图(V)/世界(W)/X/Y/Z/Z 轴(ZA)] <世界>:M
指定新原点或 [Z 向深度(Z)] <0，0，0>:　　　　　　//指定或输入 Z

(1) 新原点：修改 UCS 的原点位置。
(2) Z 向深度(Z)：指定 UCS 原点在 Z 轴上移动的距离。命令行窗口提示如下：

指定 Z 向深度 <0>:   //输入距离

如果有多个活动视窗，且改变视窗来指定新原点或 Z 向深度时，那么所作修改将被应用到命令开始执行时的当前视窗中的 UCS 上，且命令结束后此视图被置为当前视图。

10.1.7　三维坐标系

视点是指用户在三维空间中观察三维模型的位置。视点的 X、Y、Z 坐标确定了一个由原点发出的矢量，这个矢量就是观察方向。由视点沿矢量方向原点看去所见到的图形称为视图。

10.1.8　设置三维视点

绘制三维图形时常需要改变视点，以满足从不同角度观察图形各部分的需要。设置三维视点主要有两种方法：视点设置命令(VPOINT)和用【视点预设】对话框选择视点两种方法。下面分别来介绍 3 种命令的使用方法。

1. 使用【视点预置】对话框

视点设置命令用来设置观察模型的方向。

在【命令行】中输入"VPOINT"，按 Enter 键。命令行窗口提示如下：

命令: VPOINT
当前视图方向:　VIEWDIR=-1.0000,-1.0000,1.0000
指定视点或 [旋转(R)] <显示指南针和三轴架>:

这里有几种方法可以设置视点。

(1)　使用输入的 X、Y 和 Z 坐标定义视点，创建定义观察视图的方向的矢量。定义的视图如同是观察者在该点向原点 (0,0,0) 方向观察。命令行窗口提示如下：

命令: VPOINT
当前视图方向:　VIEWDIR=0.0000,0.0000,1.0000
指定视点或 [旋转(R)] <显示指南针和三轴架>:0,1,0
正在重生成模型。

(2)　使用旋转(R)：使用两个角度指定新的观察方向。命令行窗口提示如下：

指定视点或 [旋转(R)] <显示指南针和三轴架>: R
输入 XY 平面中与 X 轴的夹角 <当前值>:
//指定一个角度 ,第一个角度指定为在 XY 平面中与 X 轴的夹角。
输入 XY 平面中与 X 轴的夹角 <当前值>:
//指定一个角度, 第二个角度指定为与 XY 平面的夹角，位于 XY 平面的上方或下方。

(3)　使用指南针和三轴架：在命令行中直接按 Enter 键，则按默认选项显示指南针和三轴架，用来定义视窗中的观察方向，如图 10-14 所示。

这里，右上角指南针为一个球体的俯视图，十字光标代表视点的位置。拖曳鼠标，使十字光标在指南针范围内移动，光标位于小圆环内表示视点在 Z 轴正方向，光标位于两个圆环之间表示视点在 Z 轴负方向，移动光标，就可以设置视点。如图 10-15 所示为不同指南针和三轴架设置时不同的视点位置。

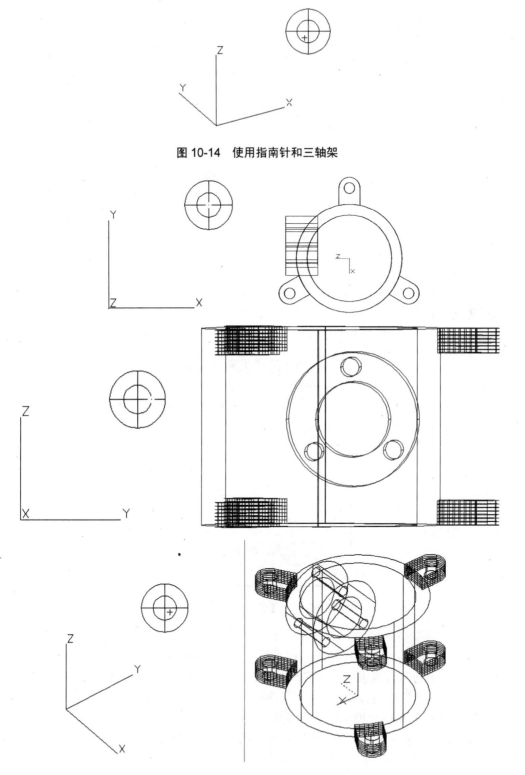

图 10-14　使用指南针和三轴架

图 10-15　不同的视点设置

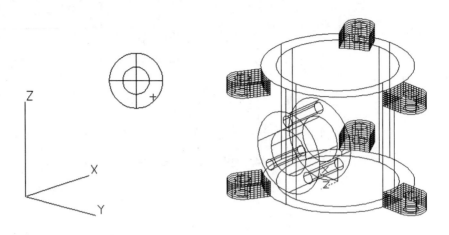

图 10-15　不同的视点设置(续)

2. 使用【视点】命令

用【视点预设】对话框选择视点还可以用对话框的方式选择视点。具体操作步骤如下。

选择【视图】|【三维视图】|【视点预设】菜单命令或者在命令行中输入"Ddvpoint"，按 Enter 键，打开【视点预设】对话框如图 10-16 所示。其中各参数设置方法如下。

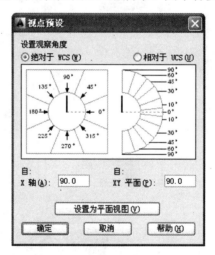

图 10-16　【视点预设】对话框

- 绝对于 WCS：所设置的坐标系基于世界坐标系。
- 相对于 UCS：所设置的坐标系相对于当前用户坐标系。
- 左半部分方形分度盘表示观察点在 XY 平面投影与 X 轴夹角。有 8 个位置可选。
- 右半部分半圆分度盘表示观察点与原点连线与 XY 平面夹角。有 9 个位置可选。
- 【X 轴】文本框：可输入 360°度以内任意值设置观察方向与 X 轴的夹角。
- 【XY 平面】文本框：可输入以±90°内任意值设置观察方向与 XY 平面的夹角。
- 【设置为平面视图】按钮：单击该按钮，则取标准值，与 X 轴夹角为 270°，与 XY 平面夹角为 90°。

3. 其他特殊视点

在视点摄制过程中，还可以选取预定义标准观察点，可以从 AutoCAD 2014 中预定义的 10 个标准视图中直接选取。

在菜单栏中，选择【视图】|【三维视图】的 10 个标准命令，如图 10-17 所示，即可定义观察点。这些标准视图包括：俯视图、仰视图、左视图、右视图、前视图、后视图、西南等轴测视图、东南等轴测视图、东北等轴测视图和西北等轴测视图。

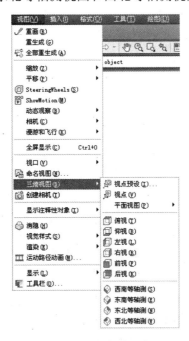

图 10-17　三维视图菜单

10.2　绘制三维曲面和三维体

三维曲面和三维体是绘制三维图形时的两个重要命令。下面将对它们进行详细的讲解。

10.2.1　绘制三维曲面

AutoCAD 2014 可绘制的三维图形有线框模型、表面模型和实体模型等图形，并且可以对三维图形进行编辑。

1. 绘制三维面

三维面命令用来创建任意方向的三边或四边三维面，四点可以不共面。绘制三维面模型命令调用方法。

(1) 在菜单栏中，选择【绘图】|【建模】|【网格】|【三维面】菜单命令。

(2) 在命令行中输入"3dface"命令。

命令行窗口提示如下：

命令: 3dface
指定第一点或 [不可见(I)]:
指定第二点或 [不可见(I)]:
指定第三点或 [不可见(I)] <退出>:   //直接按 Enter 键，生成三边面，指定点继续
指定第四点或 [不可见(I)] <创建三侧面>:

在提示行中若指定第四点，则命令提示行继续提示指定第三点或退出，直接按 Enter 键，则生成四边平面或曲面。若继续确定点，则上一个第三点和第四点连线成为后续平面第一边，三维面递进生长。命令行窗口提示如下：

指定第三点或 [不可见(I)] <退出>:
指定第四点或 [不可见(I)] <创建三侧面>:

绘制成的三边平面、四边面和多个面如图 10-18 所示。

三边平面   四边面   多个面

图 10-18　三维面

命令行选项说明如下。

(1) 第一点：定义三维面的起点。在输入第一点后，可按顺时针或逆时针方向输入其余的点，以创建普通三维面。如果 4 个顶点在同一个平面上，那么 AutoCAD 将创建一个类似于面域对象的平面。当着色或渲染对象时，该平面将被填充。

(2) 不可见(I)：控制三维面各边的可见性，以便建立有孔对象的正确模型。在边的第一点之前输入 i 或 invisible 可以使该边不可见。不可见属性必须在使用任何对象捕捉模式、XYZ 过滤器或输入边的坐标之前定义。可以创建所有边都不可见的三维面。这样的面是虚幻面，它不显示在线框图中，但在线框图形中会遮挡形体。

2. 绘制基本三维曲面

三维线框模型(Wire model)是三维形体的框架，是一种较直观和简单的三维表达方式。AutoCAD 2014 中的三维线框模型只是空间点之间相连直线、曲线信息的集合，没有面和体的定义。因此，它不能消隐、着色或渲染。但是它有简洁、易编辑的优点。

1) 三维线条

二维绘图中使用的直线(Line)和样条曲线(Spline)命令可直接用于绘制三维图形，操作方式与二维绘制相同，在此就不重复了。只是在绘制三维线条过程中输入点的坐标值时，要输入 X、Y、Z 的坐标值。

2) 三维多段线

三维多段线由多条空间线段首尾相连的多段线，其可以作为单一对象编辑，但其与二维多线段有区别，它只能让线段首位相连，不能设计线段的宽度。如图 10-19 所示为三维多段线。

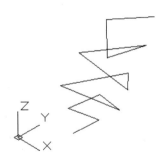

图 10-19　三维多段线

绘制三维多段线的方法如下。

- 在【常用】选项卡【绘图】面板中单击【三维多段线】按钮。
- 在菜单栏中选择【绘图】│【三维多段线】菜单命令。
- 在命令行中输入"3dpoly"命令。

命令行窗口提示如下：

指定多段线的起点:
指定直线的端点或 [放弃(U)]:
指定直线的端点或 [放弃(U)]:
指定直线的端点或 [闭合(C)/放弃(U)]:

从前一点到新指定的点绘制一条直线。命令提示不断重复，直到按 Enter 键结束命令为止。如果在命令行输入命令:U，则结束绘制三维多段线，如果输入指定三点后，输入命令:C，则多段线闭合。指定点可以用鼠标选择或者输入点的坐标。

三维多段线和二维多段线的比较如表 10-2 所示。

表 10-2　三维多段线和二维多段线比较

	三维多段线	二维多段线
相同点	•多段线是一个对象； •可以分解； •可以用 Pedit 命令进行编辑	
不同点	•Z 坐标值可以不同； •不含弧线段，只有直线段； •不能有宽度； •不能有厚度； •只有实线一种线形	•Z 坐标值均为 0； •包括弧线段等多种线段； •可以有宽度； •可以有厚度； •有多种线形

3. 绘制三维网格

使用三维网格命令可以生成矩形三维多边形网格，主要用于图解二维函数。绘制三维网格命令调用方法：在命令行中输入"3dmesh"命令。

命令行窗口提示如下：

命令: 3dmesh
输入 M 方向上的网格数量:
输入 N 方向上的网格数量:
指定顶点 (0, 0) 的位置:
指定顶点 (0, 1) 的位置:
指定顶点 (1, 0) 的位置:
指定顶点 (1, 1) 的位置:
指定顶点 (2, 0) 的位置:
指定顶点 (2, 1) 的位置:

绘制成的三维网格如图 10-20 所示。

注　意

M 和 N 的数值在 2～256 之间。

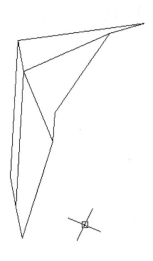

图 10-20　三维网格

4. 绘制旋转曲面

旋转网格的命令是将对象绕指定轴旋转，生成旋转网格曲面。绘制旋转网格命令调用方法：

● 选择【绘图】|【建模】|【网格】|【旋转网格】菜单命令。

● 单击【网格】选项卡【图元】面板中的【旋转网格】按钮。

● 在命令行中输入"revsurf"命令。

命令行窗口提示如下：

命令: revsurf
当前线框密度: SURFTAB1=6　SURFTAB2=6
选择要旋转的对象:　　　　　　　　　//选择一个对象
选择定义旋转轴的对象:　　　　　　　//选择一个对象，通常为直线
指定起点角度 <0>:
指定包含角 (+=逆时针，-=顺时针) <360>:

绘制成的旋转网格如图 10-21 所示。

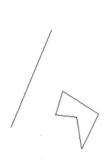
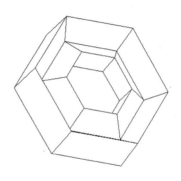

图 10-21　旋转网格

5. 绘制平移曲面

平移网格命令可绘制一个由路径曲线和方向矢量所决定的多边形网格。绘制平移网格命令调用方法如下。

- 选择【绘图】|【建模】|【网格】|【平移网格】菜单命令。
- 单击【网格】选项卡【图元】面板中的【平移网格】按钮 。
- 在命令行中输入 "tabsurf" 命令。

命令行窗口提示如下：

命令:_tabsurf
当前线框密度: SURFTAB1=6
选择用作轮廓曲线的对象:
选择用作方向矢量的对象:

绘制成的平移曲面如图 10-22 所示。

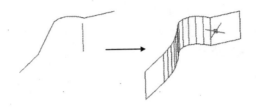

图 10-22　平移曲面

6. 绘制直纹曲面

直纹网格命令用于在两个对象之间建立一个 2×N 的直纹网格曲面。绘制直纹网格命令调用方法：

- 选择【绘图】|【建模】|【网格】|【直纹网格】菜单命令。
- 单击【网格】选项卡【图元】面板中的【直纹网格】按钮。
- 在命令行中输入"rulesurf"命令。

命令行窗口提示如下：

命令: rulesurf
当前线框密度: SURFTAB1=6
选择第一条定义曲线:
选择第二条定义曲线:

绘制成的直纹网格如图 10-23 所示。

图 10-23 直纹网格

> 注意
>
> 要生成直纹网格，两对象只能封闭曲线对封闭曲线，开放曲线对开放曲线。

7. 绘制边界曲面

边界网格命令是把 4 个称为边界的对象创建为孔斯曲面片网格。边界可以是圆弧、直线、多线段、样条曲线和椭圆弧，并且必须形成闭合环和公共端点。孔斯曲面片是插在 4 个边界间的双三次曲面(一条 M 方向上的曲线和一条 N 方向上的曲线)。绘制边界网格命令调用方法如下。

- 【绘图】|【建模】|【网格】|【边界网格】菜单命令。
- 单击【网格】选项卡【图元】面板中的【边界网格】按钮。
- 在命令行中输入"edgesurf"命令。

命令行窗口提示如下：

命令: edgesurf
当前线框密度: SURFTAB1=6   SURFTAB2=6
选择用作曲面边界的对象 1:
选择用作曲面边界的对象 2:
选择用作曲面边界的对象 3:
选择用作曲面边界的对象 4:

绘制成的边界网格如图 10-24 所示。

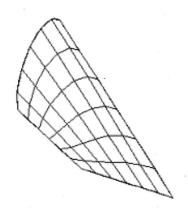

图 10-24 边界曲面

10.2.2 三维实体

在 AutoCAD 2014 中，提供了多种基本的实体模型，可直接建立实体模型，如长方体、球体、圆柱体、圆锥体、楔体、圆环等多种模型。

1. 绘制长方体

绘制长方体命令调用方法如下。

- 选择【绘图】|【建模】|【长方体】菜单命令。
- 单击【常用】选项卡【建模】面板中的【长方体】按钮 ⬜。
- 在命令行中输入"box"命令。

命令行窗口提示如下：

命令: box
指定长方体的角点或 [中心点(CE)] <0,0,0>:   //指定长方体的第一个角点
指定角点或 [立方体(C)/长度(L)]:   //输入 C 则创建立方体
指定高度:

> **提 示**
>
> 长度(L)是指按照指定长、宽、高创建长方体。长度与 X 轴对应，宽度与 Y 轴对应，高度与 Z 轴对应。

绘制完成的长方体如图 10-25 所示。

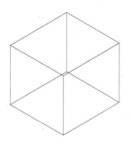

图 10-25 长方体

2. 绘制球体

SPHERE 命令用来创建球体。绘制球体命令调用方法如下。

- 选择【绘图】|【建模】|【球体】菜单命令。
- 在命令行中输入"sphere"命令。
- 单击【常用】选项卡【建模】面板中的【球体】按钮◯。

命令行窗口提示如下：

命令: sphere
指定中心点或 [三点(3P)/两点(2P)/相切、相切、半径(T)]:
指定球体半径或 [直径(D)]:

绘制完成的球体如图 10-26 所示。

3. 绘制圆柱体

圆柱底面既可以是圆，也可以是椭圆。绘制圆柱体命令的调用方法如下。

- 选择【绘图】|【建模】|【圆柱体】菜单命令。
- 在命令行中输入"cylinder"命令。
- 单击【常用】选项卡【建模】面板中的【圆柱体】按钮▢。

首先来绘制圆柱体，命令行窗口提示如下：

命令: cylinder
指定底面的中心点或 [三点(3P)/两点(2P)/相切、相切、半径(T)/椭圆(E)]: //输入坐标或者指定点
指定底面半径或 [直径(D)]:
指定高度或 [两点(2P)/轴端点(A)]:

绘制完成的圆柱体如图 10-27 所示。

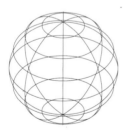

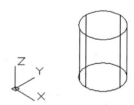

图 10-26　球体　　　　　　　　　　　图 10-27　圆柱体

下面来绘制椭圆柱体，命令行窗口提示如下：

命令: cylinder
指定底面的中心点或 [三点(3P)/两点(2P)/相切、相切、半径(T)/椭圆(E)]: E(执行绘制椭圆柱体选项)
指定第一个轴的端点或 [中心(C)]: c(执行中心点选项)
指定中心点:
指定到第一个轴的距离:
指定第二个轴的端点:
指定高度或 [两点(2P)/轴端点(A)]:

绘制完成的椭圆柱体如图 10-28 所示。

4. 绘制圆锥体

CONE 命令用来创建圆锥体或椭圆锥体。绘制圆锥体命令调用方法如下。

- 选择【绘图】|【建模】|【圆锥体】菜单命令。
- 在命令行中输入"cone"命令。
- 单击【常用】选项卡【建模】面板中的【圆锥体】按钮 △。

命令行窗口提示如下：

命令: cone
指定底面的中心点或 [三点(3P)/两点(2P)/相切、相切、半径(T)/椭圆(E)]:   //输入 E 可以绘制椭圆锥体
指定底面半径或 [直径(D)]:
指定高度或 [两点(2P)/轴端点(A)/顶面半径(T)]:

绘制完成的圆锥体如图 10-29 所示。

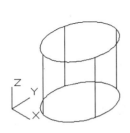

图 10-28　椭圆柱体

图 10-29　圆锥体

5. 绘制楔体

WEDGE 命令用来绘制楔体。绘制楔形体命令调用方法如下。

- 选择【绘图】|【建模】|【楔体】菜单命令。
- 在命令行中输入"wedge"命令。
- 单击【常用】选项卡【建模】面板中的【楔体】按钮 △。

命令行窗口提示如下：

命令: wedge
指定第一个角点或 [中心(C)]::
指定其他角点或 [立方体(C)/长度(L)]:
指定高度或 [两点(2P)]:

绘制完成的楔体如图 10-30 所示。

6. 绘制圆环体

TORUS 命令用来绘制圆环。绘制圆环体命令调用方法如下。

- 选择【绘图】|【建模】|【圆环体】菜单命令。
- 在命令行中输入"torus"命令。
- 单击【常用】选项卡【建模】面板中的【圆环体】按钮 ◎。

命令行窗口提示如下：

命令: torus
指定中心点或 [三点(3P)/两点(2P)/切点、切点、半径(T)]:
指定半径或 [直径(D)]:   //指定圆环体中心到圆环圆管中心的距离
指定圆管半径或 [两点(2P)/直径(D)]:   //指定圆环体圆管的半径

绘制完成的圆环体如图 10-31 所示。

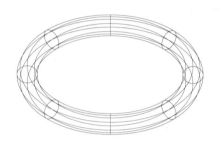

图 10-30   楔体   图 10-31   圆环体

7. 绘制拉伸实体

【拉伸】命令用来拉伸二维对象生成三维实体，二维对象可以是多边形、圆、椭圆、样条封闭曲线等。绘制拉伸实体命令调用方法如下。

- 选择【绘图】|【建模】|【拉伸】菜单命令。
- 在命令行中输入"extrude"命令。
- 单击【常用】选项卡【建模】面板中的【拉伸】按钮。

命令行窗口提示如下：

命令: _extrude
当前线框密度: ISOLINES=8
选择要拉伸的对象: //选择一个图形对象
选择要拉伸的对象:
指定拉伸的高度或 [方向(D)/路径(P)/倾斜角(T)]: P   //则沿路径进行拉伸
选择拉伸路径或 [倾斜角(T)]:   //选择作为路径的对象
路径已移动到轮廓中心。

> **提示**
>
> 可以选取直线、圆、圆弧、椭圆、多段线等作为拉伸路径的对象。

绘制完成的拉伸实体如图 10-32 所示。

8. 绘制旋转实体

旋转是将闭合曲线绕一条旋转轴旋转生成回转三维实体。绘制旋转实体命令调用方法如下。

- 选择【绘图】|【建模】|【旋转】菜单命令。
- 在命令行中输入"revolve"命令。
- 单击【常用】选项卡【建模】面板中的【旋转】按钮。

命令行窗口提示如下:

命令: revolve
当前线框密度: ISOLINES=10
选择要旋转的对象: // 选择旋转对象
选择要旋转的对象:
定轴起点或根据以下选项之一定义轴 [对象(O)/X/Y/Z] <对象>: // 选择轴起点
指定轴端点: // 选择轴端点
指定旋转角度或 [起点角度(ST)] <360>:

绘制完成的旋转实体如图 10-33 所示。

> **注 意**
>
> 执行此命令,要事先准备好选择对象。

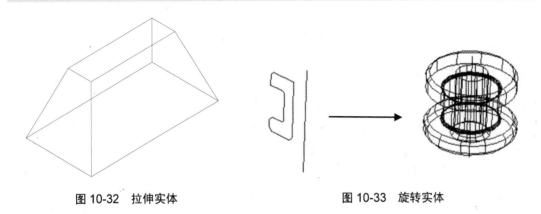

图 10-32 拉伸实体   图 10-33 旋转实体

10.3 编辑三维图形

与二维图形对象一样,用户也可以编辑三维图形对象,且二维图形对象编辑中的大多数命令都适用于三维图形。下面将介绍编辑三维图形对象的命令,包括三维阵列、三维镜像、三维旋转、截面、剖切实体、并集运算等。

10.3.1 剖切实体

AutoCAD 2014 提供了对三维实体进行剖切的功能,用户可以利用这个功能很方便地绘制实体的剖切面。【剖切】命令调用方法如下。

- 选择【修改】|【三维操作】|【剖切】菜单命令。
- 在命令行中输入"slice"命令。

命令行窗口提示如下:

命令: slice
选择要剖切的对象: 找到 1 个   //选择剖切对象
选择要剖切的对象:
指定 切面 的起点或 [平面对象(O)/曲面(S)/Z 轴(Z)/视图(V)/XY(XY)/YZ(YZ)/ZX(ZX)/三点(3)] <三点>:
//选择点 1

指定平面上的第二个点: //选择点 2
指定平面上的第三个点: //选择点 3
在所需的侧面上指定点或 [保留两个侧面(B)] <保留两个侧面>: //输入 B 则两侧都保留

剖切后的实体如图 10-34 所示。

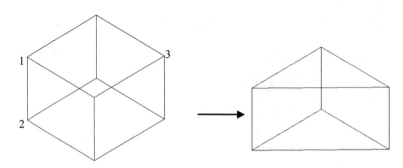

图 10-34　剖切实体

10.3.2　三维阵列

三维阵列命令用于在三维空间创建对象的矩形和环形阵列。三维阵列命令调用方法如下。

- 选择【修改】|【三维操作】|【三维阵列】菜单命令。
- 在命令行中输入"3darray"命令。

命令行窗口提示如下:

命令: 3darray
正在初始化...   已加载 3DARRAY。
选择对象: //选择要阵列的对象
选择对象:
输入阵列类型 [矩形(R)/环形(P)] <矩形>:

这里有两种阵列方式:矩形和环形,下面分别进行介绍。

1. 矩形阵列

在行(X 轴)、列(Y 轴)和层(Z 轴)矩阵中复制对象。一个阵列必须具有至少两个行、列或层。命令行窗口提示如下:

输入阵列类型 [矩形(R)/环形(P)] <矩形>:R
输入行数 (---) <1>:
输入列数 (|||) <1>:
输入层数 (...) <1>:
指定行间距 (---):
指定列间距 (|||):
指定层间距 (...):
输入正值将沿 X、Y、Z 轴的正向生成阵列。输入负值将沿 X、Y、Z 轴的负向生成阵列。

矩形阵列得到的图形如图 10-35 所示。

2. 环形阵列

环形阵列是指绕旋转轴复制对象。命令行窗口提示如下:

输入阵列类型 [矩形(R)/环形(P)] <矩形>:P
输入阵列中的项目数目：   //输入要阵列的数目
指定要填充的角度 (+=逆时针, -=顺时针) <360>:
旋转阵列对象？ [是(Y)/否(N)] <是>:
指定阵列的中心点:
指定旋转轴上的第二点:

环形阵列得到的图形如图 10-36 所示。

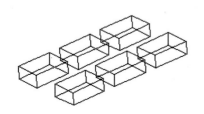 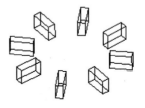

图 10-35　矩形阵列　　　　　　　　　　图 10-36　环形阵列

10.3.3　三维镜像

三维镜像命令用来沿指定的镜像平面创建三维镜像。三维镜像命令调用方法如下。

- 选择【修改】|【三维操作】|【三维镜像】菜单命令。
- 在命令行中输入"mirror3d"命令。

命令行窗口提示如下：

命令:_mirror3d
选择对象: //选择要镜像的图形
选择对象:
指定镜像平面 (三点) 的第一个点或
[对象(O)/最近的(L)/Z 轴(Z)/视图(V)/XY 平面(XY)/YZ 平面(YZ)/ZX 平面(ZX)/三点(3)] <三点>:

命令行提示中各选项的说明如下。

(1) 对象(O)：使用选定平面对象的平面作为镜像平面。

选择圆、圆弧或二维多段线线段:
是否删除源对象? [是(Y)/否(N)] <否>:

如果输入 y，AutoCAD 将把被镜像的对象放到图形中并删除原始对象。如果输入 n 或按
Enter 键，AutoCAD 将把被镜像的对象放到图形中并保留原始对象。

(2) 最近的(L)：相对于最后定义的镜像平面对选定的对象进行镜像处理。

是否删除源对象? [是(Y)/否(N)] <否>:

(3) Z 轴(Z)：根据平面上的一个点和平面法线上的一个点定义镜像平面。

在镜像平面上指定点:
在镜像平面的 Z 轴 (法向) 上指定点:
是否删除源对象? [是(Y)/否(N)] <否>:

如果输入 y，AutoCAD 将把被镜像的对象放到图形中并删除原始对象。如果输入 n 或按

Enter 键，AutoCAD 将把被镜像的对象放到图形中并保留原始对象。

(4) 视图(V)：将镜像平面与当前视窗中通过指定点的视图平面对齐。

在视图平面上指定点 <0,0,0>:　　　　　　//指定点或按 Enter 键
是否删除源对象？[是(Y)/否(N)] <否>:　　//输入 y 或 n 或按 Enter 键

如果输入 y，AutoCAD 将把被镜像的对象放到图形中并删除原始对象。如果输入 n 或按 Enter 键，AutoCAD 将把被镜像的对象放到图形中并保留原始对象。

(5) XY 平面(XY)、YZ 平面(YZ)、ZX 平面(ZX)：将镜像平面与一个通过指定点的标准平面(XY、YZ 或 ZX)对齐。

指定 (XY,YZ,ZX) 平面上的点 <0,0,0>:

(6) 三点(3)：通过三个点定义镜像平面。如果通过指定一点指定此选项，则 AutoCAD 将不再显示"在镜像平面上指定第一点"提示。

在镜像平面上指定第一点:
在镜像平面上指定第二点:
在镜像平面上指定第三点:
是否删除源对象？[是(Y)/否(N)] <N>:

三维镜像得到的图形如图 10-37 所示。

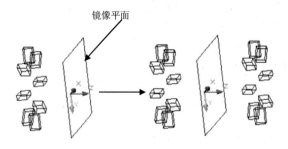

图 10-37　三维镜像

10.3.4　三维旋转

三维旋转命令用来在三维空间内旋转三维对象。三维旋转命令调用方法如下。

● 选择【修改】|【三维操作】|【三维旋转】菜单命令。

● 在命令行中输入"3drotate"命令。

命令行窗口提示如下：

命令: 3drotate
UCS 当前的正角方向: ANGDIR=逆时针　ANGBASE=0
选择对象:　　　　　　　　　//选择要旋转的对象
选择对象:
指定轴上的第一个点或定义轴依据
　[对象(O)/最近的(L)/视图(V)/X 轴(X)/Y 轴(Y)/Z 轴(Z)/两点(2)]:

下面对命令提示行中各选项进行说明。

(1) 对象(O)：将旋转轴与现有对象对齐。命令行窗口提示如下：

选择直线、圆、圆弧或二维多段线线段：

(2) 最近的(L)：使用最近的旋转轴。

指定旋转角度或 [参照(R)]：

(3) 视图(V)：将旋转轴与通过选定点的当前视图的观察方向对齐。命令行窗口提示如下：

指定视图方向轴上的点 <0,0,0>：
指定旋转角度或 [参照(R)]：

(4) X 轴(X)/Y 轴(Y)/Z 轴(Z)：将旋转轴与通过选定点的轴(X、Y 或 Z)对齐。命令行窗口提示如下：

指定 X/Y/Z 轴上的点 <0,0,0>：
指定旋转角度或 [参照(R)]：

(5) 两点(2)：使用两个点定义旋转轴。在 ROTATE3D 的主提示下按 Enter 键将显示以下提示。如果在主提示下指定点将跳过指定第一个点的提示。命令行窗口提示如下：

指定轴上的第一点：
指定轴上的第二点：
指定旋转角度或 [参照(R)]：

【例题】沿 X 轴将一个三维实体旋转 60°。

(1) 打开一个三维实体的图形。

(2) 选择【修改】|【三维操作】|【三维旋转】菜单命令，命令行窗口提示如下：

命令：_rotate3d
当前正向角度：ANGDIR=逆时针 ANGBASE=0
选择对象：找到 1 个   //选择该实体
选择对象：
指定轴上的第一个点或定义轴依据
  [对象(O)/最近的(L)/视图(V)/X 轴(X)/Y 轴(Y)/Z 轴(Z)/两点(2)]：X
指定 X 轴上的点 <0,0,0>：   //指定一点
指定旋转角度或 [参照(R)]：60

(3) 三维实体和旋转后的效果如图 10-38 所示。

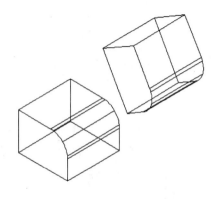

图 10-38　三维实体和旋转后的效果

10.3.5　并集运算

并集运算是将两个以上三维实体合为一体。【并集】命令调用方法如下。

- 单击【常用】选项卡【实体编辑】面板中的【并集】按钮 。
- 选择【修改】|【实体编辑】|【并集】菜单命令。
- 在命令行中输入"union"命令。

命令行窗口提示如下：

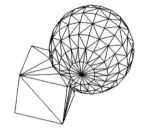

```
命令: union
选择对象:            //选择第 1 个实体
选择对象:            //选择第 2 个实体
选择对象:
```

实体并集运算后的结果如图 10-39 所示。

图 10-39　并集运算

10.3.6　差集运算

差集运算是从一个三维实体中去除与其他实体的公共部分。差集命令调用方法如下。

- 单击【常用】选项卡【实体编辑】面板中的【差集】按钮 。
- 选择【修改】|【实体编辑】|【差集】菜单命令。
- 在【命令行】中输入"subtract"命令。

命令行窗口提示如下：

```
命令: _subtract
选择要从中减去的实体或面域...
选择对象:                 //选择被减去的实体
选择要减去的实体或面域 ..
选择对象:                 //选择减去的实体
```

实体进行差集运算的结果如图 10-40 所示。

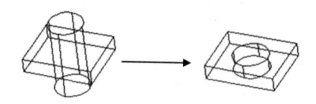

图 10-40　差集运算

10.3.7　交集运算

交集运算是将几个实体相交的公共部分保留。【交集】命令调用方法如下。

- 单击【常用】选项卡【实体编辑】面板中的【交集】按钮 。
- 选择【修改】|【实体编辑】|【交集】菜单命令。
- 在命令行中输入"intersect"命令。

命令行窗口提示如下：

命令: _intersect
选择对象:　　　　　//选择第 1 个实体
选择对象:　　　　　//选择第 2 个实体

实体进行交集运算的结果如图 10-41 所示。

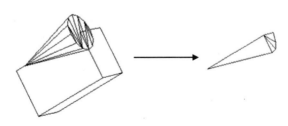

图 10-41　交集运算

10.4　三维实体的编辑与渲染

本节将介绍三维实体对象的编辑操作。通过对其进行编辑,可以获取一个新的三维实体对象,再经过渲染,然后将三维实体对象输出为图像文件。

10.4.1　拉伸面

拉伸面主要用于对实体的某个面进行拉伸处理,从而形成新的实体。选择【修改】|【实体编辑】|【拉伸面】菜单命令,或者单击【常用】选项卡【实体编辑】面板中的【拉伸面】按钮，即可进行拉伸面操作。命令行窗口提示如下:

命令: _solidedit
实体编辑自动检查:　SOLIDCHECK=1
输入实体编辑选项 [面(F)/边(E)/体(B)/放弃(U)/退出(X)] <退出>: _face
输入面编辑选项
[拉伸(E)/移动(M)/旋转(R)/偏移(O)/倾斜(T)/删除(D)/复制(C)/颜色(L)/材质(A)/放弃(U)/退出(X)] <退出>:
_extrude
选择面或 [放弃(U)/删除(R)]:　　　　　　　//选择实体上的面
选择面或 [放弃(U)/删除(R)/全部(ALL)]:
指定拉伸高度或 [路径(P)]:　　　　　　//输入 P 则选择拉伸路径
指定拉伸的倾斜角度 <0>:
已开始实体校验。

实体经过拉伸面操作后的结果如图 10-42 所示。

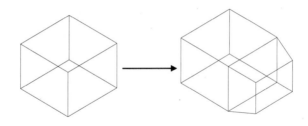

图 10-42　拉伸面操作

10.4.2 移动面

移动面主要用于对实体的某个面进行移动处理，从而形成新的实体。选择【修改】|【实体编辑】|【移动面】菜单命令，或者单击【常用】选项卡【实体编辑】面板中的【移动面】按钮 ，即可进行移动面操作。命令行窗口提示如下：

命令: _solidedit
实体编辑自动检查: SOLIDCHECK=1
输入实体编辑选项 [面(F)/边(E)/体(B)/放弃(U)/退出(X)] <退出>: _face
输入面编辑选项
[拉伸(E)/移动(M)/旋转(R)/偏移(O)/倾斜(T)/删除(D)/复制(C)/着色(L)/放弃(U)/退出(X)] <退出>: _move
选择面或 [放弃(U)/删除(R)]:   //选择实体上的面
选择面或 [放弃(U)/删除(R)/全部(ALL)]:
指定基点或位移: //指定一点
指定位移的第二点: //指定第2点
已开始实体校验。

实体经过移动面操作后的结果如图 10-43 所示。

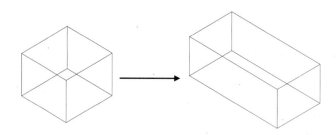

图 10-43　移动面操作

10.4.3 偏移面

偏移面按指定的距离或通过指定的点，将面均匀地偏移。正值会增大实体的大小或体积。负值会减小实体的大小或体积，选择【修改】|【实体编辑】|【偏移面】菜单命令，或者单击【常用】选项卡【实体编辑】面板中的【偏移面】按钮 ，即可进行偏移面操作。命令行窗口提示如下：

命令: _solidedit
实体编辑自动检查: SOLIDCHECK=1
输入实体编辑选项 [面(F)/边(E)/体(B)/放弃(U)/退出(X)] <退出>: _face
输入面编辑选项
[拉伸(E)/移动(M)/旋转(R)/偏移(O)/倾斜(T)/删除(D)/复制(C)/颜色(L)/材质(A)/放弃(U)/退出(X)] <退出>: _offset
选择面或 [放弃(U)/删除(R)]: 找到一个面。   //选择实体上的面
指定偏移距离: 100   //指定偏移距离
已开始实体校验。
已完成实体校验。
输入面编辑选项
[拉伸(E)/移动(M)/旋转(R)/偏移(O)/倾斜(T)/删除(D)/复制(C)/颜色(L)/材质(A)/放弃(U)/退出(X)] <退出>: O
//输入编辑选项

实体经过偏移面操作后的结果如图 10-44 所示。

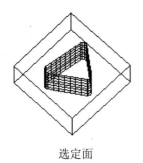
选定面

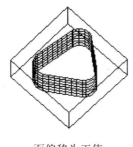
面偏移为正值

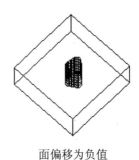
面偏移为负值

图 10-44　偏移的面

> **注 意**
>
> 指定偏移距离，设置正值增加实体大小，或设置负值减小实体大小。

10.4.4　删除面

删除面包括删除圆角和倒角，使用此选项可删除圆角和倒角边，并在稍后进行修改。如果更改生成无效的三维实体，将不删除面，选择【修改】|【实体编辑】|【删除面】菜单命令，或者单击【常用】选项卡【实体编辑】面板中的【删除面】按钮。命令行窗口提示如下：

```
命令: _solidedit
实体编辑自动检查:  SOLIDCHECK=1
输入实体编辑选项 [面(F)/边(E)/体(B)/放弃(U)/退出(X)] <退出>: _face
输入面编辑选项
[拉伸(E)/移动(M)/旋转(R)/偏移(O)/倾斜(T)/删除(D)/复制(C)/颜色(L)/材质(A)/放弃(U)/退出(X)] <退出>:
_delete
选择面或 [放弃(U)/删除(R)]: 找到一个面。                //选择的面
选择面或 [放弃(U)/删除(R)/全部(ALL)]:
已开始实体校验。
已完成实体校验。
输入面编辑选项
[拉伸(E)/移动(M)/旋转(R)/偏移(O)/倾斜(T)/删除(D)/复制(C)/颜色(L)/材质(A)/放弃(U)/退出(X)] <退出>: D
//选择面的编辑选项
```

实体经过删除面操作后的结果如图 10-45 所示。

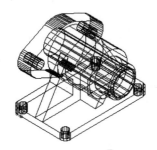
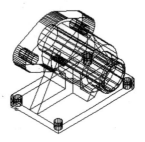

图 10-45　删除面前后对比图

10.4.5 旋转面

旋转面主要用于对实体的某个面进行旋转处理，从而形成新的实体。选择【修改】|【实体编辑】|【旋转面】菜单命令，或者单击【常用】选项卡【实体编辑】面板中的【旋转面】按钮，即可进行旋转面操作。命令行窗口提示如下：

```
命令: _solidedit
实体编辑自动检查：  SOLIDCHECK=1
输入实体编辑选项 [面(F)/边(E)/体(B)/放弃(U)/退出(X)] <退出>: _face
输入面编辑选项
[拉伸(E)/移动(M)/旋转(R)/偏移(O)/倾斜(T)/删除(D)/复制(C)/着色(L)/放弃(U)/退出(X)
] <退出>: _rotate
选择面或 [放弃(U)/删除(R)]:                     //选择实体上的面
选择面或 [放弃(U)/删除(R)/全部(ALL)]:
指定轴点或 [经过对象的轴(A)/视图(V)/X 轴(X)/Y 轴(Y)/Z 轴(Z)] <两点>:
指定旋转原点 <0,0,0>:
指定旋转角度或 [参照(R)]:
已开始实体校验。
```

实体经过旋转面操作后的结果如图 10-46 所示。

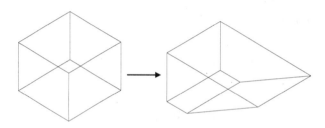

图 10-46　旋转面操作

10.4.6 倾斜面

倾斜面主要用于对实体的某个面进行旋转处理，从而形成新的实体。选择【修改】|【实体编辑】|【倾斜面】菜单命令，或者单击【常用】选项卡【实体编辑】面板中的【倾斜面】按钮，即可进行倾斜面操作。命令行窗口提示如下：

```
命令: _solidedit
实体编辑自动检查：  SOLIDCHECK=1
输入实体编辑选项 [面(F)/边(E)/体(B)/放弃(U)/退出(X)] <退出>: _face
输入面编辑选项
[拉伸(E)/移动(M)/旋转(R)/偏移(O)/倾斜(T)/删除(D)/复制(C)/着色(L)/放弃(U)/退出(X)
] <退出>: _taper
选择面或 [放弃(U)/删除(R)]:                     //选择实体上的面
选择面或 [放弃(U)/删除(R)/全部(ALL)]:
指定基点:                                    //指定一个点
指定沿倾斜轴的另一个点:                        //指定另一个点
指定倾斜角度:
已开始实体校验。
```

实体经过倾斜面操作后的结果如图 10-47 所示。

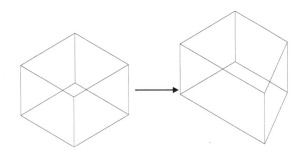

图 10-47　倾斜面操作

10.4.7　着色面

着色面可用于亮显复杂三维实体模型内的细节。选择【修改】|【实体编辑】|【着色面】菜单命令，或者单击【常用】选项卡【实体编辑】面板中的【着色面】按钮，即可进行着色面操作。命令行窗口提示如下：

命令: _solidedit
实体编辑自动检查：SOLIDCHECK=1
输入实体编辑选项　[面(F)/边(E)/体(B)/放弃(U)/退出(X)] <退出>: _face
输入面编辑选项
[拉伸(E)/移动(M)/旋转(R)/偏移(O)/倾斜(T)/删除(D)/复制(C)/颜色(L)/材质(A)/放弃(U)/退出(X)] <退出>: _color
选择面或 [放弃(U)/删除(R)]: 找到一个面。　　　　　// 选择的面
选择面或 [放弃(U)/删除(R)/全部(ALL)]:
输入面编辑选项
[拉伸(E)/移动(M)/旋转(R)/偏移(O)/倾斜(T)/删除(D)/复制(C)/颜色(L)/材质(A)/放弃(U)/退出(X)] <退出>: L
//输入编辑选项

选择要着色的面后，打开如图 10-48 所示的【选择颜色】对话框。选择要着色的颜色单击【确定】按钮。

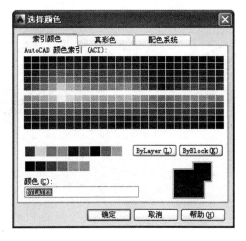

图 10-48　【选择颜色】对话框

着色后的效果如图 10-49 所示。

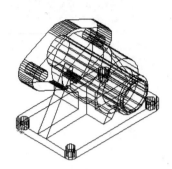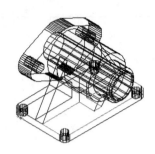

图 10-49　着色前后对比图

10.4.8　复制面

将面复制为面域或体。选择【修改】|【实体编辑】|【复制面】菜单命令，或者单击【常用】选项卡【实体编辑】面板中的【复制面】按钮，即可进行复制面操作。命令行窗口提示如下：

```
命令: _solidedit
实体编辑自动检查:  SOLIDCHECK=1
输入实体编辑选项 [面(F)/边(E)/体(B)/放弃(U)/退出(X)] <退出>: _face
输入面编辑选项
[拉伸(E)/移动(M)/旋转(R)/偏移(O)/倾斜(T)/删除(D)/复制(C)/颜色(L)/材质(A)/放弃(U)/退出(X)] <退出>:
_copy
选择面或 [放弃(U)/删除(R)]: 找到一个面。            //选择复制的面
选择面或 [放弃(U)/删除(R)/全部(ALL)]:
指定基点或位移:                          //选择基点
指定位移的第二点:                        //选择第二位移点
输入面编辑选项
[拉伸(E)/移动(M)/旋转(R)/偏移(O)/倾斜(T)/删除(D)/复制(C)/颜色(L)/材质(A)/放弃(U)/退出(X)] <退出>: C
```

复制面后的效果如图 10-50 所示。

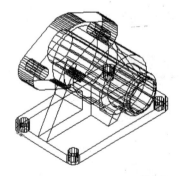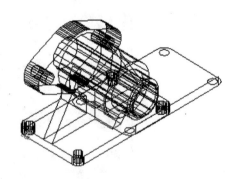

图 10-50　复制面后的效果图

10.4.9　着色边

选择【修改】|【实体编辑】|【着色边】菜单命令，或者单击【常用】选项卡【实体编辑】面板中的【着色边】按钮，即可进行着色边操作。命令行窗口提示如下：

命令: _solidedit
实体编辑自动检查: SOLIDCHECK=1
输入实体编辑选项 [面(F)/边(E)/体(B)/放弃(U)/退出(X)] <退出>: _edge
输入边编辑选项 [复制(C)/着色(L)/放弃(U)/退出(X)] <退出>: _color
选择边或 [放弃(U)/删除(R)]:   //选择要着色边
输入边编辑选项 [复制(C)/着色(L)/放弃(U)/退出(X)] <退出>: L

对边进行着色后的效果如图 10-51 所示。

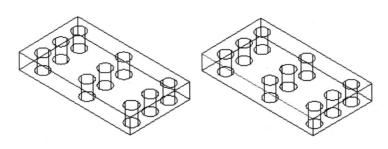

图 10-51　着色边后的效果图

10.4.10　复制边

选择【修改】|【实体编辑】|【复制边】菜单命令，或者单击【常用】选项卡【实体编辑】面板中的【复制边】按钮，即可进行复制边操作。命令行窗口提示如下：

命令: _solidedit
实体编辑自动检查: SOLIDCHECK=1
输入实体编辑选项 [面(F)/边(E)/体(B)/放弃(U)/退出(X)] <退出>: _edge
输入边编辑选项 [复制(C)/着色(L)/放弃(U)/退出(X)] <退出>: _copy
选择边或 [放弃(U)/删除(R)]:   //选择要复制的边
指定基点或位移: //选择指定的基点
指定位移的第二点: //选择位移的第二点
输入边编辑选项 [复制(C)/着色(L)/放弃(U)/退出(X)] <退出>: C

复制边后的效果如图 10-52 所示。

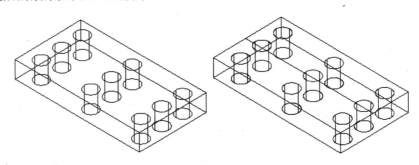

图 10-52　复制边后的效果

10.4.11　压印边

选择【修改】|【实体编辑】|【压印边】菜单命令，或者单击【常用】选项卡【实体编

辑】面板中的【压印边】按钮 ⬜，即可进行压印边操作。命令行窗口提示如下：

```
命令: _imprint
选择三维实体或曲面:                    //选择三维实体
选择要压印的对象:                      //选择要压印的对象
是否删除源对象 [是(Y)/否(N)] <N>: y
选择要压印的对象:
```

压印边后的效果图如图 10-53 所示。

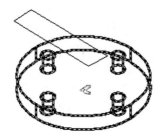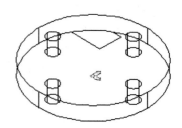

图 10-53　压印边后的效果

10.4.12　清除

清除用于删除共享边以及那些在边或顶点具有相同表面或曲线定义的顶点。删除所有多余的边、顶点以及不使用的几何图形。不删除压印的边。选择【修改】|【实体编辑】|【清除】菜单命令，或者单击【常用】选项卡【实体编辑】面板中的【清除】按钮 ⬜，即可进行清除操作。命令行窗口提示如下：

```
命令: _solidedit
实体编辑自动检查:    SOLIDCHECK=1
输入实体编辑选项  [面(F)/边(E)/体(B)/放弃(U)/退出(X)] <退出>: _body
输入体编辑选项
[压印(I)/分割实体(P)/抽壳(S)/清除(L)/检查(C)/放弃(U)/退出(X)] <退出>: _clean
选择三维实体:
输入体编辑选项
[压印(I)/分割实体(P)/抽壳(S)/清除(L)/检查(C)/放弃(U)/退出(X)] <退出>: L
```

实体经清除操作后的结果如图 10-54 所示。

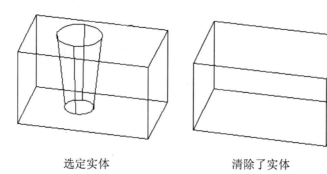

选定实体　　　　　　　　　　清除了实体

图 10-54　清除后的效果

10.4.13 抽壳

抽壳常用于绘制中空的三维壳体类实体，主要是将实体进行内部去除脱壳处理。选择【修改】|【实体编辑】|【抽壳】菜单命令，或者单击【常用】选项卡【实体编辑】面板中的【抽壳】按钮 ▣ ，即可进行抽壳操作。命令行窗口提示如下：

```
命令: _solidedit
实体编辑自动检查：  SOLIDCHECK=1
输入实体编辑选项 [面(F)/边(E)/体(B)/放弃(U)/退出(X)] <退出>: _body
输入实体编辑选项
[压印(I)/分割实体(P)/抽壳(S)/清除(L)/检查(C)/放弃(U)/退出(X)] <退出>: _shell
选择三维实体：                      //选择实体
删除面或 [放弃(U)/添加(A)/全部(ALL)]:     //选择要删除的实体上的面
删除面或 [放弃(U)/添加(A)/全部(ALL)]:
输入抽壳偏移距离：
已开始实体校验。
```

实体经过抽壳操作后的结果如图 10-55 所示。

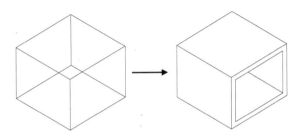

图 10-55　抽壳操作

10.4.14 消隐

消隐图形命令用于消除当前视窗中所有图形的隐藏线。

选择【视图】|【消隐】菜单命令，即可进行消隐，如图 10-56 所示。

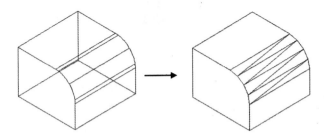

图 10-56　消隐后的三维模型

10.4.15 渲染

渲染工具主要进行渲染处理，添加光源，使模型表面表现出材质的明暗效果和光照效果。AutoCAD 2014 中的【渲染】子菜单如图 10-57 所示，其中包括多种渲染工具设置。这里介绍

几种主要工具的简单设置。

1. 光源设置

选择【视图】|【渲染】|【光源】菜单命令，打开【光源】子菜单，可以新建多种光源。

选择【光源】子菜单中的【光源列表】命令，打开【模型中的光源】对话框，如图 10-58 所示，在其中可以显示出场景中的光源。

图 10-57 【渲染】子菜单

图 10-58 【模型中的光源】对话框

2. 材质设置

选择【视图】|【渲染】|【材质编辑器】菜单命令，打开【材质编辑器】对话框，如图 10-59 所示。单击【创建或复制材质】按钮 ，即可复制或新建材质；单击【打开或关闭材料浏览器】按钮 ，即可查看现有的材质。将编辑好的材质应用到选定的模型上。

图 10-59 【材质编辑器】对话框

3．渲染

设置好各参数后，选择【视图】|【渲染】|【渲染】菜单命令，即可渲染出图形，如图 10-60 所示。

图 10-60　渲染后的图形

10.5　设计案例——绘制三维底座

本范例完成文件：\10\10-1.dwg，10.png
多媒体教学路径：光盘→多媒体教学→第 10 章

10.5.1　范例介绍

下面通过一个三维底座范例的制作，来进一步熟悉三维实体的基本命令。通过本节的学习，将熟悉如下内容。

(1)　创建长方体的方法。
(2)　创建圆柱体的方法。
(3)　交集和差集的运算。
(4)　三维体的渲染。

三维底座效果如图 10-61 所示。

图 10-61　三维底座

10.5.2　绘制基础零件

步骤01　新建文件

①单击【文件】|【新建】菜单命令，新建一个 CAD 图形文件，执行"ISOLINES"命令，设置线框密度为 10。命令行窗口提示如下：

命令: ISOLINES　　　　　　　　　　　　　\\使用"ISOLINES"命令
输入 ISOLINES 的新值 <4>: 10　　　　　　\\输入 ISOLINES 的新值

②选择【视图】|【三维视图】|【东南等轴测】菜单命令，切换至东南等轴测视图。如图 10-62 所示。

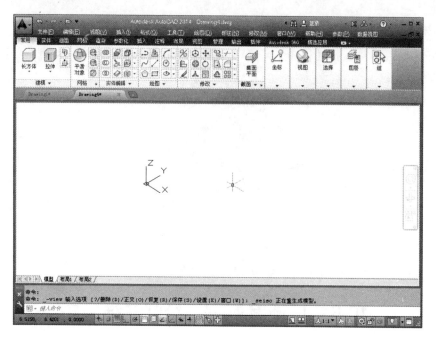

图 10-62　切换视图后的界面

步骤02　绘制长方体

①单击【建模】面板中的【长方体】按钮▢，以坐标原点为起点，创建一个长为 30、宽为 20、高为 8 的长方体，如图 10-63 所示。命令行窗口提示如下：

```
命令：_box                                      \\使用长方体命令
指定第一个角点或 [中心(C)]：                     \\指定第一个角点
指定其他角点或 [立方体(C)/长度(L)]：l            \\指定长度
指定长度 <8.0000>：<正交 开>30                   \\输入长度值
指定宽度 <30.0000>：20                          \\输入宽度值
指定高度或 [两点(2P)] <-8.0000>：8               \\输入高度值
```

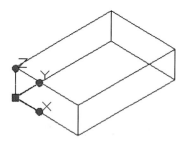

图 10-63　绘制长方体

②单击【绘图】面板中的【直线】按钮⟋，以长方体一直线的中点为起点绘制一条长为 6 的垂直线，并以垂直线端点为起点绘制两条长为 7.5 的直线，来定位圆柱体的圆心位置，绘制的直线如图 10-64 所示。命令行窗口提示如下：

```
命令：_line                                     \\使用直线命令
指定第一点：                                    \\指定第一点
指定下一点或 [放弃(U)]：6                        \\输入直线距离
```

步骤03 绘制圆柱体

单击【建模】面板中的【圆柱体】按钮□，以绘制直线的端点为圆心，创建两个半径为4、高为8的圆柱体，如图10-65所示。命令行窗口提示如下：

命令：CYLINDER   \\使用圆柱体命令
指定底面的中心点或 [三点(3P)/两点(2P)/切点、切点、半径(T)/椭圆(E)]:
    \\指定中心点
指定底面半径或 [直径(D)] <4.0000>: 4   \\输入半径值
指定高度或 [两点(2P)/轴端点(A)] <-8.0000>: -8   \\输入高度

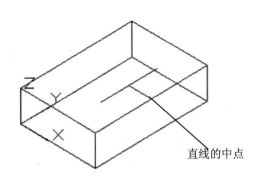

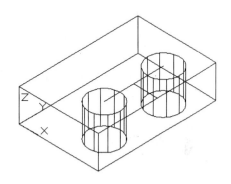

图 10-64   绘制直线   图 10-65   创建圆柱体

步骤04 对绘制的图形进行差集运算

① 选择【修改】|【实体编辑】|【差集】菜单命令，对长方体与圆柱体进行差集运算，如图10-66所示。命令行窗口提示如下：

命令：_subtract 选择要从中减去的实体、曲面和面域...   \\使用差集命令
选择对象: 找到 1 个   \\选择整个图形
选择对象:
选择要减去的实体、曲面和面域...
选择对象: 找到 1 个   \\选择长方体
选择对象: 找到 1 个，总计 2 个   \\选择圆柱体

② 删除辅助线并执行 UCS 命令，移动坐标点至(0，0，8)处，如图10-67所示。

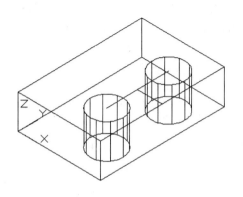

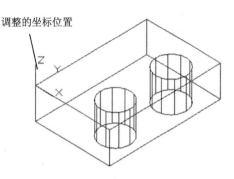

图 10-66   差集运算   图 10-67   调整坐标位置

步骤**05** 绘制长方体

单击【建模】面板中的【长方体】按钮，以坐标原点为起点，创建一个长为30、宽为8、高为14的长方体，如图10-68所示。命令行窗口提示如下：

命令: _box	\\使用长方体命令
指定第一个角点或 [中心(C)]:	\\指定第一个角点
指定其他角点或 [立方体(C)/长度(L)]: l	\\指定长度
指定长度 <8.0000>: <正交 开> 30	\\输入长度值
指定宽度 <30.0000>: 8	\\输入宽度值
指定高度或 [两点(2P)] <-8.0000>: 14	\\输入高度值

步骤**06** 编辑图形

① 选择【修改】|【实体编辑】|【并集】菜单命令，选择刚绘制的长方体与其他图形进行并集运算，如图10-69所示。命令行窗口提示如下：

| 命令: _union | \\使用并集命令 |
| 选择对象: 指定对角点: 找到 2 个 | \\选择长方体与其他图形 |

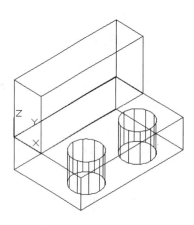

图10-68 绘制的长方体

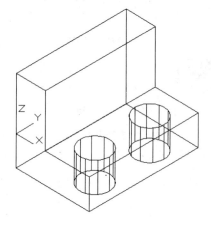

图10-69 并集运算

② 将坐标轴Y轴旋转90°，单击【建模】面板中的【圆柱体】按钮，以一直线中点为圆心，创建一个半径为10，高为8的圆柱体，如图10-70所示。命令行窗口提示如下：

命令: CYLINDER	\\使用圆柱体命令
指定底面的中心点或 [三点(3P)/两点(2P)/切点、切点、半径(T)/椭圆(E)]:	
	\\指定中心点
指定底面半径或 [直径(D)] <4.0000>: 10	\\输入半径值
指定高度或 [两点(2P)/轴端点(A)] <-8.0000>: -8	\\输入高度

③ 选择【修改】|【实体编辑】|【差集】菜单命令，选择底座与圆柱体，进行差集运算，效果如图10-71所示。

④ 选择【视图】|【消隐】菜单命令清除隐藏线，完成绘制的三维底座效果如图10-72所示。

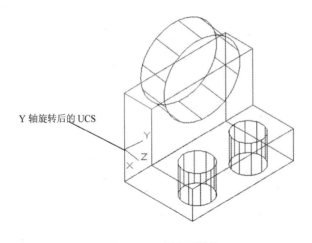

Y 轴旋转后的 UCS

图 10-70　创建圆柱体

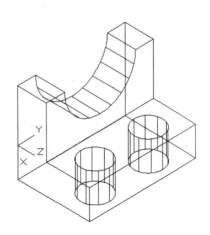

图 10-71　差集运算

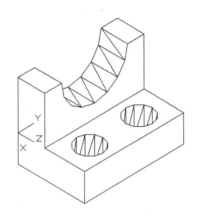

图 10-72　消隐结果

10.5.3　图形的渲染

① 选择【视图】|【渲染】|【渲染环境】菜单命令，弹出【渲染环境】对话框，在该对话框的【启用雾化】下拉列表框中选择【开】选项，在【颜色】下拉列表框中选择【白色】，在【雾化背景】下拉列表框中选择【开】选项，如图 10-73 所示，单击【确定】按钮。

图 10-73　【渲染环境】对话框参数设置

❷选择【视图】|【渲染】|【渲染】菜单命令渲染图形，渲染后的底座效果如图 10-74 所示。

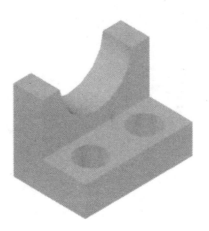

图 10-74　渲染后的效果

10.6　本 章 小 结

本章介绍了在 AutoCAD 2014 中绘制三维图形对象中的方法，其中主要包括创建三维坐标和视点、绘制三维实体对象和三维实体的编辑与渲染等内容。通过本章学习，读者应该能够掌握 AutoCAD 2014 的绘制三维图形的基本命令。

第 11 章

图形的打印与输出

本章导读：

　　打印是将绘制好的图形用打印机或绘图仪绘制出来。通过本章的学习，读者应该掌握如何添加与配置绘图设备、如何设置打印样式、如何设置页面，以及如何打印绘图文件。另外，本章还向读者介绍把 AutoCAD 2014 绘制的图形输出为其他软件的图形数据的方法。

11.1　图　形　打　印

在 AutoCAD 2014 中打印图纸既可以在模型空间中打印，也可以在布局空间中打印。模型空间是用户创建和编辑图形的空间。在默认情况下，用户从模型空间打印输出图形。布局是一种图纸空间环境，它模拟图纸页面，提供直观的打印设置。在布局中可以创建并放置视口对象，还可以添加标题栏或其他几何图形。布局显示的图形与图纸页面上打印出来的图形完全一样。

11.1.1　模型空间和图纸空间

AutoCAD 最有用的功能之一就是可在两个环境中完成绘图和设计工作，即"模拟空间"和"图纸空间"。模拟空间又可分为平铺式的模拟空间和浮动式的模拟空间。大部分设计和绘图工作都是在平铺式模拟空间中完成的，而图纸空间是模拟手工绘图的空间，它是为绘图平面图而准备的一张虚拟图纸，是一个二维空间的工作环境。从某种意义上来说，图纸空间就是布局图面、打印出图而设计的，还可在其中添加诸如边框、注释、标题和尺寸标注等内容。

在状态栏中，单击【快速查看布局】按钮，出现【模型】选项卡以及一个或多个【布局】选项卡，如图 11-1 所示。

在模型空间和图纸空间都可以进行输出设置，而且它们之间的转换也非常简单，单击【模型】选项卡或【布局】选项卡就可以在它们之间进行切换，如图 11-2 所示。

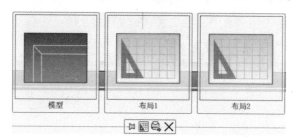

图 11-1　【模型】选项卡和【布局】选项卡

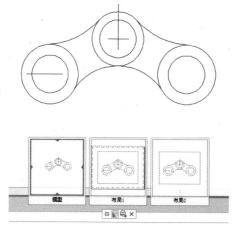
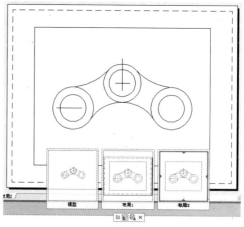

图 11-2　模型空间和图纸空间的切换

可以根据坐标标志来区分模型空间和图纸空间。当处于模型空间时，屏幕显示 UCS 标志；当处于图纸空间时，屏幕显示图纸空间标志，即一个直角三角形，所以旧的版本将图纸空间又称作"三角视图"。

> **注 意**
>
> 模型空间和图纸空间是两种不同的制图空间，在同一个图形中是无法同时在这两个环境中工作的。

11.1.2 在图纸空间中创建布局

在 AutoCAD 中，可以用"布局向导"命令来创建新布局，也可以用"LAYOUT"命令以模版的方式来创建新布局。这里将主要介绍以向导方式创建布局的过程。

(1) 选择【插入】|【布局】|【创建布局向导】命令。

(2) 在命令行中输入"block"后按 Enter 键。

执行上述任意一种操作后，AutoCAD 会打开如图 11-3 所示的【创建布局-开始】对话框。

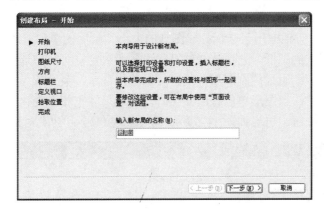

图 11-3 【创建布局-开始】对话框

该对话框用于为新布局命名。左边一列项目是创建中要进行的 8 个步骤，前面标有三角符号的是当前步骤。在【输入新布局的名称】文本框中输入名称。

单击【下一步】按钮，出现如图 11-4 所示的【创建布局-打印机】对话框。

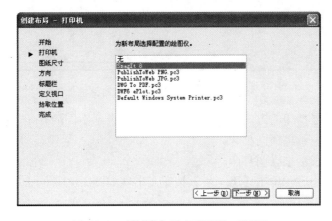

图 11-4 【创建布局-打印机】对话框

如图 11-4 所示的对话框用于选择打印机，在列表中列出了本机可用的打印机设备，从中选择一种打印机作为输出设备。完成选择后单击【下一步】按钮，出现如图 11-5 所示的【创建布局-图纸尺寸】对话框。

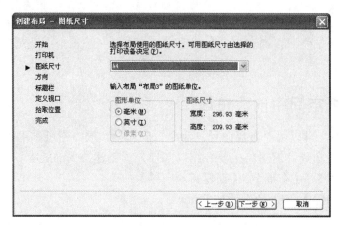

图 11-5　【创建布局-图纸尺寸】对话框

如图 11-5 所示的对话框用于选择打印图纸的大小和所用的单位。对话框的下拉列表框中列出了可用的各种格式的图纸。它由选择的打印设备所决定，可从中选择一种格式。

- 【图形单位】：用于控制图形单位，可以选择毫米、英寸或像素。
- 【图纸尺寸】：当图形单位有所变化时，图形尺寸也相应变化。

单击【下一步】按钮，出现如图 11-6 所示的【创建布局-方向】对话框。

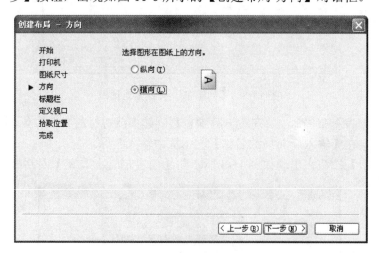

图 11-6　【创建布局-方向】对话框

此对话框用于设置打印的方向，两个单选按钮分别表示不同的打印方向。

- 【横向】：表示按横向打印。
- 【纵向】：表示按纵向打印。

完成打印方向设置后，单击【下一步】按钮，出现如图 11-7 所示的【创建布局-标题栏】对话框。

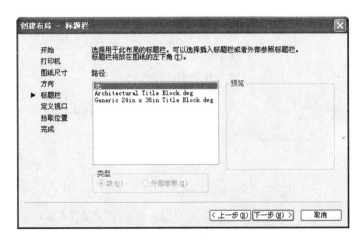

图 11-7 【创建布局-标题栏】对话框

此对话框用于选择图纸的边框和标题栏的样式。

- 【路径】：列出了当前可用的样式，可从中选择一种。
- 【预览】：显示所选样式的预览图像。
- 【类型】：可指定所选择的标题栏图形文件是作为"块"还是作为"外部参照"插入到当前图形中。

单击【下一步】按钮，出现如图 11-8 所示的【创建布局-定义视口】对话框。

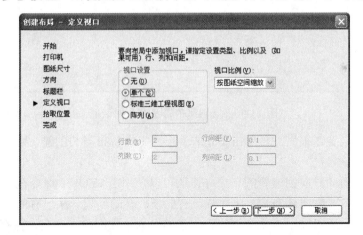

图 11-8 【创建布局-定义视口】对话框

此对话框可指定新创建的布局默认视口设置和比例等。

- 【视口设置】：用于设置当前布局定义视口数。
- 【视口比例】：用于设置视口的比例。

选中【阵列】单选按钮，则下面的文本框变为可用，分别输入视口的行数和列数，以及视口的行间距和列间距。

单击【下一步】按钮，出现如图 11-9 所示的【创建布局-拾取位置】对话框。

此对话框用于制定视口的大小和位置。单击【选择位置】按钮，系统将暂时关闭该对话框，返回到图形窗口，从中制定视口的大小和位置。选择恰当的视口大小和位置以后，出现如图 11-10 所示的【创建布局-完成】对话框。

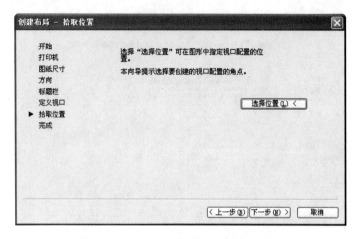

图 11-9 【创建布局-拾取位置】对话框

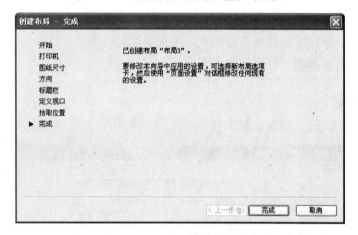

图 11-10 【创建布局-完成】对话框

如果对当前的设置都很满意，单击【完成】按钮完成新布局的创建，系统自动返回到布局空间，显示新创建的布局。

除了可使用上面的导向创建新的布局外，还可以使用 LAYOUT 命令在命令行创建布局。用该命令能以多种方式创建新布局，比如从已有的模板开始创建，从已有的布局开始创建或从头开始创建。另外，还可以用该命令管理已创建的布局，如删除、改名、保存以及设置等。

11.1.3 视口

与模型空间一样，用户也可以在布局空间建立多个视口，以便显示模型的不同视图。在布局空间建立视口时，可以确定视口的大小，并且可以将其定位于布局空间的任意位置。因此，布局空间视口通常被称为浮动视口。

1. 创建浮动视口

在创建布局时，浮动视口是一个非常重要的工具，用于显示模型空间和布局空间中的图形。

在创建布局后，系统会自动创建一个浮动视口。如果该视口不符合要求，用户可以将其删除，然后重新建立新的浮动视口。在浮动视口内双击，即可进入浮动模型空间，其边界将以粗线显示，如图 11-11 所示。

在 AutoCAD 2014 中，可以通过以下两种方法创建浮动视口。

(1) 选择【视图】|【视口】|【新建视口】菜单命令，弹出【视口】对话框，在【标准视口】列表框中选择【两个：垂直】选项时，创建的浮动视口如图 11-12 所示。

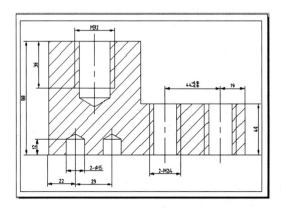

图 11-11　浮动视口

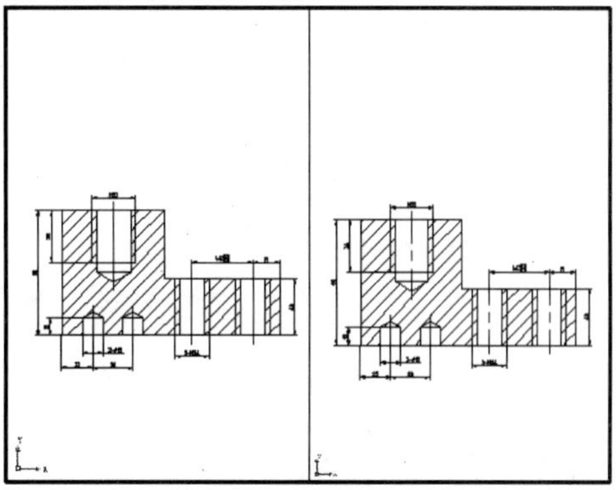

图 11-12　创建的浮动视口

(2) 使用夹点编辑创建浮动视口：在浮动视口外双击，选择浮动视口的边界，然后在右上角的夹点上拖曳鼠标，先将该浮动视口缩小，如图 11-13 所示。然后连续按两次 Enter 键，在命令行中选择【复制】选项，对该浮动视口进行复制，并将其移动至合适位置，效果如图 11-14 所示。

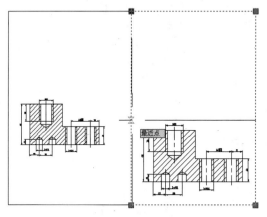

图 11-13　缩小浮动视口

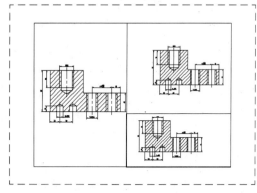

图 11-14　复制并调整浮动视口

2. 编辑浮动视口

浮动视口实际上是一个对象，可以像编辑其他对象一样编辑浮动视口，如进行删除、移动、拉伸和缩放等操作。

要对浮动视口内的图形对象进行编辑修改，只能在模型空间中进行，而不能在布局空间中进行。用户可以切换到模型空间，对其中的对象进行编辑。

11.1.4 打印设置

打印是将绘制好的图形用打印机或绘图仪绘制出来。通过本章的学习，读者应该掌握如何添加与配置绘图设备、如何配置打印样式、如何设置页面，以及如何打印绘图文件。在用户设置好所有的配置，单击【输出】选项卡中【打印】面板上的【打印】按钮或在命令行中输入"plot"后按 Enter 键或按 Ctrl+P 键，或选择【文件】|【打印】菜单命令，打开如图 11-15 所示的【打印-模型】对话框。在该对话框中，显示了用户最近设置的一些选项，用户还可以更改这些选项。如果用户认为设置符合用户的要求，则单击 确定 按钮，AutoCAD 即会自动开始打印。

图 11-15　【打印-模型】对话框

11.1.5 打印预览

在将图形发送到打印机或绘图仪之前，最好先生成打印图形的预览。生成预览可以节约时间和材料。

用户可以从对话框预览图形。预览显示图形在打印时的确切外观，包括线宽、填充图案和其他打印样式选项。

预览图形时，将隐藏活动工具栏和工具选项板，并显示临时的【预览】工具栏，其中提供打印、平移和缩放图形的按钮。

在【打印】和【页面设置】对话框中，缩微预览还在页面上显示可打印区域和图形的位置。

预览打印的操作步骤如下。

(1) 选择【文件】|【打印】菜单命令，打开【打印】对话框。

(2) 在【打印】对话框中，单击【预览】按钮。

(3) 打开【预览】窗口，光标将改变为实时缩放光标。

(4) 右击可显示包含以下选项的快捷菜单：【打印】、【平移】、【缩放】、【缩放窗口】或【缩放为原窗口】(缩放至原来的预览比例)。

(5) 按 Esc 键退出预览并返回到【打印】对话框。

(6) 如果需要，继续调整其他打印设置，然后再次预览打印图形。

(7) 设置正确之后，单击 确定(0) 按钮即可打印图形。

11.1.6 打印图形

绘制图形后，可以使用多种方法输出。可以将图形打印在图纸上，也可以创建成文件以供其他应用程序使用。以上两种情况都需要进行打印设置。

打印图形的操作步骤如下。

(1) 选择【文件】|【打印】菜单命令，打开【打印】对话框。

(2) 在【打印】对话框的【打印机/绘图仪】选项组中，从【名称】下拉列表框中选择一种绘图仪。如图 11-16 所示的【名称】下拉列表框。

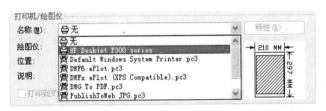

图 11-16 【名称】下拉列表框

(3) 在【图纸尺寸】下拉列表框中选择图纸尺寸。在【打印份数】微调框中，输入要打印的份数。在【打印区域】选项组中，指定图形中要打印的部分。在【打印比例】选项组中，从【比例】下拉列表框中选择缩放比例。

(4) 有关其他选项的信息，单击【更多选项】按钮 ，如图 11-17 所示。如不需要则可单击【更少选项】按钮 。

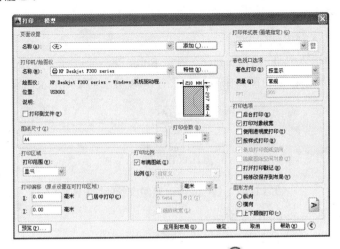

图 11-17 单击【更多选项】按钮 后的图示

（5）在【打印样式表 (画笔指定)】下拉列表框中选择打印样式表。在【着色视口选项】和【打印选项】选项组中，选择适当的设置。在【图形方向】选项组中，选择一种方向。

> **注 意**
>
> 打印戳记只在打印时出现，不与图形一起保存。

（6）单击 [确定] 按钮即可进行最终的打印。

11.2　图　形　输　出

AutoCAD 可以将绘制好的图形输出为通用的图像文件。方法很简单，选择【文件】菜单中的【输出】命令，或直接在命令行输入"export"命令，系统将弹出【输出】对话框，在【保存类型】下拉列表框中选择"*.bmp"格式，单击【保存】按钮，用鼠标依次选中或框选出要输出的图形后按 Enter 键，则被选图形便被输出为 bmp 格式的图像文件。

11.2.1　设置绘图设备

AutoCAD 支持多种打印机和绘图仪，还可将图形输出到各种格式的文件。

AutoCAD 将有关介质和打印设备的相关信息保存在打印机配置文件中，该文件以 PC3 为文件扩展名。打印配置是便携式的，并且可以在办公室或项目组中共享(只要它们用于相同的驱动器、型号和驱动程序版本)。Windows 系统打印机共享的打印配置也需要相同的 Windows 版本。如果校准一台绘图仪，校准信息存储在打印模型参数(PMP)文件中，此文件可附加到任何为校准绘图仪而创建的 PC3 文件中。

用户可以为多个设备配置 AutoCAD，并为一个设备存储多个配置。每个绘图仪配置中都包含以下信息：设备驱动程序和型号、设备所连接的输出端口以及设备特有的各种设置等。可以为相同绘图仪创建多个具有不同输出选项的 PC3 文件。创建 PC3 文件后，该 PC3 文件将显示在【打印】对话框的绘图仪配置名称列表中。

1. 创建 PC3 文件

用户可以通过以下方式创建 PC3 文件。

（1）在命令行中输入"plottermanager"后按 Enter 键，或选择【文件】|【绘图仪管理器】菜单命令，或在【控制面板】的窗口中双击如图 11-18 所示的【Autodesk 绘图仪管理器】图标。

Autodesk 绘
图仪管理器

图 11-18　【Autodesk 绘图仪管理器】图标

打开如图 11-19 所示的 Plotters 窗口。

（2）在打开的窗口中双击【添加绘图仪向导】图标，打开如图 11-20 所示的【添加绘图仪-简介】对话框。

图 11-19　Plotters 窗口

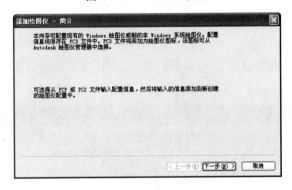

图 11-20　【添加绘图仪-简介】对话框

(3) 阅读完其中的信息后单击 下一步(N) > 按钮，进入【添加绘图仪-开始】对话框，如图 11-21 所示。

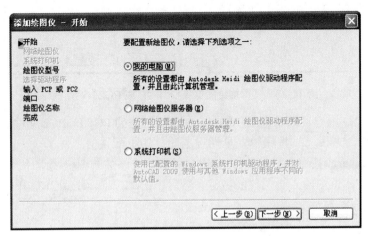

图 11-21　【添加绘图仪-开始】对话框

(4) 在其中选中【系统打印机】单选按钮，单击 下一步(N) > 按钮，打开如图 11-22 所示的【添

加绘图仪-系统打印机】对话框。

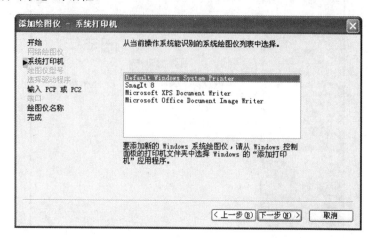

图 11-22　【添加绘图仪-系统打印机】对话框

(5)　在其中的右边列表中选择要配置的系统打印机，单击 下一步(N) > 按钮，打开如图 11-23 所示的【添加绘图仪-输入 PCP 或 PC2】对话框(注：右边列表中列出了当前操作系统能够识别的所有打印机，如果列表中没有要配置的打印机，则用户必须首先使用【控制面板】中的 Windows【添加打印机向导】来添加打印机)。

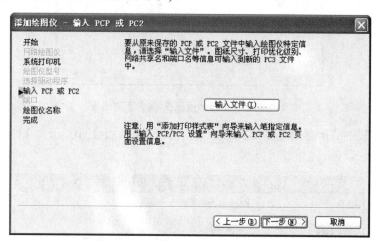

图 11-23　【添加绘图仪-输入 PCP 或 PC2】对话框

(6)　在其中允许用户输入早期版本的 AutoCAD 创建的 PCP 或 PC2 文件的配置信息。用户可以通过单击 输入文件(I)... 按钮输入早期版本的打印机配置信息。

(7)　单击 下一步(N) > 按钮，打开如图 11-24 所示的【添加绘图仪-绘图仪名称】对话框。在【绘图仪名称】文本框中输入绘图仪的名称，然后单击 下一步(N) > 按钮，打开如图 11-25 所示的【添加绘图仪-完成】对话框。

(8)　单击 完成(F) 按钮退出【添加绘图仪向导】对话框。

新配置的绘图仪的 PC3 文件显示在 Plotters 窗口中，在设备列表中将显示可用的绘图仪。

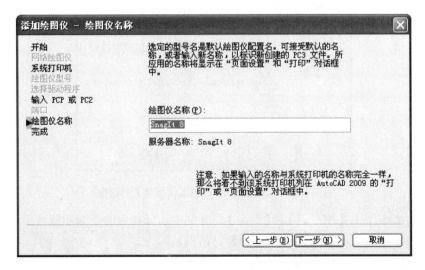

图 11-24　【添加绘图仪-绘图仪名称】对话框

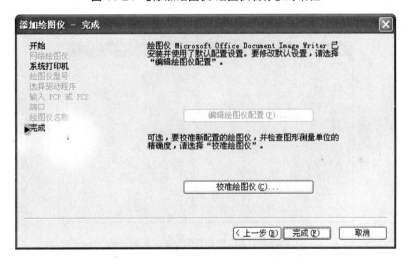

图 11-25　【添加绘图仪-完成】对话框

在【添加绘图仪-完成】对话框中，用户还可以单击 [编辑绘图仪配置(P)...] 按钮来修改绘图仪的默认配置。也可以单击 [校准绘图仪(C)...] 按钮对新配置的绘图仪进行校准测试。

2. 配置本地非系统绘图仪

配置本地非系统绘图仪的具体操作步骤如下。

(1) 重复配置系统绘图仪的(1)～(3)步。

(2) 在打开的【添加绘图仪-开始】对话框中选中【我的电脑】单选按钮后，单击 [下一步(N) >] 按钮，打开如图 11-26 所示的【添加绘图仪-绘图仪型号】对话框。

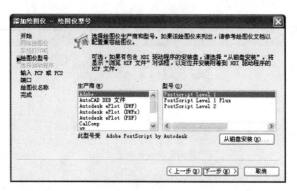

图 11-26 【添加绘图仪-绘图仪型号】对话框

(3) 在其中,用户在【生产商】和【型号】列表框中选择相应的厂商和型号后单击 下一步(N) > 按钮,打开【添加绘图仪-输入 PCP 或 PC2】对话框。

(4) 在其中,允许用户输入早期版本的 AutoCAD 创建的 PCP 或 PC2 文件的配置信息。用户可以通过单击 输入文件(I)... 按钮来输入早期版本的绘图仪配置信息,配置完后单击 下一步(N) > 按钮,打开如图 11-27 所示的【添加绘图仪-端口】对话框。

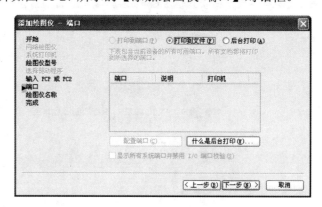

图 11-27 【添加绘图仪-端口】对话框

(5) 在其中,选择绘图仪使用的端口。然后单击 下一步(N) > 按钮,打开如图 12-28 所示的【添加绘图仪-绘图仪名称】对话框。

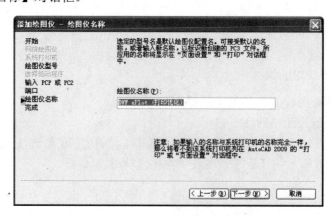

图 11-28 【添加绘图仪-绘图仪名称】对话框

(6) 在其中输入绘图仪名称后单击 下一步(N)> 按钮，打开【添加绘图仪-完成】对话框。

(7) 在其中，单击 完成(F) 按钮，退出【添加绘图仪向导】对话框。

3. 配置网络非系统绘图仪

配置网络非系统绘图仪的具体操作步骤如下。

(1) 重复配置系统绘图仪的 1-3 步。

(2) 在打开的【添加绘图仪-开始】对话框中选中【网络绘图仪服务器】单选按钮后，单击 下一步(N)> 按钮，打开如图 11-29 所示的【添加绘图仪-网络绘图仪】对话框。

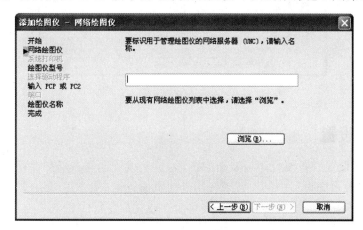

图 11-29　【添加绘图仪-网络绘图仪】对话框

(3) 在其中的文本框中输入要使用的网络绘图仪服务器的共享名后单击 下一步(N)> 按钮，打开【添加绘图仪-绘图仪型号】对话框。

(4) 用户在【生产商】和【型号】下拉列表框中选择相应的厂商和型号后单击 下一步(N)> 按钮，打开【添加绘图仪-输入 PCP 或 PC2】对话框。

(5) 在其中，允许用户输入早期版本的 AutoCAD 创建的 PCP 或 PC2 文件的配置信息。用户可以通过单击 输入文件(I)... 按钮来输入早期版本的绘图仪配置信息，配置完后单击 下一步(N)> 按钮，打开【添加绘图仪-绘图仪名称】对话框。

(6) 在其中输入绘图仪的名称单击 下一步(N)> 按钮，打开【添加绘图仪-完成】对话框。

(7) 单击 完成(F) 按钮退出【添加绘图仪向导】对话框。

至此，绘图仪的配置完毕。

如果用户有早期使用的绘图仪配置文件，在配置当前的绘图仪配置文件时可以输入早期的 PCP 或 PC3 文件。

4. 从 PCP 或 PC3 文件中输入信息

从 PCP 或 PC3 文件中输入信息的具体操作步骤如下。

(1) 按以上配置绘图仪的步骤一步步运行，直到打开【添加绘图仪-输入 PCP 或 PC2】对话框，在此单击 输入文件(I)... 按钮，则打开如图 11-30 所示的【输入】对话框。

(2) 在其中，用户选择输入文件后单击【打开】按钮，返回到上一级的对话框。

(3) 查看【输入数据信息】对话框显示的最终结果。

图 11-30 【输入】对话框

11.2.2 页面设置

通过指定页面设置准备要打印或发布的图形。这些设置连同布局都保存在图形文件中。 建立布局后,可以修改页面设置中的设置或应用其他页面设置。用户可以通过以下方法设置页面。

选择【文件】|【页面设置管理器】菜单命令或在命令行中输入"pagesetup"后按 Enter 键。然后 AutoCAD 会自动打开如图 11-31 所示的【页面设置管理器】对话框。

图 11-31 【页面设置管理器】对话框

【页面设置管理器】可以为当前布局或图纸指定页面设置,也可以创建命名页面设置、修改现有页面设置,或从其他图纸中输入页面设置。

(1) 【当前布局】:列出要应用页面设置的当前布局。如果从图纸集管理器打开页面设置管理器,则显示当前图纸集的名称。如果从某个布局打开页面设置管理器,则显示当前布局的名称。

(2) 【页面设置】：

● 【当前页面设置】：显示应用于当前布局的页面设置。由于在创建整个图纸集后，不能再对其应用页面设置，因此，如果从【图纸集管理器】中打开【页面设置管理器】，将显示"不适用"。

● 【页面设置列表】：列出可应用于当前布局的页面设置，或列出发布图纸集时可用的页面设置。

如果从某个布局打开【页面设置管理器】，则默认选择当前页面设置。列表包括可在图纸中应用的命名页面设置和布局。已应用命名页面设置的布局括在星号内，所应用的命名页面设置括在括号内；例如，*Layout 1 (System Scale-to-fit)*。可以双击此列表中的某个页面设置，将其设置为当前布局的当前页面设置。

如果从图纸集管理器打开【页面设置管理器】，将只列出其【打印区域】被设置为【布局】或【范围】的页面设置替代文件(图形样板 [.dwt] 文件)中的命名页面设置。 默认情况下，选择列表中的第一个页面设置。PUBLISH 操作可以临时应用这些页面设置中的任一种设置。快捷菜单也提供了删除和重命名页面设置的选项。

(3) 【置为当前】：将所选页面设置为当前布局的当前页面设置。不能将当前布局设置为当前页面设置。【置为当前】对图纸集不可用。

(4) 【新建】：单击【新建】按钮，显示【新建页面设置】对话框，如图 11-32 所示，从中可以为新建页面设置输入名称，并指定要使用的基础页面设置。

图 11-32　【新建页面设置】对话框

● 【新页面设置名】：指定新建页面设置的名称。

● 【基础样式】：指定新建页面设置要使用的基础页面设置。单击 确定(O) 按钮，将显示【页面设置】对话框以及所选页面设置的设置，必要时可以修改这些设置。

如果从图纸集管理器打开【新建页面设置】对话框，将只列出页面设置替代文件中的命名页面设置。

● 【<无>】：指定不使用任何基础页面设置。可以修改【页面设置】对话框中显示的默认设置。

● 【<默认输出设备>】：指定将【选项】对话框的【打印和发布】选项卡中指定的默认输出设备设置为新建页面设置的打印机。

● 【*模型*】：指定新建页面设置使用上一个打印作业中指定的设置。

(5) 【修改】：单击 修改(M)... 按钮，显示【页面设置-设置 1】对话框，如图 11-33 所示，从中可以编辑所选页面设置的设置。

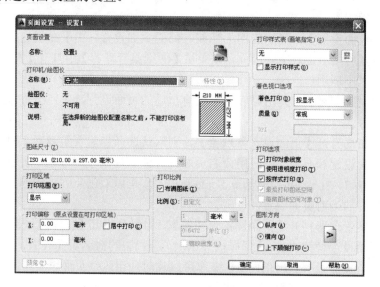

图 11-33 【页面设置-设置 1】对话框

在【页面设置-设置 1】对话框中将为用户介绍部分选项的含义。

① 【图纸尺寸】：显示所选打印设备可用的标准图纸尺寸。例如：A4、A3、A2、A1、B5、B4……，如图 11-34 所示的【图纸尺寸】下拉列表框，如果未选择绘图仪，将显示全部标准图纸尺寸的列表以供选择。

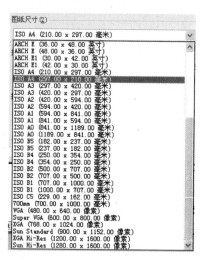

图 11-34 【图纸尺寸】下拉列表框

如果所选绘图仪不支持布局中选定的图纸尺寸，将显示警告，用户可以选择绘图仪的默认图纸尺寸或自定义图纸尺寸。

使用【添加绘图仪】向导创建 PC3 文件时，将为打印设备设置默认的图纸尺寸。在【页面设置】对话框中选择的图纸尺寸将随布局一起保存，并将替代 PC3 文件设置。

页面的实际可打印区域(取决于所选打印设备和图纸尺寸)在布局中由虚线表示。

如果打印的是光栅图像(如 BMP 或 TIFF 文件)，打印区域大小的指定将以像素为单位而不是英寸或毫米。

② 【打印区域】：指定要打印的图形区域。在【打印范围】下拉列表框中可以选择要打印的图形区域。如图 11-35 所示的【打印范围】下拉列表框。

选择【显示】选项

选择【布局】选项

图 11-35 【打印范围】下拉列表框

- 【布局】：打印图纸和打印区域中的所有对象。此选项仅在页面设置为【布局】时可用。
- 【窗口】：打印指定的图形部分。指定要打印区域的两个角点时，【窗口】按钮才可用。单击【窗口】按钮以使用定点设备指定要打印区域的两个角点，或输入坐标值。
- 【范围】：打印包含对象的图形的部分当前空间。当前空间内的所有几何图形都将被打印。打印之前，可能会重新生成图形以重新计算范围。
- 【图形界限】：打印布局时，将打印指定图纸尺寸的可打印区域内的所有内容，其原点从布局中的 0,0 点计算得出。

  从【模型】选项卡打印时，将打印栅格界限定义的整个图形区域。如果当前视口不显示平面视图，该选项与【范围】选项效果相同。
- 【显示】：打印【模型】选项卡当前视口中的视图或【布局】选项卡上当前图纸空间视图中的视图。

③ 【打印偏移】：根据【指定打印偏移时相对于】选项【选项】对话框，【打印和发布】选项卡中的设置，指定打印区域相对于可打印区域左下角或图纸边界的偏移。【页面设置】对话框的【打印偏移】区域在括号中显示指定的打印偏移选项。

图纸的可打印区域由所选输出设备决定，在布局中以虚线表示。修改为其他输出设备时，可能会修改可打印区域。

通过在"X 偏移"和"Y 偏移"文本框中输入正值或负值，可以偏移图纸上的几何图形。图纸中的绘图仪单位为英寸或毫米。

- 【居中打印】：自动计算"X 偏移"和"Y 偏移"值，在图纸上居中打印。当【打印区域】设置为【布局】时，此选项不可用。
- X：相对于【打印偏移定义】选项中的设置指定 X 方向上的打印原点。
- Y：相对于【打印偏移定义】选项中的设置指定 Y 方向上的打印原点。

④ 【打印比例】：控制图形单位与打印单位之间的相对尺寸。打印布局时，默认缩放比例设置为1：1。从【模型】选项卡打印时，默认设置为【布满图纸】。如图 11-36 所示为打印的【比例】下拉列表框。

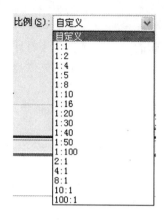

图 11-36 【比例】下拉列表框

如果在【打印区域】中指定了【布局】选项，则无论在【比例】下拉列表框中指定了何种设置，都将以 1：1 的比例打印布局。

- 【布满图纸】：缩放打印图形以布满所选图纸尺寸，并在【比例】、【英寸 ＝】和【单位】框中显示自定义的缩放比例因子。
- 【比例】：定义打印的精确比例。【自定义】可定义用户定义的比例。可以通过输入与图形单位数等价的英寸(或毫米)数来创建自定义比例。

可以使用 SCALELISTEDIT 修改比例列表。

- 【英寸/毫米】：指定与指定的单位数等价的英寸数或毫米数。
- 【单位】：指定与指定的英寸数、毫米数或像素数等价的单位数。
- 【缩放线宽】：与打印比例成正比缩放线宽。线宽通常指定打印对象的线的宽度并按线宽尺寸打印，而不考虑打印比例。

⑤ 【着色视口选项】：指定着色和渲染视口的打印方式，并确定它们的分辨率大小和每英寸点数 (DPI)。

- 【着色打印】：指定视图的打印方式。要为布局选项卡上的视口指定此设置，请选择该视口，然后选择【工具】|【特性】菜单命令。

  在【着色打印】下拉列表框中，如图 11-37 所示，可以选择以下选项。

  【按显示】：按对象在屏幕上的显示方式打印。

  【线框】：在线框中打印对象，不考虑其在屏幕上的显示方式。

  【消隐】：打印对象时消除隐藏线，不考虑其在屏幕上的显示方式。

  【三维隐藏】：打印对象时应用"三维隐藏"视觉样式，不考虑其在屏幕上的显示方式。

  【三维线框】：打印对象时应用"三维线框"视觉样式，不考虑其在屏幕上的显示方式。

  【概念】：打印对象时应用"概念"视觉样式，不考虑其在屏幕上的显示方式。

  【真实】：打印对象时应用"真实"视觉样式，不考虑其在屏幕上的显示方式。

  【渲染】：按渲染的方式打印对象，不考虑其在屏幕上的显示方式。

● 【质量】：指定着色和渲染视口的打印分辨率。如图 11-38 所示为【质量】下拉列表框。

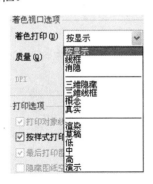

<table>
<tr><td>图 11-37　【着色打印】下拉列表框</td><td>图 11-38　【质量】下拉列表框</td></tr>
</table>

可从下列选项中选择：

【草稿】：将渲染和着色模型空间视图设置为线框打印。

【预览】：将渲染模型和着色模型空间视图的打印分辨率设置为当前设备分辨率的 1/4，最大值为 150 DPI。

【常规】：将渲染模型和着色模型空间视图的打印分辨率设置为当前设备分辨率的 1/2，最大值为 300 DPI。

【演示】：将渲染模型和着色模型空间视图的打印分辨率设置为当前设备的分辨率，最大值为 600 DPI。

【最高】：将渲染模型和着色模型空间视图的打印分辨率设置为当前设备的分辨率，无最大值。

【自定义】：将渲染模型和着色模型空间视图的打印分辨率设置为 DPI 框中指定的分辨率设置，最大可为当前设备的分辨率。

● DPI：指定渲染和着色视图的每英寸点数，最大可为当前打印设备的最大分辨率。只有在【质量】下拉列表框中选择了【自定义】后，此选项才可用。

⑥ 【打印选项】：指定线宽、打印样式、着色打印和对象的打印次序等选项。

● 【打印对象线宽】：指定是否打印为对象或图层指定的线宽。

● 【按样式打印】：指定是否打印应用于对象和图层的打印样式。如果选择该选项，也将自动选择【打印对象线宽】。

● 【最后打印图纸空间】：首先打印模型空间几何图形。通常先打印图纸空间几何图形，然后再打印模型空间几何图形。

● 【隐藏图纸空间对象】：指定 HIDE 操作是否应用于图纸空间视口中的对象。此选项仅在布局选项卡中可用。此设置的效果反映在打印预览中，而不反映在布局中。

⑦ 【图形方向】：为支持纵向或横向的绘图仪指定图形在图纸上的打印方向。

● 【纵向】：放置并打印图形，使图纸的短边位于图形页面的顶部，如图 11-39 所示。

● 【横向】：放置并打印图形，使图纸的长边位于图形页面的顶部，如图 11-40 所示。

图 11-39　图形方向为纵向时的效果　　　　　　　图 11-40　图形方向为横向时的效果

● 　【上下颠倒打印】：上下颠倒地放置并打印图形，如图 11-41 所示。

图 11-41　图形方向为上下颠倒打印时的效果

(6)　【输入】：单击该按钮，打开【从文件选择页面设置】对话框(标准文件选择对话框)，从中可以选择图形格式 (DWG)、DWT 或图形交换格式 (DXF)™ 文件，从这些文件中输入一个或多个页面设置。 如果选择 DWT 文件类型，从【文件选择页面设置】对话框中将自动打开 Template 文件夹。 单击【打开】按钮，将显示【输入页面设置】对话框。

(7)　【选定页面设置的详细信息】：显示所选页面设置的信息。

【设备名】：显示当前所选页面设置中指定的打印设备的名称。

【绘图仪】：显示当前所选页面设置中指定的打印设备的类型。

【打印大小】：显示当前所选页面设置中指定的打印大小和方向。

【位置】：显示当前所选页面设置中指定的输出设备的物理位置。

【说明】：显示当前所选页面设置中指定的输出设备的说明文字。

(8)　【创建新布局时显示】：指定当选中新的布局选项卡或创建新的布局时，显示【页面设置】对话框。

要重置此功能，则在【选项】对话框的【显示】选项卡上选中新建布局时显示【页面设置】对话框选项。

11.2.3　图形输出文件类型

AutoCAD 可以将图形输出到各种格式的文件，以方便用户将 AutoCAD 中绘制好的图形文件在其他软件中继续进行编辑或修改。

输出的文件类型有：3D DWF(*.dwf)、图元文件(*.wmf)、ACIS(*.sat)、平板印刷(*.stl)、封装 PS(*.eps)、DXX 提取(*.dxx)、位图(*.bmp)、块(*.dwg)、V8 DGN(*.DGN)，如图 11-42 所示。

下面将介绍部分文件格式的概念。

1．3D DWF(*.dwf)

可以生成三维模型的 DWF 文件，它的视觉逼真度几乎与原始 DWG 文件相同。可以创建一个单页或多页 DWF 文件，该文件可以包含二维和三维模型空间对象。

2．图元文件(*.wmf)

许多 Windows 应用程序都使用 WMF 格式。WMF(Windows 图元文件格式)文件包含矢量图形或光栅图形格式。只在矢量图形中创建 WMF 文件。矢量格式与其他格式相比，能实现更快的平移和缩放。

图 11-42　【输出数据】对话框

3．ACIS(*.sat)

可以将某些对象类型输出到 ASCII(SAT)格式的 ACIS 文件中。

可将代表修剪过的 NURBS 曲面、面域和实体的 ShapeManager 对象输出到 ASCII (SAT) 格式的 ACIS 文件中。其他一些对象，例如线和圆弧，将被忽略。

4．平板印刷(*.stl)

可以使用与平板印刷设备(SAT)兼容的文件格式写入实体对象。实体数据以三角形网格面的形式转换为 SLA。SLA 工作站使用该数据来定义代表部件的一系列图层。

5．封装 PS(*.eps)

可以将图形文件转换为 PostScript 文件，很多桌面发布应用程序都使用该文件格式。

许多桌面发布应用程序使用 PostScript 文件格式类型。其高分辨率的打印能力使其更适用于光栅格式，例如 GIF、PCX 和 TIFF。将图形转换为 PostScript 格式后，也可以使用 PostScript 字体。

11.3　设计案例——打印轴零件图

本范例完成文件：\11\11-1.dwg
多媒体教学路径：光盘→多媒体教学→第 11 章

11.3.1　实例介绍与展示

本节通过一个零件平面图的具体案例，介绍打印图纸的方法。轴零件图效果如图 11-43

所示。

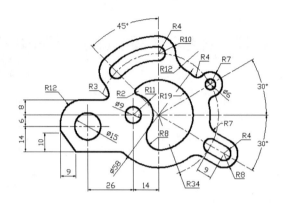

图 11-43　轴零件效果图

11.3.2　范例制作

步骤01　选择要打印的文件

① 选择【文件】|【打开】菜单命令，打开【选择文件】对话框，选择需要打印的文件，如图 11-44 所示，单击【打开】按钮。

② 选择【文件】|【打印】菜单命令，打开【打印-模型】对话框，在【名称】下拉列表框中选择绘图仪名称，如图 11-45 所示。

③ 在【图纸尺寸】下拉列表框中选择图纸的尺寸"A4"，如图 11-46 所示。

图 11-44　【选择文件】对话框

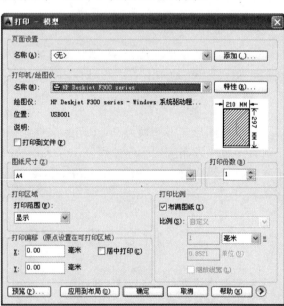

图 11-45　选择绘图仪名称

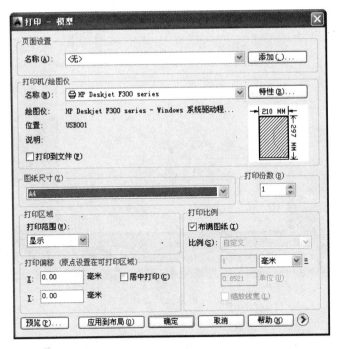

图 11-46 选择图纸尺寸

步骤02 设置打印比例

① 在【打印比例】选项组的【比例】下拉列表框中选择 1：1，如图 11-47 所示。

② 单击【预览】按钮，预览打印效果，如图 11-48 所示。

③ 预览打印效果后没有任何问题便可以单击【关闭预览窗口】按钮⊗，返回【打印-模型】对话框，单击【确定】按钮即可进行打印。

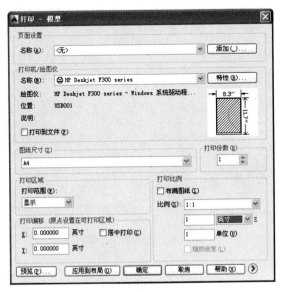

图 11-47 设置打印比例

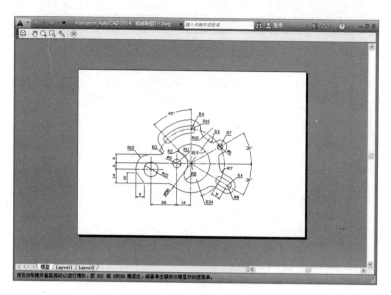

图 11-48　预览打印效果

11.4　本 章 小 结

　　本章主要介绍了 AutoCAD 2014 文件的打印输出与发布，内容包括创建布局、设置绘图设备以及打印的设置等。通过本章的学习，读者应该能够熟练掌握 AutoCAD 2014 图形文件的打印与输出、打印设置等方法。

第12章

绘制二维机械零件

本章导读:

在前面的章节中,读者已经学习了 AutoCAD 2014 的基础知识,机械图纸的最基本用途是作为一种交流工具。它是机械行业内设计者、制造者和销售者们的专业语言,因此它也像任何一门口头语言一样有特定的规则。通过本章的学习,用户应该学会如何利用一些基本命令以及高级命令(如点的捕捉、尺寸标注以及定位)来绘制机械零件图,并能自行完成机械图纸的绘制。

12.1 范例介绍和展示

本范例完成文件： \12\12-1.dwg

多媒体教学路径： 光盘→多媒体教学→第 12 章

每个零件的形状、结构、尺寸大小、制造精度及技术要求都是根据零件在机器中的作用和制造工艺制定的，零件图上必须反映出这些内容。零件图的内容包括图形、尺寸和技术要求。

在 AutoCAD 2014 上绘制泵盖，要求于已存在的工艺泵盖上根据底座类型自动按一定的比例显示，图纸输出时的尺寸符合专业制图要求(原因是不可能根据底座的实际尺寸与其他化工设备按同一比例绘图)，并自动切断泵盖线，同时判断泵盖线与水平方向的夹角。底座型式全，层自动设置并不受原当前层的影响。

下面就介绍一个泵盖零件剖视图的绘制方法，泵盖零件剖视图如图 12-1 所示。

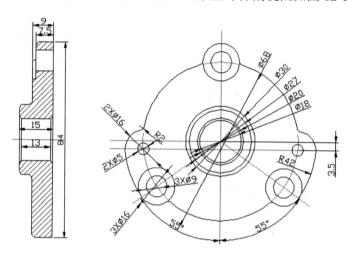

泵盖剖视图

图 12-1 泵盖零件范例效果图

12.2 绘制基础零件

首先设置绘制环境和绘制绘图基准，然后利用基本绘图命令粗绘底座的外形，再利用捕捉点编辑局部剖视图，最后进行尺寸标注和文字标注并打印输出。

12.2.1 设置绘图环境

首先进行绘图的准备工作，设置图幅布局和绘图环境。

步骤01 图幅布局

首先创建一张新图，然后进行图幅布局，主要是指设计绘图区在视窗中的位置。

①新建一个绘图文件，启动 AutoCAD 2014，选择【文件】|【新建】菜单命令，弹出【选

择样板】对话框，如图 12-2 所示，单击【打开】下拉按钮，从中选择【无样板打开-公制】选项。

②设置绘图单位，选择【格式】|【单位】菜单命令，弹出【图形单位】对话框。在【长度】选项组的【类型】下拉列表框中选择【小数】，在【精度】下拉列表框中选择 0.0000，如图 12-3 所示，最后单击【确定】按钮。

图 12-2　【选择样板】对话框

图 12-3　【图形单位】对话框参数设置

③设置图幅布局，根据零件的大小设计图幅大小为 A2(594×420)，选择【视图】|【缩放】|【窗口】菜单命令，命令行窗口提示如下：

命令: _zoom　　　　　　　　　　　　　　　　\\使用窗口命令
指定窗口的角点，输入比例因子 (nX 或 nXP)，或者
[全部(A)/中心(C)/动态(D)/范围(E)/上一个(P)/比例(S)/窗口(W)/对象(O)] <实时>: _w
　　　　　　　　　　　　　　　　　　　　　\\选择窗口
指定第一个角点: 0,0　　　　　　　　　　　　　\\输入角点坐标
指定对角点: 594,420　　　　　　　　　　　　　\\输入对角点坐标

这样，绘图区(0~594，0~420)显示在视图窗口中。

步骤02　设置绘图环境

设置绘制环境主要是指对图层、线形、颜色等参数进行设置。

①单击【图层】面板中的【图层特性】按钮 ，弹出【图层特性管理器】对话框，如图 12-4 所示。在【图层特性管理器】对话框中单击【新建图层】按钮 。

图 12-4　【图层特性管理器】对话框

② 设置每个图层定义名称、颜色、线型、线宽，设置完成后的【图层特性管理器】对话框如图 12-5 所示。

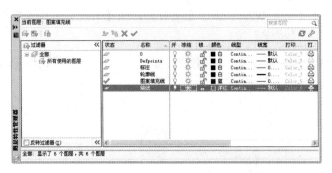

图 12-5　【图层特性管理器】对话框图层设置

12.2.2　绘制绘图基准

这一步要在轴线层绘制泵盖的中心线。

步骤 01　绘制中心线

① 进入中心线层，在【图层】面板中单击【图层控制】按钮 ♀ ☼ ⌂ ■ 图形边框，选择【轴线】图层，设置中心线为当前层。

② 绘制中心线，单击【绘图】面板中的【直线】按钮 ✎。命令行窗口提示如下：

```
命令: _line                                   \\使用直线命令
指定第一点:                                    \\指定一点
指定下一点或 [放弃(U)]:                          \\指定直线端点
```

绘制的中心线如图 12-6 所示。

③ 单击【修改】面板中的【偏移】按钮 ⌸，将水平中心线向下偏移"3.5"。命令行窗口提示如下：

```
命令: _offset                                                \\使用偏移命令
当前设置: 删除源=否　图层=源　OFFSETGAPTYPE=0
指定偏移距离或 [通过(T)/删除(E)/图层(L)] <3.5000>:  3.5          \\指定偏移距离
选择要偏移的对象，或 [退出(E)/放弃(U)] <退出>:                   \\选择水平中心线
指定要偏移的那一侧上的点，或 [退出(E)/多个(M)/放弃(U)] <退出>:      \\指定一点
```

偏移后如图 12-7 所示。

图 12-6　绘制中心线　　　　　　　　　　　　　图 12-7　偏移水平线

步骤 02 利用极轴绘制相交的中心线

❶ 选择【工具】|【绘图设置】菜单命令，弹出【草图设置】对话框，切换到【极轴追踪】选项卡，如图 12-8 所示，设置极轴。

❷ 单击【绘图】面板中的【直线】按钮 ✐，绘制相交的直线，命令行窗口提示如下：

命令: _line   \\使用直线命令
指定第一点: \\指定一点
指定下一点或 [放弃(U)]:   \\指定直线端点

绘制的直线如图 12-9 所示。

图 12-8 【草图设置】对话框

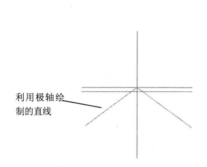

利用极轴绘制的直线

图 12-9 绘制直线

12.2.3 绘制轮廓线

泵盖分主视图和右视图两部分，先绘制主视图。

步骤 01 绘制主视图

❶ 单击【图层】面板中的【图层控制】按钮 💡☼🔓■轴线   ▼，选择【轮廓线】图层，如图 12-10 所示，设置轮廓线为当前层。

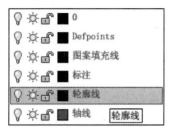

图 12-10 【图层】下拉列表框

❷ 单击【绘图】面板中的【圆】按钮 ⊘，以中心线交点为圆心分别绘制直径为 18、20、27、30、68 和 84 的 6 个圆，如图 12-11 所示。命令行窗口提示如下：

```
命令: _circle                                                    \\使用圆命令
指定圆的圆心或 [三点(3P)/两点(2P)/切点、切点、半径(T)]:            \\选择两线交点为圆心
指定圆的半径或 [直径(D)] <26.0000>: d                            \\方便输入改成直径
指定圆的直径 <52.0000>:84                                        \\输入相应尺寸
```

③ 继续执行【圆】命令，分别以 1、2、3、4、5 五个交点为圆心，绘制直径为 5、9 和 16 的 10 个圆，绘制的圆如图 12-12 所示。

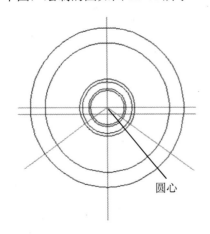

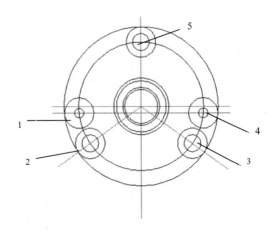

图 12-11　绘制圆　　　　　　　　　　　图 12-12　绘制其他圆

步骤02 绘制右视图

① 选择【轴线】图层置为当前层。在左侧分别绘制水平和垂直的直线，如图 12-13 所示。命令行窗口提示如下：

```
命令: _line                                                      \\使用直线命令
指定第一点:                                                      \\指定一点
指定下一点或 [放弃(U)]:                                          \\指定直线端点
```

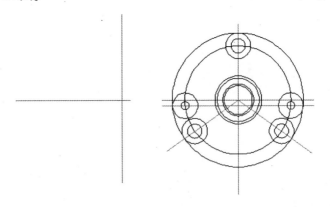

图 12-13　绘制直线

② 单击【修改】面板中的【偏移】按钮，选择垂直线，向左分别偏移 1、7.5、9、14、15。命令行窗口提示如下：

```
命令: _offset                                                    \\使用偏移命令
当前设置: 删除源=否　图层=源　OFFSETGAPTYPE=0
```

指定偏移距离或 [通过(T)/删除(E)/图层(L)] <3.5000>: 1   \\指定偏移距离
选择要偏移的对象，或 [退出(E)/放弃(U)] <退出>:   \\选择水平中心线
指定要偏移的那一侧上的点，或 [退出(E)/多个(M)/放弃(U)] <退出>: \\指定一点

偏移后如图 12-14 所示。

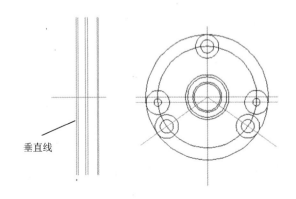

图 12-14 偏移垂直线

③ 继续直线【偏移】命令，选择水平线，并将其向上和向下分别偏移 9、10、13.5、15、26、29.5、34、38.5、42，效果如图 12-15 所示。

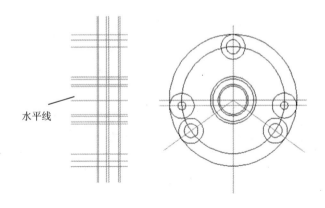

图 12-15 绘制相切圆弧

12.3 编辑平面图形

① 对两个视图的轮廓线进行"修剪"，单击【修改】面板中的【修剪】按钮。命令行窗口提示如下：

命令: _trim   \\使用修剪命令
当前设置:投影=UCS，边=无
选择剪切边...
选择要修剪的对象，或按住 Shift 键选择要延伸的对象，或 \\选择要修剪的对象
[栏选(F)/窗交(C)/投影(P)/边(E)/删除(R)/放弃(U)]:   \\执行修剪命令

修剪完成后，如图 12-16 所示。

② 单击【修改】面板中的【倒圆】按钮 ⌐，输入倒圆半径值为 "2"，对图形进行倒圆命令。命令行窗口提示如下：

命令: _fillet   \\使用圆角命令
当前设置: 模式 = 修剪，半径 = 2
选择第一个对象或 [放弃(U)/多段线(P)/半径(R)/修剪(T)/多个(M)]:   \\选择第一条边
选择第二个对象，或按住 Shift 键选择要应用角点的对象: \\选择第二条边

倒圆并连接图形未连接的直线后效果如图 12-17 所示。

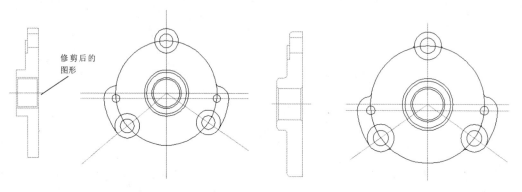

图 12-16   修剪后的效果图   图 12-17   倒圆角的效果图

③ 改变图形的图层后效果如图 12-18 所示。

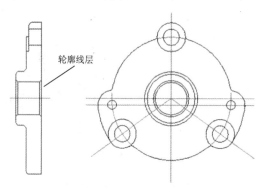

图 12-18   改变图层

12.4 绘 制 剖 面

当需要表达零件某个部分的内部结构形状而不必剖开整个机械零件时，可以将一部分剖开，所得的这部分视图叫做局部视图。局部剖部分与周围部分要用波浪线隔开，波浪线与零件的最外面轮廓线相交，不超过最外面轮廓线，剖视图的实体部分用剖面花纹填充。

① 使用【图案填充】命令创建剖面线，在同一金属零件视图中，无论采用何种剖视、剖面，它的剖面线应画成间隔相等、方向相同且与水平成 45° 的斜线。当图形中的主要轮廓线与水平线成 45° 时，该图形的剖面线应画成与水平成 60° 或 30° 的平行线，其倾斜方向仍与其他图形中的剖面线方向一致。

② 选择【图案填充线】图层置为当前层，单击【绘图】面板中的【图案填充】按钮，
弹出【图案填充和渐变色】对话框，设置对话框的各选项参数，如图 12-19 所示。

③ 单击对话框中的【添加：拾取点】按钮，进入绘图区，在要填充的区域单击，返回
到【图案填充和渐变色】对话框，单击对话框中的【确定】按钮，完成剖面线的创建，如图 12-20
所示。命令行窗口提示如下：

命令: _bhatch   \\使用图案填充命令
拾取内部点或 [选择对象(S)/删除边界(B)]:   正在选择所有对象...   \\选择填充对象
正在选择所有可见对象...
正在分析所选数据...
正在分析内部孤岛...
拾取内部点或 [选择对象(S)/删除边界(B)]:   \\拾取内部的边界

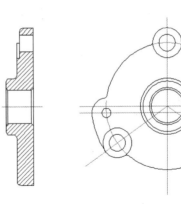

图 12-19　【图案填充和渐变色】对话框参数设置　　　　图 12-20　填充图形

12.5　尺寸标注

尺寸标注先标注长度尺寸，后标注直径尺寸。

步骤01　设置标注样式

① 选择【格式】|【图层】菜单命令，弹出【图层特性管理器】对话框，在列表中选择【标
注】图层，然后单击【置为当前】按钮，单击【确定】按钮，设置【标注】层为当前层，
如图 12-21 所示。

② 设置标注样式。选择【格式】|【标注样式】菜单命令，弹出【标注样式管理器】对
话框，如图 12-22 所示。

③ 单击对话框中的【修改】按钮，弹出【修改标注样式】对话框，单击【文字】标签，

切换到【文字】选项卡，在【文字外观】选项组的【文字高度】微调框中输入"2.5"，如图 12-23 所示。

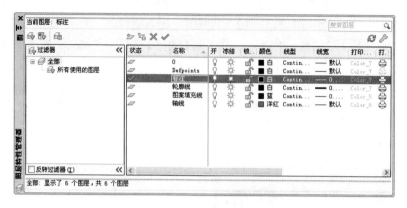

图 12-21　【图层特性管理器】对话框

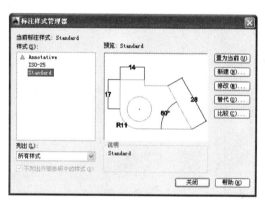

图 12-22　【标注样式管理器】对话框

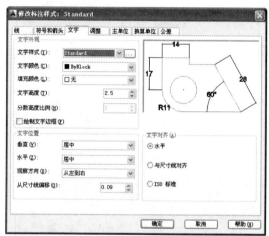

图 12-23　【修改标注样式】对话框参数设置

④ 在【修改标注样式】对话框中单击【主单位】标签，切换到【主单位】选项卡，在【线性标注】选项组的【精度】微调框中输入"0"，其他参数保持不变，单击【关闭】按钮。

步骤02 图形的标注

① 选择【标注】|【线性】菜单命令，标注如图 12-24 所示的尺寸。

② 选择【标注】|【直径】菜单命令，标注如图 12-25 所示的直径尺寸。

命令行窗口提示如下：

命令: _dimdiameter   \\使用直径标注命令
选择圆弧或圆: \\选择圆弧
标注文字 =84   \\确定
指定尺寸线位置或 [多行文字(M)/文字(T)/角度(A)]:

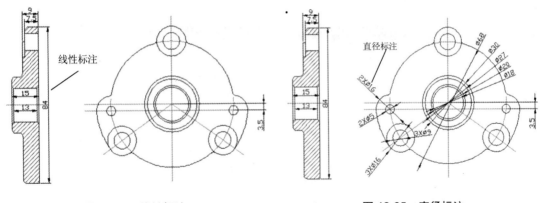

图 12-24　线性标注　　　　　　　　图 12-25　直径标注

③ 选择【标注】|【角度】菜单命令，标注角度尺寸，如图 12-26 所示。命令行窗口提示如下：

命令：　DIMANGULAR　　　　　　　　　　　　　\\使用角度标注命令
选择圆弧、圆、直线或 <指定顶点>:　　　　　　　\\选择第一条边
选择第二条直线:　　　　　　　　　　　　　　　\\选择第二条边
指定标注弧线位置或 [多行文字(M)/文字(T)/角度(A)/象限点(Q)]:
标注文字 =55　　　　　　　　　　　　　　　　\\确定

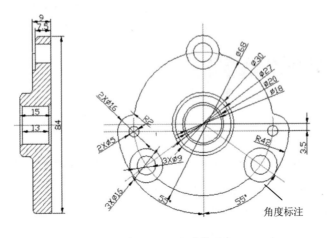

图 12-26　标注完成效果图

12.6　文 字 标 注

步骤 01　设置文字样式

利用【单行文字】命令，按设置的格式输入文字。

① 选择【格式】|【文字样式】菜单命令，弹出如图 12-27 所示的【文字样式】对话框。

② 单击【新建】按钮 [新建(N)...]，弹出如图 12-28 所示的【新建文字样式】对话框。

③ 在【样式名】文本框中输入【样式 2】，单击【确定】按钮，返回到【文字样式】对话

框。各项设置如图 12-29 所示。

图 12-27 【文字样式】对话框

图 12-28 【新建文字样式】对话框   图 12-29 【文字1】的【文字样式】对话框参数设置

④ 单击【应用】按钮，再单击【关闭】按钮。

步骤02 插入文字

① 在【文字样式】对话框中的【样式】列表框中选择【文字1】，单击【置为当前】按钮，将其设为当前文字样式，选择【绘图】|【文字】|【单行文字】菜单命令。命令行窗口提示如下：

```
命令: _dtext                                      \\使用单行文字命令
当前文字样式: "文字1"  当前文字高度: 5.0000   注释性: 否
指定文字的起点或 [对正(J)/样式(S)]:              \\在所绘制图形左边的空白区域单击
指定文字的旋转角度 <0>:                           \\按 Enter 键确认
```

此时绘图区出现如图 12-30 所示的有光标闪烁的【在位编辑器】，用来编辑文字。

② 在【在位编辑器】中输入文字"泵盖剖视图："，按两次 Enter 键，效果如图 12-31 所示。

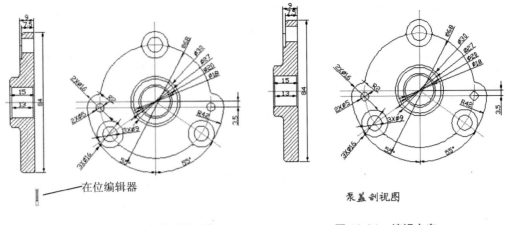

图 12-30　光标闪烁的【在位编辑器】　　　　图 12-31　编辑文字

12.7　打印零件图

打印是将绘制好的图形用打印机或绘图仪绘制出来的。

步骤01　打印设置

① 选择【文件】|【打开】菜单命令。打开【选择文件】对话框，选择需要打印的文件"12-1"，如图 12-32 所示，单击【打开】按钮。

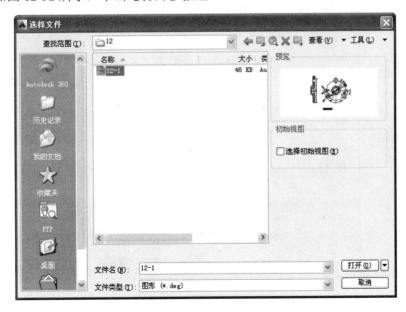

图 12-32　【选择文件】对话框

② 选择【文件】|【打印】菜单命令，打开【打印-模型】对话框，在【名称】下拉列表框中选择绘图仪名称，如图 12-33 所示。

③ 在【图纸尺寸】下拉列表框中选择图纸的尺寸"A4"，如图 12-34 所示。

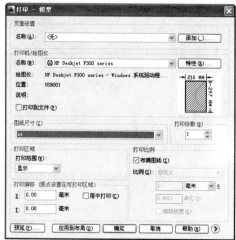

图 12-33　选择绘图仪名称　　　　　　　　图 12-34　选择图纸尺寸

④在【打印比例】选项组中选中【布满图纸】复选框，如图 12-35 所示。

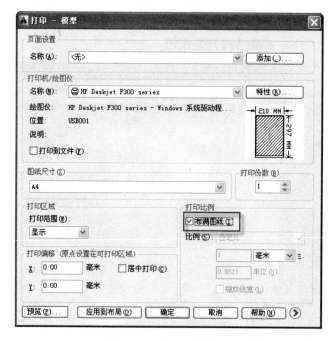

图 12-35　设置打印比例

步骤02　打印预览

①单击【预览】按钮，预览打印效果，如图 12-36 所示。

②预览打印效果后没有任何问题便可以单击【关闭预览窗口】按钮，返回【打印-模型】
对话框，单击【确定】按钮即可进行打印。

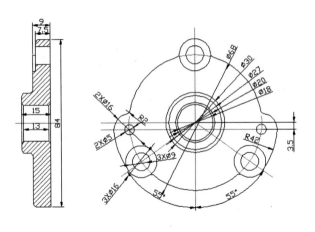

泵盖剖视图

图 12-36　预览打印效果

12.8　本 章 小 结

　　通过本章的泵盖零件图的绘制过程，向用户介绍了 AutoCAD 2014 所有的基本图形绘制操作和标注操作。关于本零件中的其他一些标注将不再介绍，希望读者自己完成，也希望读者能将这些绘制方法真正应用到实际绘图中去。

第13章

绘制三维机械模型

本章导读：

第 12 章讲解了二维平面机械零件的绘制方法，本章实例将针对三维机械模型进行讲解，希望读者对三维机械模型有一个新的认识。

13.1 范例介绍和展示

本范例完成文件： \13\13-1.dwg，13.bmp

多媒体教学路径： 光盘→多媒体教学→第 13 章

与二维机械图形相比，三维机械模型具有形象直观、容易理解等优点。绘制三维机械模型时，首先要绘制基本的三维实体对象，如长方体、圆柱体、楔体、球体、圆锥体和圆环体等。然后对三维实体对象进行编辑，如拉伸、对齐、镜像、复制、阵列、剖切、旋转编辑等，或进行布尔运算，设置光源、材质、背景等，将三维对象渲染输出。

通过本章的学习，将熟悉如下内容。

(1) 创建圆柱体的方法。

(2) 创建拉伸实体的方法。

(3) 布尔运算的方法。

(4) 实体镜像命令。

(5) 三维体的渲染。

下面通过一个具体的机械零件范例，介绍了绘制三维实体的基本命令，范例效果如图 13-1 所示。

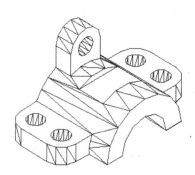

图 13-1 管口范例效果图

13.2 绘制基础零件

绘制基础零件的具体步骤如下。

步骤01 绘制直线

① 选择【文件】|【新建】菜单命令，新建一个 CAD 图形文件；执行"ISOLINES"命令，设置线框密度为 10，选择【视图】|【三维视图】|【东南等轴测】菜单命令，切换至东南等轴测视图。

② 单击【绘图】面板中的【直线】按钮 ，以任意一点为起点，沿 X 轴绘制一条中心线。命令行窗口提示如下：

命令：_line   \\使用直线命令

指定第一点：   \\指定一点

指定下一点或 [放弃(U)]:   \\指定直线端点

绘制完成后如图 13-2 所示。

绘制的中心线

图 13-2　绘制中心线

❸ 单击【修改】面板中的【复制】按钮，分别向 X 轴正负方向复制上一步绘制的中心线，复制的距离为 "35"，复制的直线如图 13-3 所示。命令行窗口提示如下：

命令: _copy   \\使用复制命令
选择对象: 找到 1 个   \\选择直线
选择对象:
当前设置: 复制模式 = 多个
指定基点或 [位移(D)/模式(O)] <位移>: 指定第二个点或 <使用第一个点作为位移>: 35
                 \\指定第一个复制对象
指定第二个点或 [退出(E)/放弃(U)] <退出>: 35   \\指定第二个复制对象

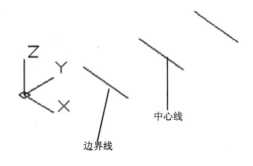

中心线

边界线

图 13-3　复制直线

步骤 02　绘制圆并编辑

❶ 选择【视图】|【三维视图】|【右视】菜单命令，切换至右视图，单击【绘图】面板中的【圆】按钮，以中心线端点为圆心，分别绘制半径为 12 和 20 的两个圆，效果如图 13-4 所示。命令行窗口提示如下：

命令: _circle   \\使用圆命令
指定圆的圆心或 [三点(3P)/两点(2P)/切点、切点、半径(T)]: \\指定圆心
指定圆的半径或 [直径(D)] <17.6923>: 12   \\输入半径值
命令: CIRCLE   \\使用圆命令
指定圆的圆心或 [三点(3P)/两点(2P)/切点、切点、半径(T)]: \\指定圆心
指定圆的半径或 [直径(D)] <12.0000>: 20   \\输入半径值

❷ 以圆心为起点绘制一条贯穿圆的直线，单击【修改】面板中的【修剪】按钮，对圆进行修剪，修剪后的效果如图 13-5 所示。命令行窗口提示如下：

命令: _trim   \\使用修剪命令
当前设置:投影=UCS，边=无
选择剪切边...
选择要修剪的对象，或按住 Shift 键选择要延伸的对象，或   \\选择要修剪的对象
[栏选(F)/窗交(C)/投影(P)/边(E)/删除(R)/放弃(U)]:   \\执行修剪命令

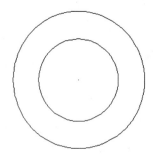

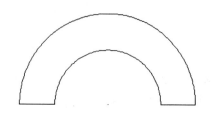

图 13-4　绘制圆　　　　　　　　　　　　　　　图 13-5　修剪圆

步骤03　创建面域并拉伸

① 选择【绘图】|【面域】菜单命令，选择修剪后的圆，创建面域。命令行窗口提示如下：

命令: _region   \\使用面域命令
选择对象: 找到 1 个   \\选择修剪圆的一边
选择对象: 找到 1 个，总计 2 个   \\选择修剪圆的另一边
选择对象: 指定对角点: 找到 1 个，总计 3 个   \\选择修剪圆的第三边
选择对象: 找到 1 个，总计 4 个   \\选择修剪圆的第四边
选择对象:
已提取 1 个环。   \\提取图形
已创建 1 个面域。   \\创建面域

② 选择【视图】|【三维视图】|【东南等轴测】菜单命令，单击【建模】面板中的【拉伸】
按钮 ，以圆所创建的面域为拉伸对象，拉伸距离为 40，结果如图 13-6 所示。命令行窗口提示
如下：

命令: _extrude   \\使用拉伸命令
当前线框密度: ISOLINES=30
选择要拉伸的对象: 找到 1 个   \\选择修剪圆
选择要拉伸的对象:
指定拉伸的高度或 [方向(D)/路径(P)/倾斜角(T)] <54.0000>: -40   \\输入拉伸高度值

步骤04　绘制正方形并拉伸

① 选择【视图】|【三维视图】|【俯视】菜单命令，单击【绘图】面板中的【多线段】按
钮 ，以边界线为界线，绘制一个边长为 30 的正方形，如图 13-7 所示。命令行窗口提示如下：

命令: _pline   \\使用多线段命令
指定起点: \\指定起点
当前线宽为 0.0000
指定下一个点或 [圆弧(A)/半宽(H)/长度(L)/放弃(U)/宽度(W)]:
指定下一点或 [圆弧(A)/闭合(C)/半宽(H)/长度(L)/放弃(U)/宽度(W)]: 30
                                                              \\输入正方形的边的长度

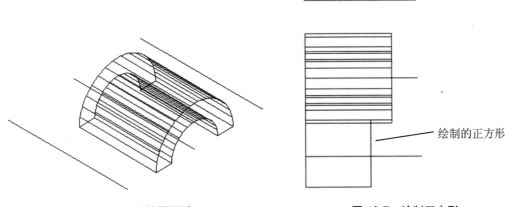

图 13-6　拉伸圆面域　　　　　　　　　图 13-7　绘制正方形

② 单击【修改】面板中的【修剪】按钮 ⁻⁄⁻，将正方形修剪为如图 13-8 所示的长方形。命令行窗口提示如下：

命令: _trim　　　　　　　　　　　　　　　　　　　　　\\使用修剪命令
当前设置:投影=UCS，边=无
选择剪切边...
选择要修剪的对象，或按住 Shift 键选择要延伸的对象，或　　\\选择要修剪的对象
[栏选(F)/窗交(C)/投影(P)/边(E)/删除(R)/放弃(U)]:　　　　\\执行修剪命令

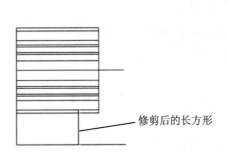

图 13-8　修剪后的长方形

③ 选择【绘图】|【面域】菜单命令，选择修剪后的长方形，创建面域。命令行窗口提示如下：

命令: _region　　　　　　　　　　　　\\使用面域命令
选择对象: 找到 1 个　　　　　　　　　　\\选择多段线
选择对象: 找到 1 个，总计 2 个　　　　\\选择修剪长方形 1 边
选择对象: 找到 1 个，总计 3 个　　　　\\选择修剪长方形另 1 边
选择对象:
已提取 1 个环。
已创建 1 个面域

④ 选择【视图】|【三维视图】|【东南等轴测】菜单命令，单击【建模】面板中的【拉伸】按钮 ⚏，以修剪的长方形作为拉伸对象，设置拉伸距离为8，得到拉伸后的长方体效果如图 13-9 所示。命令行窗口提示如下：

命令: _extrude   \\使用拉伸命令
当前线框密度: ISOLINES=30
选择要拉伸的对象: 找到 1 个   \\选择修剪后的长方形
选择要拉伸的对象:
指定拉伸的高度或 [方向(D)/路径(P)/倾斜角(T)] <54.0000>: 8   \\输入拉伸高度值

步骤 05 绘制直线与圆

① 以圆心为起点绘制一条距离为 28 的直线，如图 13-10 所示。命令行窗口提示如下：

命令: _line   \\使用直线命令
指定第一点: \\捕捉圆心上一点
指定下一点或 [放弃(U)]:28   \\输入直线距离

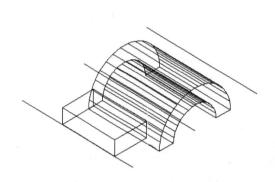

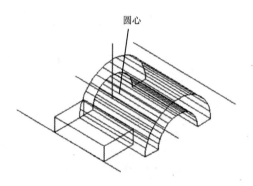

图 13-9　拉伸长方体　　　　　　　　　　图 13-10　绘制直线

② 选择【视图】|【三维视图】|【左视】菜单命令，以上一步绘制的直线的端点作为绘制圆的圆心，分别绘制半径为 4 和 8 两个圆，如图 13-11 所示。命令行窗口提示如下：

命令: _circle   \\使用圆命令
指定圆的圆心或 [三点(3P)/两点(2P)/切点、切点、半径(T)]:   \\捕捉直线端点
指定圆的半径或 [直径(D)] <17.6923>:4   \\输入半径值
命令: CIRCLE   \\使用圆命令
指定圆的圆心或 [三点(3P)/两点(2P)/切点、切点、半径(T)]:   \\捕捉直线端点
指定圆的半径或 [直径(D)] <12.0000>:8   \\输入半径值

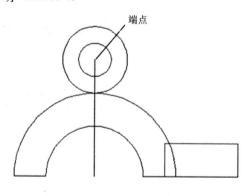

图 13-11　绘制圆

③ 单击【绘图】面板中的【多线段】按钮，以圆的两个象限点为起点和终点，绘制图

形，如图 13-12 所示。命令行窗口提示如下：

命令: _pline   \\使用多线段命令
指定起点: \\捕捉圆的象限点
当前线宽为 0.0000
指定下一个点或 [圆弧(A)/半宽(H)/长度(L)/放弃(U)/宽度(W)]:   \\指定下一点

步骤 06 编辑图形

① 单击【修改】面板中的【修剪】按钮 ⊬，对图形进行修剪，修剪后的效果如图 13-13
所示。命令行窗口提示如下：

命令: _trim   \\使用修剪命令
当前设置:投影=UCS，边=无
选择剪切边...
选择要修剪的对象，或按住 Shift 键选择要延伸的对象，或   \\选择要修剪的对象
[栏选(F)/窗交(C)/投影(P)/边(E)/删除(R)/放弃(U)]:   \\执行修剪命令

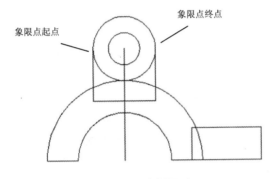

图 13-12 绘制图形

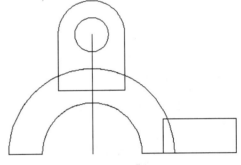

图 13-13 修剪后的效果

② 选择【绘图】|【面域】菜单命令，选择修剪后的图形，创建面域。命令行窗口提示
如下：

命令: _region   \\使用面域命令
选择对象: 找到 1 个   \\选择修剪图形的一边
选择对象: 找到 1 个，总计 2 个   \\选择修剪图形的另一边
选择对象: 找到 1 个，总计 3 个   \\选择修剪图形的第三边
选择对象:
已提取 2 个环。   \\提取图形
已创建 2 个面域。   \\创建面域

③ 选择【视图】|【三维视图】|【东南等轴测】菜单命令，单击【建模】面板中的【拉伸】
按钮 ⬒，以绘制的图形为拉伸对象，拉伸距离为 8。命令行窗口提示如下：

命令: _extrude   \\使用拉伸命令
当前线框密度: ISOLINES=30
选择要拉伸的对象: 找到 1 个   \\选择修剪圆
选择要拉伸的对象:
指定拉伸的高度或 [方向(D)/路径(P)/倾斜角(T)] <54.0000>:8   \\输入拉伸高度值

拉伸图形效果如图 13-14 所示。

步骤 07 绘制长方形并拉伸

① 单击【绘图】面板中的【直线】按钮✐，以长方体一端点为起点，沿 Z 轴方向任意绘制一条直线，如图 13-15 所示。命令行窗口提示如下：

```
命令:_line                                    \\使用直线命令
指定第一点：                                   \\指定一点
指定下一点或 [放弃(U)]:                          \\指定直线端点
```

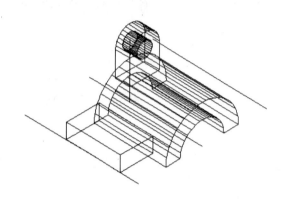

图 13-14　拉伸图形　　　　　　　　　　　　　　　图 13-15　绘制直线

② 选择【视图】|【三维视图】|【前视】菜单命令，单击【修改】面板中的【复制】按钮♣，选择上一步绘制的直线，向左复制两条直线，复制的距离分别为 15 和 28；选择边界线，向上复制两条直线，复制的距离分别为 17 和 20，效果如图 13-16 所示。命令行提示如下：

```
命令:_copy                                        \\使用复制命令
选择对象：找到 1 个                                 \\选择直线
选择对象：
当前设置：复制模式 = 多个
指定基点或 [位移(D)/模式(O)] <位移>：指定第二个点或 <使用第一个点作为位移>: 17
                                                  \\指定第一个复制对象
指定第二个点或 [退出(E)/放弃(U)] <退出>：　20        \\指定第二个复制对象
```

③ 单击【绘图】面板中的【多线段】按钮⌐⊃，以复制出的直线的交点为端点绘制长方形。命令行窗口提示如下：

```
命令:_pline                                                   \\使用多线段命令
指定起点：                                                     \\捕捉方才绘制直线交点
当前线宽为 0.0000
指定下一个点或 [圆弧(A)/半宽(H)/长度(L)/放弃(U)/宽度(W)]:          \\捕捉第二点
指定下一点或 [圆弧(A)/闭合(C)/半宽(H)/长度(L)/放弃(U)/宽度(W)]:     \\捕捉第三点
指定下一点或 [圆弧(A)/闭合(C)/半宽(H)/长度(L)/放弃(U)/宽度(W)]:     \\捕捉第四点
指定下一点或 [圆弧(A)/闭合(C)/半宽(H)/长度(L)/放弃(U)/宽度(W)]:     \\按 Enter 键确认
```

删除多余线段后效果如图 13-17 所示。

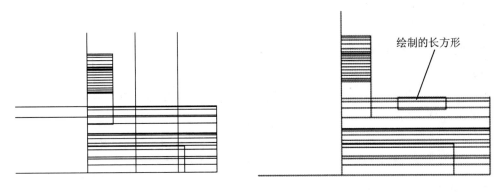

图 13-16　复制直线　　　　　　　　图 13-17　绘制长方形

④ 选择【视图】|【三维视图】|【东南等轴测】菜单命令，单击【建模】面板中的【拉伸】按钮📦，以绘制的长方形为拉伸对象，拉伸距离为 65，命令行窗口提示如下：

```
命令: _extrude                                        \\使用拉伸命令
当前线框密度:  ISOLINES=30
选择要拉伸的对象: 找到 1 个                           \\选择长方形
选择要拉伸的对象:
指定拉伸的高度或 [方向(D)/路径(P)/倾斜角(T)] <54.0000>:65      \\输入拉伸高度值
```

拉伸的长方体如图 13-18 所示。

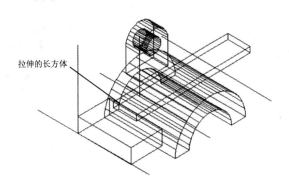

拉伸的长方体

图 13-18　拉伸的长方体

13.3　修　改　编　辑

对图形进行倒圆角、实体镜像、布尔运算的操作。

步骤01　倒圆

单击【修改】面板中的【圆角】按钮◻，对长方体进行倒圆角。命令行窗口提示如下：

```
命令: _fillet                                         \\使用圆角命令
当前设置: 模式 = 修剪, 半径 = 8.0000
选择第一个对象或 [放弃(U)/多段线(P)/半径(R)/修剪(T)/多个(M)]:r    \\选择半径(R)
输入圆角半径 <8.0000>: 8                               \\输入圆角半径值
选择边或 [链(C)/半径(R)]:                              \\选择长方体一边
```

选择边或 [链(C)/半径(R)]:   \\选择长方体一面
已选定 1 个边用于圆角。

完成倒圆角后的图形如图 13-19 所示。

步骤 02   绘制圆柱体

单击【建模】面板中的【圆柱体】按钮 ⬭，以倒圆的圆心为圆心分别创建两个半径为 4，
高为 8 的圆柱体，如图 13-20 所示。命令行窗口提示如下：

命令: CYLINDER   \\使用圆柱体命令
指定底面的中心点或 [三点(3P)/两点(2P)/切点、切点、半径(T)/椭圆(E)]:
                                                           \\捕捉倒圆的圆心
指定底面半径或 [直径(D)] <4.0000>: 4   \\输入半径值
指定高度或 [两点(2P)/轴端点(A)] <-8.0000>: -8   \\输入高度
命令: CYLINDER   \\使用圆柱体命令
指定底面的中心点或 [三点(3P)/两点(2P)/切点、切点、半径(T)/椭圆(E)]:
                                                           \\捕捉倒圆的圆心
指定底面半径或 [直径(D)] <4.0000>: 4   \\输入半径值
指定高度或 [两点(2P)/轴端点(A)] <-8.0000>: -8   \\输入高度

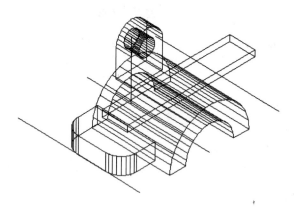

倒圆的圆心

图 13-19   倒圆角   图 13-20   创建圆柱体

步骤 03   三维镜像

单击【修改】面板中的【三维镜像】按钮 ⬭，选择倒圆的长方体和两个圆柱体作为镜像对
象，以 ZX 平面为镜像平面。命令行窗口提示如下：

命令: _mirror3d   \\使用三维镜像命令
选择对象: 找到 1 个   \\选择圆柱体
选择对象: 找到 1 个，总计 2 个   \\选择圆柱体
选择对象: 找到 1 个，总计 3 个   \\选择倒圆的长方体
选择对象: \\按 Enter 键确认
指定镜像平面 (三点) 的第一个点或
    [对象(O)/最近的(L)/Z 轴(Z)/视图(V)/XY 平面(XY)/YZ 平面(YZ)/ZX 平面(ZX)/三点(3)] <三点>: zx
\\选择镜像的平面
指定 ZX 平面上的点 <0,0,0>:
是否删除源对象? [是(Y)/否(N)] N   \\选择否(N)

镜像后的效果如图 13-21 所示。

步骤04 对模型进行布尔运算

① 单击【实体编辑】面板中的【差集】按钮 ◎，分别以圆柱体和拉伸对象，长方体和半圆柱体进行差集运算。命令行窗口提示如下：

命令: _subtract   \\使用差集命令
选择要从中减去的实体、曲面和面域...
选择对象: 找到 1 个
选择对象: \\选择半圆柱体
选择要减去的实体、曲面和面域...
选择对象: 找到 1 个
选择对象: \\选择长方体

差集运算后的效果如图 13-22 所示。

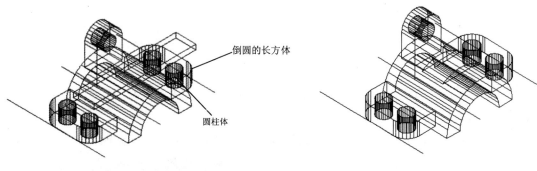

图 13-21 镜像对象   图 13-22 差集运算

② 单击【实体编辑】面板中的【并集】按钮 ◎，对所有的实体进行并集运算。命令行窗口提示如下：

命令: _union   \\使用并集命令
选择对象: 找到 1 个   \\选择圆柱体
选择对象: 找到 1 个, 总计 2 个   \\选择半圆柱体
选择对象: 指定对角点: 找到 0 个
选择对象: 找到 1 个, 总计 3 个   \\选择长方体
选择对象: 找到 1 个, 总计 4 个   \\选择拉伸的曲面体
选择对象: \\按 Enter 键确认

并集运算后的效果如图 13-23 所示。

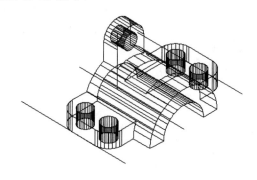

图 13-23 并集运算

13.4 模型的着色处理

① 单击【实体编辑】面板中的【着色面】按钮，选择要着色的对象。命令行窗口提示如下：

命令: _solidedit   \\使用着色面命令
实体编辑自动检查: SOLIDCHECK=1
输入实体编辑选项 [面(F)/边(E)/体(B)/放弃(U)/退出(X)] <退出>: _face
                                                        \\选择面(F)
输入面编辑选项
[拉伸(E)/移动(M)/旋转(R)/偏移(O)/倾斜(T)/删除(D)/复制(C)/颜色(L)/材质(A)/放弃(U)/退出(X)] <退出>:
_color   \\选择颜色(L)
选择面或 [放弃(U)/删除(R)]: 找到一个面。
选择面或 [放弃(U)/删除(R)/全部(ALL)]: all   \\选择全部(ALL)
找到 27 个面。   \\按 Enter 键确认

选择的着色面如图 13-24 所示。

② 选择完面后，右击，弹出如图 13-25 所示的【选择颜色】对话框，选择颜色后单击【确定】按钮。着色后的效果如图 13-26 所示。

③ 删除多余的辅助线后，选择【视图】|【消隐】菜单命令，消隐效果如图 13-27 所示。

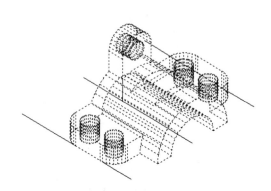

图 13-24 选择的着色面

图 13-25 【选择颜色】对话框

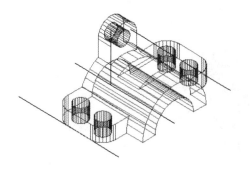

图 13-26 着色后的效果

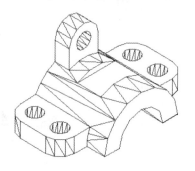

图 13-27 消隐效果

④ 选择【视图】|【视觉样式】|【真实】菜单命令，效果如图 13-28 所示。

图 13-28　【真实】视觉效果

13.5　零件渲染

① 选择【视图】|【渲染】|【渲染环境】菜单命令，弹出【渲染环境】对话框，在该对话框中设置参数，如图 13-29 所示。

② 单击【确定】按钮，选择【视图】|【渲染】|【渲染】菜单命令，对模型进行渲染，渲染后的效果如图 13-30 所示。

图 13-29　【渲染环境】对话框参数设置

图 13-30　渲染后的效果

13.6　本章小结

本章介绍的是如何绘制三维机械模型，通过这个实例的制作，读者应该能够熟练掌握三维机械模型的绘制方法，内容主要包括长方体、圆柱体等三维实体的绘制方法，以及倒圆角、偏移、镜像复制、布尔运算和渲染等三维实体编辑的方法。